U0256822

THE EFFECT OF
ENVIRONMENTAL REGULATION OF
CHINA ON

THE ECONOMIC

DEVELOPMENT

福建省高校特色新型智库 · 福建绿色发展研究院成果

中国环境规制的经济绿色发展效应

高明 黄清煌 著

EN

社会科学文献出版社
SSAP
SOCIAL SCIENCES ACADEMIC PRESS (CHINA)

前　言

环境问题一直是世界经济发展的焦点与热点问题，也是中国经济发展面临的现实问题，“十二五”规划纲要首次提出“绿色发展”理念，以节能减排为重点，加快构建基于资源节约和环境友好的生产消费模式。十八大报告明确提出加快健全资源节约、生态环境保护的体制机制，以促进人与自然和谐发展。十八届五中全会提出了“创新、协调、绿色、开放、共享”的五大发展理念，绿色发展是实现生产发展、生活富裕、生态良好的文明发展道路的历史选择，是通往人与自然和谐境界的必由之路。十九大报告指出，建设生态文明是中华民族永续发展的千年大计，必须树立和践行绿水青山就是金山银山的理念；建设美丽中国，为人民创造良好生产生活环境，为全球生态安全做出贡献。2018年6月16日在《中共中央国务院关于全面加强生态环境保护 坚决打好污染防治攻坚战的意见》中提出，必须加大力度、加快治理、加紧攻坚，打好标志性的重大战役，为人民创造良好生产生活环境。

这就要求资源节约、环境保护和经济增长相得益彰，走一条契合中国国情的，绿色消费、资源节约、环境保护的现代化道路，从而在发展过程中缓解资源短缺和环境污染的难题。但环境保护与经济增长在现实中通常表现为矛盾的统一体，呈现倒“U”形环境库兹涅茨曲线的两难格局。改革开放以来，虽然中国经济取得了巨大成就，但在资源与环境领域也付出了惨重代价，这不仅不利于人类的健康与生活质量的提高，也不利于经济的长期发展。然而，环境产品的公共物品属性、环境问题的负外部性以及微观经济主体机会主义的存在，使得单靠市场难以实现节能减排的目标，因此需要政府引入环境规制来弥补市场失灵的缺陷。但是，在技术条件、消费需求及资源配置既定的前提下，环境规制的实施可能会挤占企业的生产成本，导致企业经济绩效下滑。那么，环境规制的实施，能否在缓解资源短缺和环境问题的同时也避免制约经济增长，实现节能减排与经济增长双赢的社会发展目标？

绿色发展是在传统发展基础上的一种模式创新，是建立在生态环境容量和资源承载力的约束条件下，将环境保护作为实现可持续发展重要支柱的一种新型发展模式，包括几个要点：一是要把环境资源作为社会经济发展的内在要素；二是要把实现经济、社会和环境的可持续发展作为绿色发展的目标；三是要把经济活动过程和结果的“绿色化”“生态化”作为绿色发展的主要内容和途径。加快绿色发展需要三大动力：一是推动力，对经济发展进行从严从紧的环境管制；二是拉动力，对绿色发展给予激励和引导；三是行动力，增强市场主体本身的绿色创新能力。促进“三力”的融合，形成合力，则需要制度和政策的保证。

本书写作的出发点：环境规制是指以环境保护为目的而制定实施的各项政策与措施的总和。资源和环境作为公共物品所导致的负外部性问题，客观上要求采取一定的环境规制以达到新的市场均衡，这就决定了政府实施环境规制政策的必要性。纵观工业化国家的环境治理的历程，环境规制也起到了主导作用，因为在现实的经济中存在市场失灵的状况，就环境资源的使用来说，存在资源产权不清晰问题或具有外部性、公共性等属性，必须采取环境规制中相应的政策与措施，对企业的经济活动进行调节，以达到保持环境和经济发展相协调的目标。然而，各国实施的环境规制强度、环境规制种类、具体的政策措施等不尽相同。环境规制具有双向作用，在保护环境、改善生态环境的同时，也会对经济运行产生不可避免的影响，并且同一环境规制在不同生产力和不同经济水平状况下，所发挥的效应也不一样。因此，环境规制需要不断地创新与完善，需要进行历史评价和前瞻研究。

本书研究的主线：基于环境规制与绿色发展之间不是简单的线性关系，而是表现出明显的非线性关系，需要针对不同类型的环境规制对绿色发展效应进行研究，将环境规制置于节能减排与经济增长这一系统框架，通过定性与定量两种分析手段，阐述环境规制与绿色发展效应之间的关系。本书的写作沿着以下思路：回顾环境规制工具的实践，对环境规制和节能减排进行指标测度，构建环境规制－节能减排的理论模型，利用面板分位数回归模型系统地考察环境规制对节能减排的影响机制及其地区异质性、阶段性特征、工具差异性；在度量经济增长质量的基础上，利用联立方程模型考察环境规制的长短期经济效应，探讨环境分权如何作用于环境规制的双重经济效应、环境规制的节能减排效率和经济增长效应；构建节能减排与经济增长的系统耦合模型，运用系统广义矩估计实证检验环境规制及其规制工具对节能减排与经济增长系统耦合度的作用机制及阶段性特征；利用面板门槛模型分析实现最优节能减排与经济增长协调度的规制强度或规制区间；提出优化环境规制及其规制工具以促进节能减排与经济增长双赢的对策建议。

本书研究的着力点：在环境规制与绿色发展的关系研究中，选取了几个关联的环节，加以深入剖析，以期有所发现和创新。一是中国环境规制对节能减排效率的机制。采用省际面板数据，基于环境污染的自由处置和弱处置下潜在收益和产出损失度量节能减排效率，在考虑个体异质性和参数异质性的基础上，利用面板分位数模型考察环境规制的节能减排效率，分区域、分时段和分经济主体做比较分析。二是中国环境规制的经济增长数量和质量效应。环境规制及其规制工具的经济增长效应是否符合波特假说的“创新补偿效应”，或者仍处于传统经济学的“遵循成本效应”层面，或者取决于两种效应之间的权衡？当前对这些问题的研究还不充分，因此本书将同时从数量和质量两个视角来看待经济增长，运用联立方程组模型探讨环境规制的经济增长数量和质量效应，并基于环境分权进一步考察环境规制对经济增长双重效应影响的变化。三是检验环境规制及其规制工具是否引致节能减排与经济增长的协调性。

从节能减排与经济增长这一矛盾统一体出发，运用系统经济学的耦合协调分析方法，具体测算现阶段省际节能减排与经济增长耦合协调的水平、动态特征及区域差异，此后利用系统 GMM 模型揭示环境规制服务节能减排与经济增长系统耦合度的作用效果及其地区异质性和阶段性特征，并基于不同规制工具和企业个体努力做深入考察。四是探讨实现节能减排与经济增长双赢的最优规制强度或规制区间。通过建立门槛效应模型，内生地测算出节能减排与经济增长双赢下的最优规制强度或规制区间，并考察地区差异性、阶段性特征以及不同经济主体的差异性，以期发现不同情景下节能减排与经济增长对环境规制敏感性的差异。五是中国环境规制的完善思路与规划设计。为采取地区差异化的环境规制政策提供支撑，因地制宜地实现节能减排与经济增长的双赢，并针对实现环境规制约束和激励相统一、建立适应区域承载能力的规制强度、适应环境规制异质性发展、实行命令控制型规制工具与市场激励型规制工具和公众参与型规制工具融合等环境规制方面，设计具有可操作性的对策。

本书研究的落脚点：社会科学的研究最终是产生生产力，学术成果要以智库的形式呈献给政府、企业和社会。本书的目的是为当前政府环境治理与发展提供决策基础。绿色发展兼具环境效应和经济效益，由于环境效应存在外溢性、不确定性等特征，为推动绿色发展，需要以环境规制来驱动全社会各方面主体共同参与。本书从绿色发展的内部、外部和内外部互动驱动因素视角，研究环境规制的科学性和实践性，规划环境规制的具体操作政策和措施。在考虑不同环境规制政策的效果差异的情况下，有所侧重地制定和实施环境规制政策。一是要着重强调投资型环境规制政策，鼓励环境保护投资，尤其是城市环境基础设施建设投资和建设项目“三同时”环保投资，建立一种既能实现环境保护，又能促进技术创新和产出增长的环境保护投资体系。二是要为费用型环境规制发挥激励效应创建良好的环境。科学制定排污费征收标准，规范排污费征收使用管理，加大对环境科技人才的培养力度，加强环保宣传，激励企业环保意识、社会责任意识和创新意识的树立等。三是设计规制工具的“组合拳”。合理使用命令控制型规制工具，充分发挥市场激励型规制工具的作用，加快拓展公众参与型规制工具，系统设计地方政府政绩考核体系，积极引导公众参与监督。

任何研究都是一次不完美的努力，本书也是如此。绿色发展是全方位的，受到多种因素的影响，除了环境规制外，技术、市场乃至企业内部也会有重要作用，而驱动因素之间也可能带来不同程度的促进或制约效应，如何识别这些作用影响，如何在环境规制的历史检验、创新设计中加入更多因素，有待进一步深化。在环境规制的政策投入度量中，为保证数据的可获得性和连贯性，本书选取具体的政策执行统计数据作为各项环境政策的度量指标。但实现的环境情况是综合作用的结果，应全面地分析环境规制的成本和收益，变量选择上的难题不仅困扰着学界的相关研究，同时也给本书写作带来一定的制约，尽管本书通过大量的数据对环境规制对绿色发展的影响进行了较为全面的实证分析，但由于绿色发展的各种影响因素在不同发展阶段产生的作用力不同，在不同时期环境规制对绿色发展的作用力也存在争议，这需要在今后的研究中继续探索和实践。

本书在探讨环境规制与经济绿色发展关系上，只是做了一个创新探索，力图对中国环境规制历史总结和未来发展创新方面进行清晰而深入的阐释，以丰富本领域的学术内涵和扩大研究视野，基于这个考虑，笔者用三年多时间进行调研和写作，但由于对应变量的复杂性，加之我们的功力所限，势必存在不足之处。但我们一定在这个研究领域继续前行，牢记“不忘初心，方得始终”，努力完善和丰富我们的成果。本书得到众多先行学术研究的启发，笔者对列于参考文献中的作者和未能一一列出的学者表示深深的谢意！

2018 年 8 月 28 日

目　录

绪　论

第一节　写作缘由

一　写作背景

随着人类文明的发展，生活、生产过程中产生了各种废弃物并排放至环境中，各种污染物在环境中积累，随之而来的是造成严重的环境污染和生态破坏等问题，所以绿色发展是全世界各国科学发展的必然路径。

中国国内生产总值于 2008 年开始超过德国，成为世界第三大经济体，到 2010 年进一步超越日本，上升为世界第二大经济体。中国经济增长的奇迹一时间引起了世界各国专家、学者和社会的广泛关注，投资拉动、需求拉动和中性政府等理论假说的探索层出不穷。然而，随着理论研究的逐步深入，学者们开始将目光转向中国经济社会可持续发展的探索上。无论是经济总量还是经济增速都显示中国经济体的巨大发展潜力，但其背后蕴藏着的问题同样值得反思，即粗放型增长模式下以巨大的能源投入和污染产出为代价的经济可持续性。在中国过去几十年的工业化进程中，高投资、高能耗和高排放的粗放型增长方式却带来了严重的资源和环境负担。

2013 年亚洲开发银行发布的《中华人民共和国国家环境分析》报

告显示，世界上污染最严重的10个城市中有7个在中国。2014年环保部发布的环境统计公报显示，我国二氧化硫排放量和二氧化碳排放量居世界第一位和第二位，其他主要污染物排放量，如化学需氧量（2294.6万吨）、氨氮（238.5万吨）、氮氧化物（2078.0万吨）等都高居世界前列。《2016中国环境状况公报》指出，全国338个地级及以上城市中，有84个城市环境空气质量达标，占全部城市数的24.9%；254个城市环境空气质量超标，占75.1%。全国地表水1940个评价、考核、排名断面中，Ⅰ类、Ⅱ类、Ⅲ类、Ⅳ类、Ⅴ类和劣Ⅴ类水质断面分别占2.4%、37.5%、27.9%、16.8%、6.9%和8.6%。据国家统计局核算，2017年能源消费总量达44.9亿吨标准煤，以2007年能源消费总量31.1亿吨标准煤为参照，10年间能源消费增长了44.4%。10年来，能源消费总量持续上升。据2017年《BP世界能源统计年鉴》，2016年中国能源消费305300万吨油当量，超过美国78000万吨油当量，稳居榜首。中国环境容量已经超过上限，多种污染物排放居全球首位。美国耶鲁大学2015年公布全球国家环境绩效排名，在178个国家中我国是第118名，中国环境绩效排名在全世界非常靠后。2016年EPI（扩大免疫规划）报告中中国环境绩效为65分左右，相比发达国家差距还是很大的。2015年京津冀地区严重的雾霾更反映出中国工业污染治理的紧迫性。有学者研究表明，中国每年因环境污染造成的损失高达540亿美元，占GDP的8%（李树、陈刚，2013）。

面对继续工业化与资源环境协调发展的双重时代任务，随着我国工业化进程的深入，未来一段时期，我国将面临以下三个资源环境的战略性问题。一是资源的需求仍将增长，污染的排放仍将增加。我国仍处于工业化阶段，而且需要加快工业化步伐，这一发展阶段如果没有技术的突破必然伴随巨量资源消耗和大量污染排放。二是资源的供给将面临威胁。对西方发达国家来说，其生产能力、贸易主导地位和综合国力等方面优势足以确保它们维持高资源需求，但中国不仅是发展中国家，还是“生产大国”，需要在全球范围内配置资源，然而中国真正融入国际社会、参与再配置自然资源仅仅二十余年，资源需求旺盛与保障能力欠缺之间的矛盾，必然导致我国在合法国际秩序中获取自然资源的道路充满层层障碍。三是资源环境的科学性问题仍然充满未知，人类现在的认知还不足以精确评估和准备判断怎样的环境污染程度才会威胁到整个国家的安全生存。

在生态环境日益恶化的背景下，实现我国经济新常态的“稳增长”目标，更加需要经济发展模式沿着高级化、集约化和生态化的方向调整。2015 年 11 月在巴黎气候大会上中国政府承诺，到 2030 年中国单位 GDP 的二氧化碳排放量比 2005 年下降 60% ~65%。绿色发展为大势所趋。2017 年 1 月 5 日《国务院关于印发“十三五”节能减排综合工作方案的通知》指出，我国经济发展进入新常态，产业结构优化明显加快，能源消费增速放缓，资源性、高耗能、高排放产业发展逐渐衰减，但必须清醒地认识到，随着工业化、城镇化进程加快和消费结构持续升级，我国能源需求刚性增长，资源环境问题仍是制约我国经济社会发展的瓶颈之一，节能减排依然形势严峻、任务艰巨。2018 年 6 月 16 日在《中共中央国务院关于全面加强生态环境保护 坚决打好污染防治攻坚战的意见》中更加明确论断，党的十八大以来，以习近平同志为核心的党中央把生态文明建设作为统筹推进“五位一体”总体布局和协调推进“四个全面”战略布局的重要内容，谋划开展了一系列根本性、长远性、开创性工作，推动生态文明建设和生态环境保护从实践到认识发生了历史性、转折性、全局性变化。同时，我国生态文明建设和生态环境保护面临不少困难和挑战，存在许多不足。一些地方和部门对生态环境保护认识不到位，责任落实不到位；经济社会发展同生态环境保护的矛盾仍然突出，资源环境承载能力已经达到或接近上限；城乡区域统筹不够，新老环境问题交织，区域性、布局性、结构性环境风险凸显，重污染天气、黑臭水体、垃圾围城、生态破坏等问题时有出现。这些问题，成为重要的民生之患、民心之痛，成为经济社会可持续发展的瓶颈制约，成为全面建成小康社会的明显短板。进入新时代，解决人民日益增长的美好生活需要和不平衡不充分的发展之间的矛盾对生态环境保护提出许多新要求。当前，生态文明建设正处于压力叠加、负重前行的关键期，已进入提供更多优质生态产品以满足人民日益增长的优美生态环境需要的攻坚期，也到了有条件、有能力解决突出生态环境问题的窗口期。

在经济学中，公共物品具有较强的外部性，即集体行动的困境下出现公地的悲剧，使微观经济主体机会主义得以存在。这个难题仅靠市场自身无法解决，政府必须加强宏观控制。能源资源的稀缺性、环境产品的公共物品属性以及环境问题的负外部性，使得仅凭市场无法实现节能减排的目标，从而要求政府通过实施环境规制来弥补“市场失灵”的缺陷。当前，中国正致力于构建资源节约型和环境友好型社会，倡导绿色、环保、低碳、高效的发展新理念，而这就需要协调好经济发展与环境问题的双重矛盾。在经济发展的过程中，在面对经济增长的同时也要面对缓解环境生态功能持续下降的压力，这个两难局面要如何破解，又如何创造一个双赢局面，就需要环境规制发挥作用。

自20世纪60年代以来，特别是1972年联合国斯德哥尔摩会议以来，环境保护政策一直发挥着重要作用。从那时起，大多数国家开始制定资源环境战略，通过立法、行政命令和设立管理机构，以防止、减少、控制或补救人类活动对空气、土壤、水等生态系统的负面影响，这些措施被统称为“环境规制”。传统意义上理解的环境规制，主要是依靠规范性指令，利用强制行动迫使环境治理改进，并对违规者进行处罚。随着现代政府治理理念的发展，我国为了建立新的政企关系，推动各行为主体对环境保护保持积极态度的环境战略，构建以信任、社会责任和承诺分配为基础的环境规制体系，通过建立与环境政策目标相关的政策，通过影响经济回报给市场带来明确且正确的信号，进而改变企业的污染行为，实现环境改善。总之，不论是传统意义的环境规制，还是现代理念的环境规制，这些政策工具的运用使得许多地方环境得到了重大改善，进而缓解了经济社会发展过程中的资源环境压力，这也是环境规制被认为是20世纪下半叶人类主要成功政策之一的原因。纵观全球众多发达国家，都已把环境规制作为共识。

不同类型的环境规制对绿色发展的影响效应有较大差别，不同地区与不同类型的环境规制也有较大的异质性。由于地区类型不同、行业异质性、时间滞后性等，环境规制在制定和实施的过程中应因地制宜、相机而动。制定环境规制的最终目标是实现节能减排和经济增长的双赢。一是环境规制强度的设定要合理。环境规制强度不应盲目提高，相反应保持适度稳定，过高的环境规制强度将加重企业负担，反而加大"抵消效应"对"创新补偿效应"的制约作用。二是环境规制形式的选择要合理。环境质量标准、污染排放限额等命令控制型环境规制，环境税、排污费、环境补贴和排污权交易等市场激励型环境规制，志愿行动型环境规制，这些规制既要充分发挥各种环境规制形式的优势，又要实现协同与互补。当前，中国面临实现经济增长和环境保护的双重任务，实施科学的环境规制政策成为解决这一问题的重要抓手。因此，权衡好经济增长与环境保护的取舍，在充分考虑各地区环境要素质量与结构状况下，制定并实施具有地区差异的环境规制政策，促进产业在各区域间合理转移，实现整个社会福利增进。因此，需要针对不同类型的环境规制及不同地区不同类型的环境规制对绿色发展效应进行研究，衡量与检验不同类型的环境规制及不同地区不同类型的环境规制实践效果，以利新时期中国环境规制的创新设计。

环境规制是一个系统工程，对绿色发展产生连锁反应，一个可行的环境规制政策能够契合中国转方式调结构的政策推行，坚持绿色能源发展与低碳发展、循环发展并重，提升绿色低碳技术的核心竞争力，提高新经济比重，形成一种可持续的发展方式。基于此，本书考察环境规制对节能减排效率和经济增长效率，并分析环境规制对节能减排与经济增长系统耦合度的影响以及两者达成双赢的最优规制强度，为科学制定和实施环境规制政策提供理论基础和现实依据。

二　写作意义

中国经济发展理念正在调整，越来越注重绿色发展，特别是中共十八大以来，绿色发展被提到前所未有的高度，十八届五中全会更是将之提升到五大发展理念之一，指导今后经济社会发展方针的制定。绿色发展变革必然带来生产方式、生活方式，甚至价值观念调整，引导政府职能转变，将重塑新经济地理，对于区域空间要素流动和重新配置，主体功能区的定位和产业空间布局，生产、生活和生态空间的构造产生深远影响。然而，推动绿色发展的某一最优政策是不存在的，不同的政策工具能否发挥重要作用取决于所处的实施背景和推动的环境。环境规制工具方面的选择由起初强调选择某一最优工具逐步转向构建最优工具组合。需要通过对命令控制型、市场激励型和志愿行动型等环境规制工具的作用机制分析，结合我国不同地区的实际，由点到面、由浅入深推进不同规制工具的绿色发展效应，并从规制的政策导向、动态实施以及工具优化等方面提出对策建议。

1. 学术价值

传统经济学认为，环境保护与经济增长之间存在一种隐含的抵消关系，但波特提出了著名的“波特假说”，即企业在规制政策的引导下进行绿色创新并最终实现高利润与“绿色生产”的双赢格局，从一个全新的角度解释了环境规制、绿色创新和市场竞争力之间的互动关系。虽然很多学者以此为理论基础开展了广泛的模型研究和实证检验，但也有部分学者因其理论逻辑框架的缺陷而予以否定与批判。当假说成立时，将政府以环境成本内部化为目标，通过长期、单方向的环境规制作用于企业现有技术和组织水平，且能够形成绝对或相对竞争力的过程定义为环境规制的弱绿色创新激励。当假说不成立时，需要通过政府的干预达到环境收益内部化，以降低先前环境政策所导致的额外成本。环境规制将通过对企业效率提升和技术创新最终得到绿色发展。

现有文献往往是基于线性假设前提下，探讨环境规制的节能减排效应或经济增长效应。但现实情况可能是，各地区在能源结构、能源效率、污染构成、污染状况、技术水平、制度安排等方面大不相同，不同地区的经济社会对环境规制的承载力和响应也有所不同，即便是同一地区，节能减排与经济增长的系统耦合度对环境规制的反应也可能是非线性关系。也就是说，环境规制对节能减排与经济增长的系统耦合度存在门槛效应，即环境规制只有在某一特定规制强度或规制区间才能实现节能减排与经济增长的协调。这一非线性关系的考虑，将有助于准确掌握环境规制对实现可持续发展的内在逻辑。

本书系统研究了环境规制与节能减排、环境规制与经济增长以及环境规制与系统耦合度的作用机制，进而探讨基于环境规制下研究节能减排与经济增长系统耦合度的内在关系。本书基于系统耦合原理，构建节能减排与经济增长交互作用的系统耦合模型，测算了省级节能减排与经济增长的系统耦合度及其动态特征。既重视环境规制减排效率关系的检验，又重视环境规制与全要素生产率关系的论证，厘清环境规制对实现节能减排与经济增长协调的内在逻辑关系。本书在质疑现有研究中环境规制对节能减排、经济增长的线性关系结论基础上，提出了节能减排与经济增长耦合协调的最优规制强度。

环境规制工具是为解决社会造成的负面环境影响，达成环境规制目标的制度规则与行动安排。其类型包括了强制干预的命令控制型、面向市场的经济激励型和基于自愿和信息传递的环境规制。由于所有的规制工具都存在优越性与局限性，彼此之间并不存在严格的等级关系。只有在明确各自应用特性和创新特性的前提下，实现多类规制工具的相辅相成，才能更好地体现出环境规制的绿色创新效应。此外，环境规制工具的选择及实施是连接环境目标和环境改进效果的核心环节，决定了环境规制的有效性与实用性。在解决特定环境问题的过程中，必须综合考虑来自政府、市场、企业等层面的多重因素影响，以及规制的稳定性、灵活性、严格程度等自身特性的影响。

本书在区分不同类型及不同地区不同类型环境规制的基础上，运用动态面板模型检验了环境规制对绿色发展的非线性影响效应。有利于未来进一步扩展和细分环境规制的类型，以深入探讨不同类型环境规制的协同效应，对科学设定环境规制强度和合理选择环境规制形式以激励绿色发展具有学术探讨价值。

2. 应用价值

智库是人文社会科学研究成果最高表现形式，其价值在于咨政建言的应用性。本书从环境规制的政策考察出发，目标是环境规制的政策设计，目的是实现应用价值。

大部分文献的观点认为，技术进步是缓解资源环境压力的重要工具，是可持续发展的钥匙。然而，回顾历史，我们又会惊人地发现，其实大部分资源环境压力的产生又是技术进步导致的，比如没有工业革命就自然不会有石化能源的无节制使用等。我国正处于深度工业化时期，经济社会发展阶段必然导致资源环境压力增加。在 20 世纪 90 年代初，波特的研究发现（Porter and Van der Linde，1995），良好设计的环境政策可能实际上能够提高生产力和增加技术创新，环境规制在获取环境效益的同时能够得到创新效益。然而，值得关注的是，波特的论证倾向于依靠“良好设计的”环境规制。环境规制质量是衡量规制是否科学的标准，环境规制质量应该包含政府环境规制能力以及既定环境目标实现程度两个方面，是环境治理质量、过程质量、结果质量三者组合的统一。

绿色发展离不开相关政策的有效激励和制度环境。在环境问题日益严重和复杂的情况下，环境规制手段也不断地改进，内容更加丰富。需要从“政府推进型”的环境管理模式向多元主体共同参与的环境管理模式转变。政府不应以短期内可能对经济增长造成的负效应作为理由而采取放松规制等短视行为和错误决策，而应具有长远眼光，维持良好而严厉的规制者声誉，从而规避企业的策略性行为，还应尽量避免未来环境规制的不确定性，使企业对未来的规制强度形成理性预期，进而有助于企业制定长期的投资决策。实现以上效果，必须要依靠科学合理的环境规制，而设计科学合理的环境规制，需要对我国环境规制的历史评价和趋势分析，为了能实现本书的应用价值，我们采用的是客观数据、文件和资料，从有力证据中寻找结论。

环境规制设计在全世界都是难题。环境规制是一个系统工程，对绿色发展产生连锁反应，一个可行的环境规制政策能够契合国家方针，满足经济发展与资源环境可持续利用的“双重价值”。我国经济进入“新常态”，要想更好地进行环境规制，需要有“环境智库”的保障，能为政府部门制定环境规制及其实施策略提供参考。

本书在梳理中国环境规制实践的基础上，论证了中国环境规制与节能减排、经济增长之间的关系，有利于中国环境规制顶层设计的判断。本书利用历史客观数据，分别实证分析了环境规制对节能减排的效应、环境规制对经济发展的效应，有利于对我国环境规制政策从末端监管、源头监管、过程监管三方面进行回顾，根据我国经济实力、环境资源状况、社会文明水平等，建立完善的环境规制政策体系。

本书测算了节能减排与经济增长双赢下的最优规制强度或规制区间，在怎样把握政策强度上，提出了政策见解。“双赢”是环境规制科学与否的“标准”，实行激励与约束。一方面环境规制要成为规范企业环保行为的有力约束和指导，执行从严从紧控制新建的高耗能、高污染、产能过剩的行业项目，实行最严格的环境排放标准，提高环保准入门槛；另一方面要考虑各地区经济的发展程度，以及资源承载力、环境敏感度等客观条件，实施差别化准入制度，从而将各项环境规制政策灵活运用到产业转型升级、区域协调发展的过程之中。

本书对环境规制的命令控制型、市场激励型和公众参与型等政策工具进行了比较分析，探讨了如何综合施策。环境规制对绿色发展的影响，除了与环境规制强度松紧有关，环境规制工具组合也尤为重要。合理有效的环境规制应是命令控制型工具、市场激励型工具和公众参与型工具等的融合使用。首先，我国需要构建完善的环保法律法规体系，更需要加大环保执法投入，提升环保执法的主动性；其次，还应该进一步完善市场激励型工具，建立更加弹性化的排污收费标准和更为严格的排污惩罚制度，推动排污权交易制度更广泛地实施；再次，积极推动社会公众参与环境保护，降低社会公众的参与成本，使得社会公众能更加便捷地参与环境治理；最后，积极鼓励非政府组织、企业发起自愿性环保项目。因此，环境规制是一个系统性工程，要充分运用命令控制、市场激励、公众参与、志愿行动等正式和非正式的政策措施，形成一个有机、有序的环境政策体系。

本书分行业、分区域评估了环境规制政策实施效果，提出了精准施策的思路。我国区域资源环境承载条件差异较大，各区域的环境规制强度也差异明显，区域资源环境优势格局、生态承载力以及环境规制与生产力布局存在不平衡、不协调，在环境规制政策的实施过程中，不同地区的不同强度的环境规制工具、不同类型的环境规制工具在不同的经济发展水平、不同的技术发展阶段会对绿色发展产生不同的影响。我国要充分发挥各类型环境规制的优势，针对不同地区的情况选择不同类型的环境规制政策。不断丰富区域环境规制工具，建立公平、多样、精细的政策工具体系，实施分区域、差别化的环境规制措施，加强区域政策的针对性，进一步强化区域间环境规制的统筹。

第二节　写作目标与思路

一　写作目标

本书的总体目标在于考察环境规制对我国绿色发展的驱动作用，从而为最大限度地发挥环境规制在促进绿色发展方面提供指导和建议。拟考察环境规制与节能减排效率的关系以及对经济增长的作用，研究环境规制对节能减排与经济增长协调度的影响，探讨节能减排与经济增长双赢的最优规制强度。通过以上理论分析和实证研究来实现以下几个目标。

（1）构建环境规制及其规制工具与节能减排效率的理论模型，在环境规制理论、外部性和绿色发展理论的基础上，结合我国环境管理体制机制的具体国情，通过构建一个考虑多省份的模型，将地区间环境规制策略性行为纳入分析框架，探讨环境规制对绿色发展的影响，测度其在全国、区域间和不同阶段的作用效果，进而探索我国环境规制的制度和政策优化安排、改革路径选择，为提升环境规制质量提供重要参考。

（2）识别环境规制的长短期经济增长效应，将环境规制、污染累积与经济增长纳入统一的理论框架中，分析不同发展阶段环境规制政策作用下的污染治理效应与经济增长特征。在权衡地方经济增长与节能减排的选择情况下，提出环境规制符合“利当前”并“惠长远”的目标。

（3）以实现节能减排与经济增长的双赢为目标，确定节能减排与经济增长的系统耦合模型，挖掘环境规制作用于系统耦合度的效果，针对中国“节能减排”实践中关键性问题，探索能耗排放做“减法”、经济发展做“加法”的新路子，使环境规制变得更加明确和具有可操作性。

（4）设计环境规制与“节能减排－经济增长”系统协调度非线性关系模型，揭示实现节能减排与经济增长双赢的最优规制强度或规制区间，有利于更科学、更准确地反映环境规制与“节能减排－经济增长”系统耦合度的动态演进过程，以期为政府制定和实施环境规制提供经验性事实证据。

（5）分析不同环境规制政策的效果差异，考察环境政策的影响因素及影响形成的传导机制，在第一代和第二代环境规制评价的基础上，构建第三代环境规制新型形态，从法律目的、规制方式、实施主体、规范结构等维度，探讨建立命令控制、市场激励、公众参与、志愿行动等融合的政策措施，以及环境信息披露制度、内部环境管理制度、第三方规制制度、环保协议制度、协商制定规则制度等环境保护制度，为优化环境规制提供新的路径，规划出既能实现环境保护，又能促进绿色发展的政策体系。

二 写作思路

本书以“环境规制与绿色发展效率”为主线，分别从“环境规制-节能减排”“环境规制-经济增长”“环境规制-经济增长和节能减排协调度”方面展开，在研究中紧扣核心，贯穿主线，实施描述性研究、解释性研究、探索性研究和对策性研究结合，遵循“现状分析-机制探索-实证检验-对策研究”的逻辑线路。

第一，阐述环境规制与绿色发展效应的机理。从学理上梳理和厘清环境规制、环境规制与节能减排、环境规制与经济增长相关理论，考察环境规制与节能减排、经济增长的内在关联。第二，以中国省区为对象，分别考察环境规制及其规制工具对节能减排效率以及对经济增长双重效应的影响，从而初步掌握环境规制对节能减排、经济增长的影响方向和程度，同时检验环境规制效果的地区异质性和阶段性特征。第三，为考察节能减排与经济增长在环境规制下是否协调发展，本书采用系统耦合模型测算两者之间的耦合度。构建环境规制与节能减排、经济增长的系统框架，考察环境规制能否实现节能减排与经济增长的双赢，为挖掘可持续发展之路提供经验证据，将三者置于同一框架，有利于全面考察环境规制效果，而非单一方面的考量，增强理论研究成果的适用性和准确性。运用面板门槛模型根据数据内生地划分出节能减排与经济增长双赢的规制强度或规制区间，并基于分样本进一步考察规制强度的合理安排，揭示实现节能减排与经济增长双赢的最优规制强度或规制区间。第四，探究地区情况不同环境规制对绿色发展效率影响是否存在不同，对绿色发展效率是否存在稳定性，深刻分析我国区域环境政策的绿色发展效应是否存在差异。第五，基于上述理论和实证研究的结果，综合目前中国环境规制的现实情况，在理论与实践结合的基础上，深入分析环境政策面临的新机遇、新挑战，提出为能够更好地发挥环境规制在促进经济与环境协调发展中积极作用的对策建议。

第三节　写作框架和内容

一　写作框架

为提高研究方法的规范性和研究结论的准确性，并力求对每个拟定的模块做到逻辑上的结构安排，其具体的技术路线如图1所示。

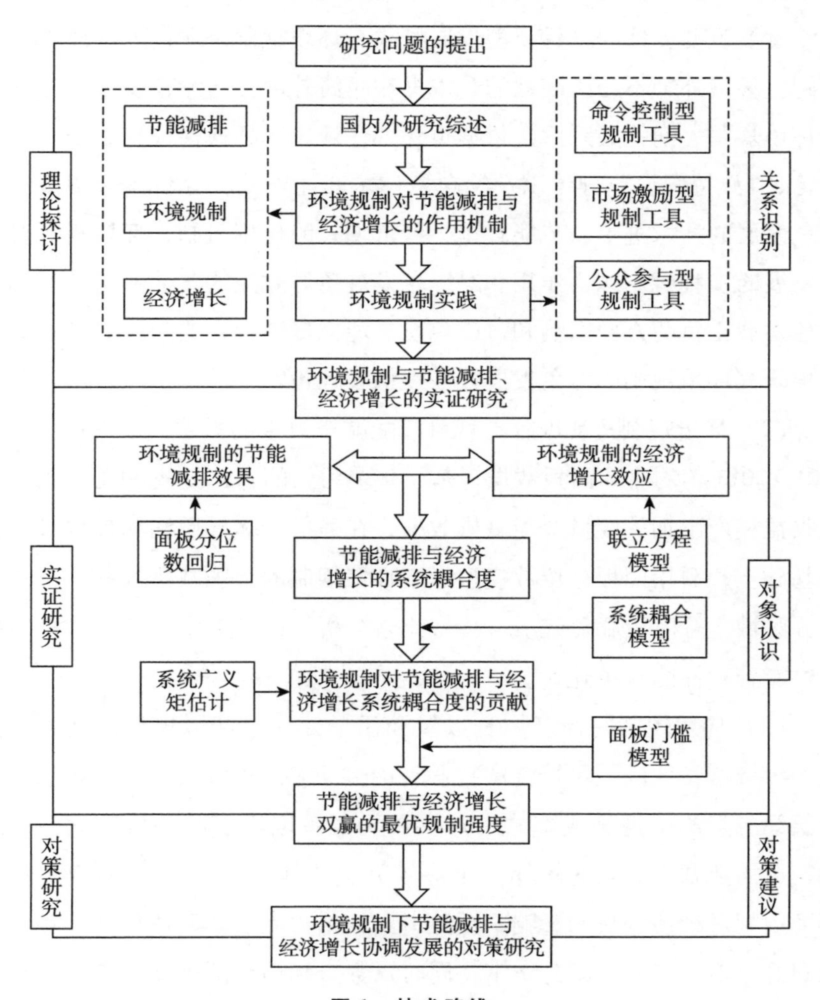

图1　技术路线

二　写作内容

本书力求在众多的环境规制论著中有所新意，规划了自己的研究重点，内容服从于目标，围绕环境规制对绿色发展效应的主线，按逻辑顺序本书重点探讨了以下内容。

（1）环境规制对绿色发展效应的作用机理。绿色发展是以效率、和谐、持续为目标的经济增长和社会发展方式，将环境保护作为实现可持续发展重要支柱的一种新型发展模式。环境规制是通过外部成本内部化解决环境外部不经济问题的。本书在厘清外部性与绿色发展、外部性与环境规制之间的关系后，依据负外部性理论、稀缺性理论、公共物品理论、“波特假说”理论以及导向型技术变迁理论，分析了环境规制对绿色发展的技术进步、节能减排、经济增长的作用机制，环境规制对绿色发展的多种机制综合作用和对绿色发展诱导效应的条件，环境规制对绿色发展正负两方面影响和对绿色发展能力提升存在的门槛效应，为系统地研究环境规制的绿色发展效应提供了理论基础。

（2）环境规制及其规制工具对节能减排效率的影响。本书选取中国2001~2013年的省际面板数据，基于环境污染的自由处置和弱处置下潜在收益和产出损失度量节能减排效率，在考虑个体异质性和参数异质性的基础上，利用面板分位数模型考察环境规制的节能减排效率，并进一步分区域、分时段和分经济主体做比较分析，以期为实现节能减排目标提供有针对性的对策建议。

（3）环境规制的经济增长数量和质量效应。环境规制及其规制工具的经济增长效应是否符合波特假说的“创新补偿效应”，或者仍处于传统经济学的“遵循成本效应”层面，或者取决于两种效应之间的权衡，这需要做出有效的解释。如果从单一“量”或“质”的视角探讨环境规制对经济增长的影响，据此得出的结论无法准确体现环境规制的双向经济增长效应。因此本书将同时从数量和质量两个视角来看待经济增长，选取2001~2013年中国30个省份的面板数据，运用联立方程组模型探讨环境规制的经济增长数量和质量效应，并基于环境分权下进一步考察环境规制对经济增长双重效应影响的变化。

（4）环境规制及其规制工具对节能减排与经济增长协调关系的作用效果。首先，从节能减排与经济增长这一矛盾统一体出发，运用系统经济学的耦合协调分析方法，具体测算现阶段省际节能减排与经济增长耦合协调的水平、动态特征及区域差异，此后利用系统 GMM 模型揭示环境规制服务节能减排与经济增长系统耦合度的作用效果及其地区异质性和阶段性特征，并基于不同规制工具和企业个体努力做进一步考察。

（5）实现节能减排与经济增长双赢的最优规制强度或规制区间。在检验环境规制能否实现节能减排与经济增长双赢的基础上，进一步实现最优协调度下的环境规制强度。通过建立门槛效应模型，内生地测算出节能减排与经济增长双赢下的最优规制强度或规制区间。同时为了考察地区差异性、阶段性特征以及不同经济主体导致结果的差异性，分地区、分阶段以及分经济主体做进一步检验，以期发现不同情景下节能减排与经济增长对环境规制敏感性的差异。

（6）我国环境规制创新的思路与对策设计。环境规制是一个系统性工程，是命令控制、市场激励、公众参与、志愿行动等正式和非正式的政策措施的组合，形成一个有机、有序的体系，才能提升环境规制政策工具的有效性。在前面章节的论证分析基础上，按照不同政策工具形式优势互补、扬长避短、融合使用的思路，设计“四维一体”环境规制政策工具体系，提出政策工具的优化组合及创新。

第四节　研究方法

研究方法是揭示事物内在规律的工具和手段，是运用智慧进行科学思维的技巧，由于存在认识问题的角度不同、研究对象的复杂性等因素，研究使用方法的侧重点也不同。环境规制对节能减排与经济增长的研究既是一个复杂的理论性问题，又是一个很强的现实性问题。因此，科学规范的研究方法有利于研究过程的可靠性和研究结论的准确性。为实现研究目的，本书在新古典经济增长框架下，综合运用环境经济、能源经济和可持续发展等基本理论，考察环境规制下节能减排与经济增长共赢问题。在研究方法上具体涉及以下三方面。

一 综合评价法

（1）基于松弛变量测度的方向性距离函数。当前对节能减排效率的度量主要基于指标体系法和全要素生产率两个维度，全要素生产率下的节能减排效率测度相比指标体系法无须权重假说的前提，有利于避免主观因素造成的评价误差，且基于全要素生产率下测度节能减排效率的文献主要采用 DEA 方法。方向性距离函数进一步可以将污染处置为非期望产出，但传统方向性距离函数在投入、产出方面的径向性和导向性往往会造成测度结果的偏差。Tone（2001）提出了非径向、非导向性基于松弛变量的度量方法，Fukuyama 和 Weber（2009）将此方法与方向性距离函数的有效结合，从而可同时非比例变动地测度投入与产出的效率。

（2）系统耦合模型分析法。节能减排和经济增长之间客观存在影响因素的相对运动，由此表现为两系统间复杂的交互耦合关系。本书以复杂性为视角，将协同论与耦合论相结合，运用系统经济学的耦合协调分析方法，建立节能减排与经济增长的系统耦合模型，通过对“节能减排-经济增长”系统耦合度的测量，有利于掌握这一系统的交互关系和动态变化。

二 计量分析法

（1）系统广义矩估计法。动态面板中因变量滞后项的存在，易引致该项与随机误差项之间有相关关系，从而需要通过一阶差分或组内去心来消除个体效应，而差分的滞后一期节能减排效率与差分的干扰项仍可能存在内生性问题，此时采用最小二乘估计量将是有偏的，而普遍的处理方法是选用合适的工具变量，同时，在有限样本下系统 GMM 估计法比一阶差分 GMM 估计法有更好效果的结论，意味着系统广义矩估计对于本书数据更能实现无偏估计。

（2）面板分位数回归估计法。传统线性估计方法着重考察解释变量 x 对被解释变量的条件期望 $E(y \mid x)$ 的影响，实际上是均值回归，考虑到最小化目标函数为残差平方和（$\sum_{i=1}^{n} e_i^2$），因此易受到极端值的干扰。而分位数回归选取残差绝对值的加权平均（$\sum_{i=1}^{n} |e_i|$）作为最小化的目标函数，能有效解决极端值问题，同时面板分位数回归可以通过面板数据的自抽样来弥补分位数回归中标准误估计不全面的缺陷。

（3）三阶段最小二乘法。鉴于变量间存在的内生性问题和双向因果关系会带来普通单方程模型的误设或异方差问题，为此，建立包括环境规制、经济增长数量和经济增长质量在内的联立方程模型，以考察环境规制的经济增长数量和质量效应。估计联立方程的方法主要包括“单一方程估计法”和“系统估计法”，由于单一方程估计法忽略了方程之间的联系以及不同方程的扰动项之间可能存在的相关性，而系统估计法中的“三阶段最小二乘法”对整个联立方程进行估计显然更有效率。

（4）门槛效应估计法。虑及不同省份之间在经济发展水平、技术水平、环境污染情况、制度安排等方面的差异，可能会引致不同规制强度的地区间环境规制与系统耦合度关系的结构变化，而主观划分区间往往会导致估计结果的偏误。为此，利用面板门槛模型，就数据本身的自有规律获得不同规制强度下引致最优可持续发展的规制强度或规制区间更为科学合理。

三　政策分析法

研究的最终落脚点是制定和实施符合现实国情的环境规制政策。本书结合运用政策分析法探析节能减排与经济增长双赢情境下环境规制的优化和政策含义，结合实证分析关于环境规制具体方式和强度的结论，综合本书研究问题的逻辑安排，对相关问题的性质进行判断，探索具体的实证思路，为实现可持续发展提供理论和现实的经验证据。

第五节 研究客体的基本界定

“是什么 - 为什么 - 怎样做?”是科学研究的基本模式，界定研究客体是认识“是什么”的基本工作。客体是相对于主体而言的。客体在哲学上可以理解为客观现实的一部分，它在一定阶段是人——社会的人（主体）的理论与实践活动的对象。认识的客体是事实现象进入实践领域、与主体发生关系的那一部分，它既具有客观性，也具有社会历史性。客体不等同于物质或客观实在，而是标志作为认识对象的客观存在的范畴，它包括作为认识对象的自然界、人类社会和作为认识对象的客观化了的认识主体。本书的基本客体包括自然环境、环境保护、环境规制、绿色发展及其经济增长和节能减排。

一 环境资源及其属性

人类生活的自然环境，按环境要素又可分为大气环境、水环境、土壤环境、地质环境和生物环境等，主要就是指地球的五大圈——大气圈、水圈、土圈、岩石圈和生物圈。我国《环境保护法》第二条规定：“本法所称环境，是指影响人类生存和发展的各种天然的和经过人工改造的自然因素的总体，包括大气、水、海洋、土地、矿藏、森林、草原、野生生物、自然遗迹、人文遗迹、自然保护区、风景名胜区、城市和乡村等。”环境作为一种资源，它包含两层含义：一是环境的单个要素（如土地、水、空气、动植物、矿产等）以及它们的组合方式（环境状态），可称其为自然资源属性；二是与环境污染相对应的环境纳污能力，即“环境自净能力”，可称其为环境资源属性。

环境资源所固有的自然属性和社会属性。

自然属性是指组成、结构、功能和边界等自然资源系统的状态、关系等属性。

（1）整体性。各个自然环境要素有不同程度的相互联系，形成有机整体。

（2）有限性。自然环境的规模和容量有一定限度。有限性决定自然资源的可垄断性，决定自然资源有绝对地租。

（3）多用性。大部分自然环境有多种用途。

（4）区域性。自然环境的空间分布很不平衡。有的地区富集，有的地区贫乏。

（5）发生变化上的差异性。每类自然环境都按特定的方式发生变化。

社会属性是指自然环境作为人类社会生产的劳动手段和劳动对象的性质。

（1）共有性。环境并不为某个人或某一群体所有，如流动的大气、公海及海底资源、南极等，而为人类所共有。

（2）普惠性。环境保护的受益者不仅是身处局部区域的群体，还是整个社会，甚至是未来世代。但是，这种普惠性会产生经济学上常说的“搭便车”（Freerider）现象，即没有付出环境保护努力的人也能从环境保护行动中获得收益。

（3）无排他性。一个人使用环境不能排除他人对环境的使用，如呼吸空气、取水、耕地等。虽然对公共物品的使用不具有排他性，但是这种使用具有竞争性。由于资源的有限性，如地球上的可耕地面积是有限的，一个人占用一块就意味着总耕地少了一块。

（4）价值性。在对环境资源客体满足其需要和发展过程中的经济判断、人类在处理与生态环境主客体关系上的伦理判断，以及环境生态系统作为独立于人类主体而独立存在的系统功能判断。生态价值是自然生态系统对于人所具有的“环境价值”。

二 生态环境保护及其行为特征属性

生态环境保护一般是指人类为解决现实或潜在的环境问题，协调人类与环境的关系，保护人类的生存环境、保障经济社会的可持续发展而采取的各种行动的总称。防治污染是其中的主要工作，防治由生产和生活活动引起的环境污染、化学污染，包括防治工业生产排放的“三废”（废水、废气、废渣）、粉尘、放射性物质以及产生的噪声、振动、恶臭和电磁微波辐射，交通运输活动产生的有害气体、液体、噪声，海上船舶运输排出的污染物，工农业生产和人民生活使用的有毒有害化学品，城镇生活排放的烟尘、污水和垃圾等造成的污染。其方法和手段有工程技术的、行政管理的，也有经济的、宣传教育的等。

生态环境保护行为的特征属性为外部溢出效应，指一个人或一群人的环保行动使另一个人或另一群人受益，使他人或社会受益的非市场化的影响，而受益者无须花费代价。按照萨缪尔森的观点，所谓外部性是指在生产和消费中，一个人的行为给他人带来未经当事人同意并以货币形式进行补偿的额外成本或收益的情形，本质就是未在价格中得以反映的经济交易成本或效益。外部效应内部化（Internalize the Externalities），是外部效应得以矫正，资源配置由不具有效率到具有效率的过程，即通过制度安排经济主体的经济活动所产生的社会收益，转为私人收益。外部收益是边际私人收益与边际社会收益存在差值产生的，庇古提出征税与补贴方式来弥补差值，科斯理论则提出运用市场激励机制及产权界定、产权交换手段来解决外部效应。生态环境保护是多种主体合作的系统工程，需要制定环境规制的政策体系，通过政府与公民（包括个人、企业等组成的利益集团）共同合作来实施。

三　环境规制

“规制”一词来源于英文“Regulation”，作为具体的制度安排，是“政府实施的管理或制约”，是公共政策的一种形式。依据规制性质的不同，规制可分为经济性规制与社会性规制。经济性规制主要关注政府在约束企业定价、进入与退出等方面的作用，重点针对具有自然垄断、信息不对称等特征的行业。而社会性规制是以确保居民生命健康安全、防止公害和以保护环境为目的所进行的规制，主要针对与对付经济活动中发生的外部性有关的政策。

环境规制（Environmental Regulation）通常是指以保护环境为目的而制定实施各项政策与措施的行为。它包括制定各种环境政策、环境法律法规以及与环境相关的规章制度来制约和控制一系列经济活动，是政府对环境利用行为进行规范和管理，对企业、地方政府及其他社会组成部分的经济社会行为进行约束，以使之更符合国家利益、公共目标和社会需求的行为。环境规制属于公共管理范畴，政府是其唯一主体代表公共利益，对有可能和已经影响环境的社会经济行为进行计划、规范、调节和约束。而资源环境管理的主体可以是政府也可以是企业、个人及其他组织等。一般来说，环境规制政策包括命令控制型、市场激励型、公众参与型和志愿行动型“四维一体”的环境政策工具体系。该体系需要一套完整的科学制度安排，需要建立协调高效的组织主体，形成保证制度和组织体系灵活运行的机制，运用科学有效的规制工具以及获得相应的环境技术和方法支持等。

四　绿色发展

绿色发展是以效率、和谐、持续为目标的经济增长和社会发展方式。从内涵看，绿色发展是在传统发展基础上的一种模式创新，是建立在生态环境容量和资源承载力的约束条件下，将环境保护作为实现可持续发展重要支柱的一种新型发展模式。具体来说包括以下几个要点：一是要将环境资源作为社会经济发展的内在要素；二是要把实现经济、社会和环境的可持续发展作为绿色发展的目标；三是要把经济活动过程和结果的“绿色化”“生态化”作为绿色发展的主要内容和途径。绿色生产方式是绿色发展的基础支撑、主要载体，直接决定绿色发展的成效。构建科技含量高、资源消耗少、环境污染少的产业结构，尽量避免使用有害原料，减少生产过程中的材料和能源浪费，提高资源利用率，减少废弃物排放量，加强废弃物处理，促进从产品设计、生产开发到产品包

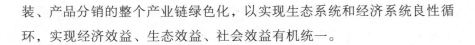

装、产品分销的整个产业链绿色化，以实现生态系统和经济系统良性循环，实现经济效益、生态效益、社会效益有机统一。

五　节能减排

节能减排有广义和狭义定义之分，广义而言，节能减排是指节约物质资源和能量资源，减少废弃物和环境有害物（包括三废和噪声等）排放；狭义而言，节能减排是指节约能源和减少环境有害物排放。《中华人民共和国节约能源法》所称节约能源（简称节能）是指加强用能管理，采取技术上可行、经济上合理以及环境和社会可以承受的措施，从能源生产到消费的各个环节，降低消耗、减少损失和污染物排放、制止浪费，有效、合理地利用能源。实现节能减排的主要途径有：大力发展高技术产业，坚持走新型工业化道路，促进传统产业升级，提高高技术产业在工业中的比重；构建跨产业生态链，推进行业间废物循环；推进企业清洁生产，从源头减少废物的产生，实现由末端治理向污染预防和生产全过程控制转变，促进企业能源消费、工业固体废弃物、包装废弃物的减量化与资源化利用，控制和减少污染物排放，提高资源利用效率；发展循环经济，减少资源浪费，降低废弃物的排放，提高产业的整体附加经济价值；开展替代技术、减量技术、再利用技术、资源化技术、系统化技术等关键技术研究，突破制约循环经济发展的技术瓶颈。

第一章　环境规制对经济绿色发展效应的机理

20 世纪初，环境与经济之间如何实现协调发展的问题逐渐开始进入人们的视野，且人们对将环境规制作为处理环境负外部性和弥补市场失灵的认知，无论是从理论还是从实证均取得了较大进展。早期环境规制在外部性理论和环境资源稀缺性的前提下，由意大利经济学家帕累托基于资源配置的理想状态而提出“帕累托最优”理论，以及后来由庇古和科斯从环境产权理论角度提出解决外部性问题的两类环境经济手段。

本章通过基础理论分析及相关文献回顾，梳理环境规制对经济绿色发展具体影响如何，发挥其对经济绿色发展效应的条件有哪些，对经济绿色发展的作用通过哪些机制综合实施？以此阐述环境规制对经济绿色发展效应的机制。

第一节　生态环境资源及其污染的经济成因

一　生态环境资源的基本属性

1. 环境资源的稀缺性

环境资源的稀缺性是指在一定时间和空间范围内，某环境要素只能满足人们的生活需求，而难以同时满足生产需求；或只能满足一些人的某种生产需求而难以满足另一些人的生产需求，这种现象导致环境资源的多元价值和环境功能的稀缺性（王燕，2009）。环境资源稀缺性的概念存在动态演变特征，即随着社会经济条件的变动其稀缺性属性也会发生变化，并且环境资源稀缺性的存在使其成为经济物品，进而出现负外部性、产权界定不明晰等问题，进而引致政府环境规制的出现。

2. 环境污染的负外部性

环境污染导致的负外部性，继而出现环境市场失灵是环境规制出现的根源。外部性又称为外差效应、溢出效应或毗邻效应。环境负外部性主要表现为社会公众、自然环境等主体承担了环境资源使用者应承担的责任，环境资源使用者将自身对环境资源的使用与破坏成本转嫁给社会及其他公众。环境资源负外部性的本质是自然资源的无效率配置，存在帕累托改进的可能性。

3. 环境资源的公共物品属性

随着环境资源负外部性问题的出现，公共物品问题也日益受到关注。公共物品具有消费的非排他性和收益的非竞争性两种典型特征（赵敏，2013）。环境资源公共物品的非竞争性和非排他性导致市场机制下的“搭便车”问题，进而带来环境质量贡献积极性的减弱甚至消失，最终引起环境质量的迅速下降。“公地悲剧”启示我们在缺乏有效的监督和管理机制下，环境资源作为公共物品将使追求利润最大化的生产者忽视环境资源浪费和破坏对他人产生的影响，进而导致严重的环境污染和生态恶化。

4. 环境产权的模糊性

产权具有排他性、有限性、可交易性、可分割性等特征，但部分环境资源具有公共物品属性，并不具备一般产权制度所具有的特征，因此在多数情况下资源环境的产权是缺位的，存在不确定性（赵敏，2013）。环境产权的模糊性是其负外部性存在的典型来源，因此适当界定所有权是消除负外部性带来扭曲的有效手段。

二　生态环境污染的经济学分析

环境污染指自然的或人为的破坏，向环境中添加某种物质而超过环境的自净能力，进而产生危害的行为。环境问题产生的根源在于人类利用和改造大自然的活动，这些活动改变了环境的组成和结构，也改变了环境中的物质循环系统，带来了环境问题的产生。环境问题可分为如下两大类。一类是自然演变和环境污染等原因所引起的。如火山活动、地震、风暴、海啸等产生的自然灾害，环境中元素自然分布不均引起的地方病，以及自然界中放射物质产生的放射病等。另一类是人为因素造成的环境污染和自然资源与生态环境的破坏。在人类生产、生活活动中产生的各种污染物（或污染因素）进入环境，超过了环境容量的极限，使环境受到污染和破坏；人类在开发利用自然资源时，超越了环境自身的承载能力，使生态环境质量恶化，有时候会出现自然资源枯竭的现象，这些都可以归结为人为造成的环境问题。

环境污染综合防治是指从整体出发对环境污染问题进行综合分析，在环境质量评价、制定环境质量标准、拟定环境规划的基础上，采取防治结合、人工处理和自然净化结合等措施，以技术、经济和法制等手段，实施防治污染的最佳方案，以控制和提高环境质量。

从经济学角度来看，污染问题的产生主要源于外部性、公共物品属性、产权缺失或难以界定。外部性理论是由著名经济学家庇古发现并提出的。外部性分为正负两种：当一个生产者或消费者的行为对社会其他成员造成危害，而自己却没有为此付出代价去补偿该损害时，便产生了负的外部性；反之，则为正的外部性。环境污染就是一种典型的负外部性。环境污染的负外部性是指市场主体对环境所造成的不利影响往往转嫁给全社会，自身并不承担相应的责任。譬如像空气、河流和海洋等公共资源没有明确的财产权，当市场中的经济主体（企业）的生产行为给公共物品带来污染时，这事实上存在由污染而带来的社会成本。但因公共资源财产权的模糊，经济主体在生产活动中只考虑私人成本，不考虑社会成本，其生产成本小于总成本，把环境污染的社会成本转嫁给全社会，由社会共同承担。由此可见环境污染的负外部性引起环境污染，并且一些对环境有益的正外部性活动因得不到补偿而受到抑制，改变环境污染状况的进程就非常缓慢。

以科斯为代表的产权学派认为，环境污染的根源则被归结为环境产权缺失或难以界定。经济学中，供人们使用的产品分为私人产品与公共产品。私人产品只能被消费一次，如果一个消费者消费了它，其他人就不能再利用它来消费了。但是，公共产品具有非排他性与非竞争性，可以多次消费，一个消费者对它的消费并不阻止其他消费者对它的利用。人们很难说空气或水归属于谁，更难以将其分割成你的、我的或他的，环境资源的这种不可分割性导致人们不必付费就可享受洁净的空气和水。因而“经济人”的理性行为在这里难以见到，人们并不珍惜环境资源，这可能导致所有人无节制使用和肆意争夺破坏。企业和消费者都可以把废气排放到大气中，把废水排放到公共拥有的河流中，把工业垃圾及生活垃圾堆放在公有的场地，森林被人们过度砍伐。结果是环境被污染、生态被破坏。

综上，由于外部性、环境资源的公共物品属性、产权不明确等原因，价格机制在环境问题上不能起作用或不能起充分有效的作用，从而出现“市场失灵”。这就是环境污染的经济根源。但是，除此之外，造成环境污染的另一个非常重要的原因是环境问题的“政府失灵”，也就是说政府的某些行为导致环境政策和环境管理的失效，从而加大了环境污染和生态破坏。

三　生态环境污染与经济增长的关联

美国经济学家 Grossman 和 Krueger（1991）首次实证研究了环境质量与人均收入之间的关系，指出了污染与人均收入间的关系为“污染在低收入水平上随人均 GDP 增加而上升，高收入水平上随 GDP 增长而下降”。世界银行的《1992 年世界发展报告——发展与环境》以“发展与环境”为主题，扩大了环境质量与收入关系研究的影响。Panayotou（1997）借用1955年库兹涅茨界定的人均收入与收入不均等之间的倒“U”形曲线，首次将这种环境质量与人均收入间的关系称为环境库兹涅茨曲线（EKC）。EKC揭示出环境质量开始随着收入增加而降低，收入水平上升到一定程度后随收入增加而提高，即环境质量与收入为倒“U”形关系。

环境库兹涅茨曲线提出后，学者对环境质量与收入间关系的理论探讨不断深入，丰富了对EKC的理论解释。

1. 规模效应、技术效应和结构效应

Grossman和Krueger（1991）提出经济增长通过规模效应、技术效应与结构效应三种途径影响环境质量。①规模效应。经济增长从两方面对环境质量产生负面影响：一方面经济增长要增加投入，进而增加对资源的使用；另一方面更多产出也带来污染排放的增加。②技术效应。高收入水平与更好的环保技术、高效率技术紧密相连。在一国经济增长过程中，研发支出上升，推动技术进步，产生两方面的影响：一是其他不变时，技术进步提高生产率，提高资源的使用效率，降低单位产出的要素投入，削弱生产对自然与环境的影响；二是清洁技术不断开发和取代肮脏技术，并有效地循环利用资源，降低了单位产出的污染排放。③结构效应。随着收入水平的提高，产出结构和投入结构发生变化。在早期阶段，经济结构从农业向能源密集型重工业转变，增加了污染排放，随后经济转向低污染的服务业和知识密集型产业，投入结构变化，单位产出的排放水平下降，环境质量提高。

规模效应恶化环境，而技术效应和结构效应改善环境。在经济起飞阶段，资源的使用超过了资源的再生，有害废物大量产生，规模效应超过了技术效应和结构效应，环境恶化；当经济发展到新阶段，技术效应和结构效应胜出，环境恶化减缓。

2. 环境质量需求

收入水平低的社会群体很少产生对环境质量的需求，贫穷会加剧环境恶化；收入水平提高后，人们更关注现在和未来的生活环境，产生了对高环境质量的需求，不仅愿意购买环境友好产品，而且不断强化环境保护的压力，愿意接受严格的环境规制，并带动经济发生结构性变化，减缓环境恶化。

3. 环境规制

伴随收入上升的环境改善，大多来自环境规制的变革。没有环境规制的强化，环境污染的程度不会下降。随着经济增长，环境规制在加强，有关污染者、污染损害、地方环境质量、排污减让等信息不断增加，促成政府加强地方与社区的环保能力和提升一国的环境质量管理能力。严格的环境规制进一步引起经济结构向低污染转变。

4. 市场机制

收入水平提高的过程中，市场机制不断完善，自然资源在市场中交易，自我调节的市场机制会减缓环境的恶化。在早期发展阶段，自然资源投入较多，并且逐步减少了自然资源的存量；当经济发展到一定阶段后，自然资源的价格开始反映出其稀缺性而上升，社会降低了对自然资源的需求，并不断提高自然资源的使用效率，同时促进经济向低资源密集的技术发展，环境质量得到提高。同时，经济发展到一定阶段后，市场参与者日益重视环境质量，对施加环保压力起到了重要作用，如银行对环保不力的企业拒绝贷款。

5. 减污投资

环境质量的变化也与环保投资密切相关，不同经济发展阶段上资本充裕度有别，因而环保投资的规模不同。Dinda（2004）将资本分为两部分：一部分用于商品生产，产生了污染；另一部分用于减污，充足的减污投资可提高环境质量。低收入阶段所有的资本用于商品生产，污染重，并影响环境质量；收入提高后充裕的减污投资防止了环境进一步退化。环境质量提高需要充足的减污投资，而这以经济发展过程中积累了充足的资本为前提。减污投资从不足到充足的变动构成了环境质量与收入间形成倒“U”形关系的基础。

第二节　环境规制产生的一般逻辑及构成

一　环境规制的功用

一般认为，造成环境问题的主要原因是人类对于自然资源不适当的开发利用方式。而随着环境问题的日益严峻，环境资源作为人类赖以生存和发展的基础，已经成为日益稀缺的资源，如何对其进行有效的资源配置已经成为经济学的重要命题。市场和政府干预是资源配置的两大手段。理论上，在市场经济中，资源由“看不见的手”实现最优配置。但是，在现实的经济中存在“市场失灵”的状况，就环境资源的使用来说，存在资源产权不清晰或不存在、外部性、公共物品等属性，因此，单纯依靠市场机制无法实现环境资源的最优配置，在环境领域实施政府规制是必要的。美国经济学家马歇尔（Marshall，1920）最早对环境问题进行了理论分析，在其所著的《经济学原理》中首次提出了“外部经济”和“内部经济”的概念。其后，庇古（Pigou，1920）在《福利经济学》中进一步分析外部性问题，提出通过建立新税制的方式来解决环境的负外部性问题。他们的理论分析为环境规制提供了理论依据。

规制（管制或监管）又称政府规制，是具有法律地位、相对独立的政府行政机构为弥补市场失灵现象，依照一定的法规通过许可等手段对企业和个人的市场活动所采取的一系列管理与监督等影响行为，是政府的一项重要职能。政府规制分为经济性和社会性规制两种。经济性规制是为解决自然垄断、信息不对称等问题所引起的市场失灵问题而采取的规制行为，其目的是提高资源的配置效率。经济性规制包括自然垄断产业规制（电力行业规制、电信行业规制等）和信息不对称领域的规制。社会性规制是对市场行为主体提供的物品和服务质量以及与之伴随着各种活动而制定的相应标准，其目的是保护相关行为主体的安全与健康，主要包括环境规制、安全规制和健康规制等。环境规制是政府规制的重要组成部分，它以控制环境污染、保护环境、改变环境资源利用的低效率为目的，以期提高人们的生活质量和生活水平。

二　规制质量是规制效能的关键

政府规制质量理论以政府内规制理论为基础，它从政府内部的视角来考察并解决政府规制在制定和实施中所存在的质量问题，并侧重能够通过采取合理的规制政策、工具等实施规制的源头达到解决政府规制内部缺陷问题并获取高水平政府规制能力。政府规制理论是不断发展与深化的。当前政府规制理论研究的重点逐渐转向对政府规制机制的关注，问题的重点不再是需不需要规制，而是怎样规制，如何能够提高规制效率的问题，即更加关注规制质量的问题。政府规制质量的高低与能否形成有效的具体产业规制政策有直接关系，是规制体系中的关键节点。总之，当前对政府规制质量问题的研究成果丰富，且多集中于实施规制的政府如何提升政府规制质量的政策分析及实施工具、方法等方面，但出现理论研究落后于规制实践发展的现象。

Claudio（2004）指出，规制质量是一个复杂的概念，主要包含规制质量是治理质量、规制质量是过程质量、规制质量是结果质量和规制质量是上述三者不同组合的统一等方面的特点。此外，Claudio（2004）在规制指标结项报告中对规制质量进行了界定，他认为规制质量的概念可以从实施工具、实现标准以及指标体系三个方面进行细分，但在目前对实现规制质量工具的认识较为统一的背景下，主要从实现规制质量的工具角度对其概念进行界定，指出规制质量是相关利益全体行为的优化。Jacobs（2004）认为规制质量的含义是如果市场机制效果低于政府规制领域放松规制，可以实施更多规制从而使得政府与社会规制有效率，能够以较低的成本获取高标准的安全与环境保护。Antonio 等（2004）也指出面对不同群体规制质量的含义存在差异。衡量规制质量的指标应该与促使规制措施产生理想效果的能力相关。Baldwin 等（2010）认为规制质量来源于规制的合理性，规制质量理应包含立法机构的命令、问责、效率等要素，规制质量的评估应当重视规制的实际效果。Kirkpatrick 等（2004）认为，规制质量的判断应当从规制结果的质量和规制过程的质量两个方面考量。Anthony（2005）构建了关于规制质量的公式，规制质量的认知 = F（政府信用）= F［f（政府结构）］，即规制质量认知是政府结构的复合函数，并构建了规制质量的模型。

随着规制改革的不断推进，在世界环境问题日益尖锐的背景下环境规制问题面临新的挑战，为了提升环境规制质量，大量西方国家相继制定了本国环境规制质量原则或标准以维护本国环境规制制定和实施过程的质量。优质环境规制的原则或标准表明了规制质量的原则性特征，是各国制定并实施环境规制政策的主要参考标准。传统环境规制工具的局限性是环境规制质量原则制定的核心驱动力。命令控制型环境规制工具的局限性主要表现在规制效能、规制的有效性、规制经济效率、规制管理四个方面。

1995 年经济合作与发展组织制定并颁布了第一个规制质量的世界标准，该标准倾向于解决环境规制的制定质量问题。1997 年《经济合作与发展组织关于规制改革的报告》扩展了优质规制原则的内容，倾向于对现存规制质量的控制。2005 年经济合作与发展组织对规制质量与绩效指导原则进行了修改，并扩充了解释内容与从属建议，该体系从全局视角来指导政府规制质量的发展方向，它提出了在广泛的政治层面进行监督改革、建立明确的目标和框架等指导方针。这为各国在实施规制改革进程中制定国家规制政策提供了借鉴。

环境规制质量是政府规制质量的重要组成部分，具体是指政府制定并执行环境规制政策达到既定环境规制目标的能力以及实现程度。环境规制质量应该包含政府环境规制能力以及既定环境目标实现程度两个方面。

三　环境规制的经济绿色发展效应的理论逻辑

马歇尔（Marshall，1920）提出了“外部经济”的概念，庇古（Pigou，1920）在其研究基础上率先分析了外部性问题。无论是正外部性抑或负外部性，都不能实现帕累托效率，必然导致资源配置的低效率。

外部性意味着仅仅依靠市场力量来解决绿色创新的问题难以奏效，这就需要通过环境规制来干预绿色创新过程。庇古于 1932 年提出“庇古税”，开创了环境规制的先河，随后，科斯以“庇古税”限制经济选择为由对庇古矫正外部性的方法进行了批判，强调了产权和产权交易在环境规制中的重要作用。新制度经济学派把制度看作一个由正式规则和非正式规则组成的社会游戏规则，环境规制也可以相应地分为正式环境规制和非正式环境规制，这涉及政府、环保部门、公众和环保非政府组织（环保 NGO）等各利益相关者的行为，其中正式环境规制主要来自政府和环保部门，而非正式环境规制则主要来自公众与环保 NGO。

如果政府和环保部门为了减少企业给社会造成的外部环境成本，按照企业增加的外部环境成本对其征税。比如，政府和环保部门根据企业造成的外部环境成本，并通过立法对企业所生产的产品征税，该税收分配取决于产品需求曲线和供给曲线的相对弹性，由消费者和企业共同负担。公众和环保 NGO 也会对企业施加约束，促使企业加强污染治理，降低环境污染的程度。在正式环境规制和非正式环境规制的双重约束下，可以实现外部环境成本的内在化。在科学设计的正式环境规制和非正式环境规制作用下，企业承担了环境污染所产生的外部环境成本，实现了社会利益的最大化（社会的边际收益等于社会的边际成本）。外部环境成本的内在化要求企业在追求利润最大化时兼顾环境因素，避免短视行为。因此，在正式环境规制和非正式环境规制作用下，不至于产生过度的环境污染问题，可以实现资源配置的帕累托效率。

正式环境规制是政府实现外部环境成本内在化的重要工具，也可以通过补贴、排污税费减免等手段对企业进行激励，在一定程度上弥补其绿色行为的正外部性损失。例如，政府通过税收可以直接影响绿色产品的市场价格，进而通过产品价格变化对企业绿色创新进行调节，被称为“绿色税法”的《中华人民共和国环境保护税法》指出，“保护和改善环境，减少污染物排放，推进生态文明建设”，通过“费”改“税”，借助税收杠杆，以税率差异化激励绿色行为。严格的正式环境规制，将对企业产生直接威慑效应，严重影响企业的投资策略，而且正式环境规制主要通过影响对外直接投资、外商直接投资、国内投资，进而对绿色行为水平产生影响，企业通过改变投资决策以适应严格的正式环境规制要求，并提高其在国内、国际市场上的竞争优势。正式环境规制对企业产生威慑效应，严重影响企业的投资决策，一方面，倒逼企业增加环境治理投资，并对企业的原有投资（主要是研发投资）产生一定的挤出效应，抑制了绿色行为；另一方面，合理设计的正式环境规制政策也可以促进企业生产技术、生产工艺流程的革新，进而产生创新补偿效应，促进了绿色行为。此外，由于政府和环保部门的正式环境规制的强制约束，企业必须加大环境污染治理力度，率先进行技术革新的企业在污染治理上就具有先动优势，有助于企业抢占市场份额、获取竞争优势，同样促进了绿色行为。

与正式环境规制不同，非正式环境规制主要通过社会舆论和环保NGO等作用对企业绿色行为产生间接影响，这种影响主要发生于企业产生环境污染事件的情形时。环保部印发的《环境保护公众参与办法》是《环境保护法》实施以来对环境保护公众参与做出专门规定的部门规章，该办法支持和鼓励公众对环境保护公共事务进行舆论监督和社会监督，影响企业的生产决策和环境治理，进而对绿色行为产生影响。一方面，公众与环保NGO通过宣传引导绿色消费，增强消费者的绿色产品偏好，进而扩大绿色产品的市场需求，会对企业产生需求拉动效应，绿色产品市场需求的改变引起价格变动，而企业的利润是价格和产量的函数，在追求利润最大化的目标下，企业考虑增加绿色产品供给，促使企业考虑绿色研发，改进生产工艺、生产流程，促进企业进行绿色创新。另一方面，当发生环境污染事件时，公众可以采用上访和信访等途径向政府和环保部门表达自己的环保诉求，也可以通过民事诉讼的方式与企业直接对簿公堂，还可以通过媒体网络等媒介宣传及社会舆论给企业产生压力，通过这些途径要求企业赔偿因环境污染给公众带来的损失，甚至要求企业从本地区转移出去，这势必会对企业产生治污压力，具体可分为治污成本和生存压力。企业治污成本增加将对企业的研发支出产生挤出效应，抑制了企业的绿色创新，值得注意的是，在发生污染事件时，治污压力对企业的生存压力产生于公众通过各种途径要求企业迁出本地，这种情形会对企业产生强大的倒逼作用，促使企业必须进行生产革新，改进生产技术、生产工艺以应对严峻压力，在倒逼机制的作用下，企业绿色行为水平得以提升。

综上，正式环境规制的直接威慑效应严重影响企业的投资决策，通过创新补偿效应、先动优势等促进企业的绿色行为；在非正式环境规制作用下的需求拉动效应及倒逼机制也会促进企业的绿色行为。正式环境规制和非正式环境规制的双重作用引起经济绩效和环境绩效的变化，促使企业转变生产观念，实现生产方式由粗放型向集约型转变，以适应环境规制，提高企业的竞争力，并最终实现企业环境绩效与经济绩效的双赢。

四　环境规制的分类及其特点

一般将环境规制政策工具分为三种类型，即命令控制型工具、市场激励型工具、公众参与型工具。

1. 命令控制型工具

命令控制型工具，是指国家行政管理部门根据相关法律法规、标准，对生产行为进行直接管理和强制监督。例如，如果企业的生产条件达不到国家相关排污技术标准，则企业必须停止生产；如果投资项目设计标准达不到国家基本环保技术标准，就不能获得开工建设许可证。根据各种政策工具实施效力的不同，命令控制型工具可以分为以下三类。一是国家层面的法律法规。二是各级地方政府颁布的地方性法律法规。三是各级环保部门和行业组织制定的多种环保技术标准和制度，主要包括事前控制类的环境规划制度、环境标准制度、环境影响评价制度、投资项目“三同时”制度、排污许可证制度等；事中控制类的污染物排放浓度标准、排放总量控制标准、排污申报登记制度等；事后救济类的限期治理制度、污染事故应急处理制度、违法企业挂牌督办制度、强制污染“关停并转”等强制性制度。

命令控制型工具的优势在于将环保事项前置，这样有利于更好地进行环境污染源控制，具有强制性和及时性，执行成本低；其劣势在于缺乏灵活性，相当于规定了一个清晰的环境保护下限，对于企业进行环境保护方面的技术创新激励不足，甚至对整个社会的环保水平会产生“劣币驱逐良币”的后果，且环境技术标准的骤然提高可能使企业已有投资项目强制停工，给社会造成相应的经济福利损失。

2. 市场激励型工具

市场激励型工具是通过收费或补贴的方式，运用显性的经济激励，推动企业在排污的成本和收益之间进行自主选择，决定企业的生产技术水平和排污量。根据具体运行原理，市场激励型工具可以划分为两类：一类是主张采用政府干预使得外部性内部化的政策工具，具体包括对排污征收罚款的惩罚性措施和对节能、生态项目提供补偿、补贴的正向激励型工具；另一类是强调利用市场机制本身来解决外部性问题的新制度经济学派的政策工具，其主要政策工具便是排污权交易制度。排污权交易制度提高了企业污染治理的积极性，将污染总量控制在一定范围内，从而使污染治理从政府的强制行为变为企业的自觉市场行为。

相比命令控制型工具，市场激励型工具赋予企业更高的自由选择权，使企业能够更好地结合自身经济效益做出最优选择。市场激励型工具对于排污多的企业是惩罚性税收，而对于采用低耗能、低排污的企业则具有补贴作用，从而能够鼓励和引导企业采用更加先进的技术，降低自身的排放标准。因此，市场激励型工具能够更好地调节企业排污行为。此外，收费和补贴可以激励企业进行科学技术研发，鼓励企业采用更加先进的技术和环保措施，有利于降低企业的环境成本和提升企业的技术水平，从长期来看可以实现整个社会的经济效益和环境效益的最大化。不过政府行政管理部门并不能一次性让企业实现合理的排污成本，而是必须通过试错，对其制定的收费率进行不断调整，才能最终将企业的排污水平调整到合理水平。

3. 公众参与型工具

公众参与型工具，主要是通过社会公共舆论、社会道德压力、劝说等措施间接推动相关环保法律法规、技术标准得到更严格的落实和执行。公众参与型工具的核心是通过公众参与，能够影响全社会的环境治理绩效。公众可以通过多种渠道向政府部门反映自身关于环境政策问题的基本诉求和立场。例如，社会公众通过社交媒体表达对环境事件的关注，影响和推动相关行政管理部门的政策制定和执行。此外，公众还可以通过一种消极的方式，即“用脚投票”的方式推动地方行政管理部门对环境问题的重视。例如，居民选择离开环境治理较差的地区，进而对一个地区的消费、投资、政府财政收入等产生负面影响，最终迫使政府行政管理部门做出调整，推动政府部门加大对环境治理的投入。

根据参与途径和方式的差异，公众参与型工具可以分为两类：一类是政府部门主导的方式，包括政府发布社会关注的环境监测信息，环境保护主管部门主导的征求意见、问卷调查、座谈会、专家论证会、听证会等；另一类是公众主动积极反映自身环保诉求的方式，公民借助于社交媒体、信访等方式表达自己的环境保护诉求。

公众对于环境治理的广泛参与，能够通过不同参与机制向政府反馈社会各阶层、各组织的需要和意见，从而减少政府跟踪、检查等活动的执行，有助于降低政府管理成本。但是公众参与型工具有一定的间接性，发挥效力的时滞较长。公众参与型工具发挥作用需要借助于行政管理部门的强制力，依赖于相关法律法规和技术标准的后续调整。

志愿环保行动是公众参与的重要途径。志愿环保行动主要是指居民、企业、民间组织根据自身对于可持续发展的认识，自发开展的一系列在生产和生活中减少自然资源消耗和浪费的志愿型环境保护行动。当前我国常见的志愿行动型环境治理工具，根据发起主体的不同可以分为两类：一类是社会公益组织、行业协会发起认可的志愿行动的标准环境管理体系，例如环境标识、ISO14000 环境管理体系认证等生产环境认证管理的志愿环保行动；另一类是中国政府相关部门发起的自然保护区、生态示范区、生态产业园、环境友好型城市评选等区域划分性志愿环保行动。

志愿环保行动的优点在于：第一，可以更好地激发企业和公民自发治理污染的动力，且能够有效地减少政府行政监管成本；第二，往往高于一般法律强制性标准，在一定程度上提升了环境保护标准；第三，不同于其他环境规制工具的单一性，志愿行动型环境规制工具具有形式灵活多样的特点，是对前面政策工具的一种有益补充和提升。

五　环境规制的政策体系

“环境规制”是一个广义的概念，其表现形式不仅包括狭义环境规制所涵盖的环境制度、环境保护政策、环境检查和监测、环境信息公开、环境标准等，还兼有环境法律法规、环境税费、环保补贴、排污权交易、生态补偿机制等内容。因此，与环境规制有关的法律、法令、条例、规划、计划、管理办法与措施即可视为环境规制政策，它是政府在特定时期为保护环境所规定的行为准则。从本质上看，环境规制政策是可持续发展战略和环境保护战略的具体化，是诱导、约束、协调环境规制对象的观念和行为的准则，是实现可持续发展战略目标的定向管理手段。

环境规制政策的类型和工具都在日趋丰富，进而政策的分类也日趋多样。例如，按照政策实施途径与方式，可将环境规制政策分为：①利用市场，包括环境税费、环境补贴、市场债券、押金返还制度等；②建立市场，包括完善产权制度、私有化和权力分散、排污权交易、国际补偿制度等；③利用环境法规，包括环境法、标准、禁令、许可证和配额等；④社会动员，针对公众或组织，包括宣传、教育等形式。根据政策作用方式和性质的差异，可将环境规制政策分为直接规制、间接规制和自我规制三类。其中，直接规制政策指在国家法律体系的支撑下，通过制定和实施各类环境法律法规以达到环境保护的政策手段。间接规制政策则基于市场的自主调节方式，以“资源有偿使用”“污染者付费”等为原则将资源开发和环境保护纳入市场经济体系。自我规制政策主要指为鼓励社会公众、非政府组织和企业参与环境保护行动而采取的宣传、教育与培训、合作与交流等手段。此外，OECD 按照其对技术创新的影响，将环境规制政策分为基于绩效的管制、过程的管制、差别管制、经济手段、标准性管制、志愿行动类管制、法规和指引、第三方认证以及教育计划、信息公开等九类。

第三节　关于环境规制应用的探讨

一　环境规制的作用目标

环境规制经济理论主要包括外部性理论、环境资源稀缺性理论、帕累托最优理论和环境产权理论。外部性基于无市场交换的前提下，一个生产单位的生产行为（或消费者的消费行为）影响了其他生产单位的生产过程（或生活标准）。自 Sidgwick（1883）提出外部性问题，学者们开始基于不同视角探讨环境外部性问题。马歇尔基于公共物品理论，提出环境产品是不可分割的，所有个体都无法排他地使用和消费环境产品。庇古基于成本理论，认为如果污染主体并未对其在追求利益最大化过程中造成的环境损害支付相应比例的费用，会导致私人成本与社会成本存在偏离，而偏离部分需要社会承担，最终会对社会带来不利影响。科斯基于外部侵害理论，指出环境资源问题事实上能够通过在不同排污主体间采取某种行动来缓解甚至消除，但环境产品的公共物品属性引致的环境负外部性使得环境问题更为复杂。Olson 和 Zeckhauser（1970）基于集体行为理论，认为经济主体之间的某种行动（比如协商）需要支付额外成本，从而使得环境问题在个人行动与集体行动上反映出矛盾。沈满洪（1997）指出，环境问题负外部性的存在，使得市场无法充分发挥环境资源配置的功能，从而造成经济主体为追求利润最大化决定的产量与追求社会福利最大化决定的产量存在偏离，这种偏离将导致环境产品的过度消费、污染型产品的过度开发以及污染物的过度排放。易于发现，这种粗放型发展模式既不符合效率最优原则，也不符合社会公平原则。Clawson（1959）基于环境耗竭理论，认为环境外部性使得市场在资源配置方面失灵，更加突出社会规制在解决环境资源问题的作用。North（2010）进一步基于“搭便车”理论，得出环境资源问题的解决主要取决于完善的制度体系。

关于环境资源稀缺性理论研究可追溯到古典经济学和新古典经济学的分析，然而，在20世纪上半叶，环境资源的稀缺性问题还未进入学者们研究的视野。尽管这一时期出现Harold（1967）对耗竭资源经济学的研究和Ramsey（1928）的优化增长理论的经典文献，但不可否认，这些观点仍未脱离马歇尔的思想。马歇尔并不认可环境资源的绝对稀缺性，指出只要存在价值的环境资源必然会以市场价格表现出来，马歇尔关于环境资源非绝对稀缺性的观点在20世纪60年代之前处于主流地位，直到20世纪60年代初期，以Barnett和Morse（1963）为代表的学者创建了环境资源稀缺理论，指出只要把环境资源视为能源供应者或经济过程原材料，环境资源的稀缺性便会呈现。环境资源稀缺理论认为，经济再生产过程和资源再生产过程之间存在双向因果关系，这种关系表现在：一方面，经济再生产过程是以资源再生产过程为基本前提的；另一方面，经济再生产过程又会影响资源再生产过程。可以发现，环境问题的产生和自然资源的趋紧使得经济与环境成为矛盾的统一体。然而，纵使环境资源的稀缺性会对经济活动产生影响，但环境资源仍存在对经济再生产过程的承载力。换句话说，如果经济活动消耗的自然资源数量和排放的污染物总量与环境所能提供的自然资源和承载的污染物相适应，便会通过自然资源的再生能力和环境的自净能力，促进经济增长与节能减排的协调。

为使得稀缺环境资源得到有效配置，环境资源效率目标的选择就显得意义重大。环境与自然资源经济学家基于经济理论探究环境问题产生的经济学根源，通过将环境资源开发、经济发展和社会福利置于同一框架，在统筹效率和公平的前提下探讨环境经济问题，从而有利于优化环境资源配置效率。传统福利经济学基于效用理论，建立了“希克斯－卡尔多”补偿原则和消费者剩余原则。但遗憾的是，上述福利标准无法对经济增长给予环境不利影响做出恰当的反应。Amartya（2001）彻底推翻了传统福利经济学关于环境资源配置效率的解释，革新性地创建了“部分系数理论”和“功能－能力理论”。这些理论对传统福利标准做了重新界定，基于此，也为环境经济问题的客观合理评价提供新的视角。然而，效率与最优并不总是一致的，效率评价的维度可以是多方面的，而最优却是以全社会福利最大化为衡量标准。帕累托于19世纪末在系数效用理论的基础上，利用环境资源配置阐释最优社会经济福利问题。值得注意的是，即使是最优标准，仍可能无法准确地贯彻可持续发展的指导思想，而只有在社会福利函数中进一步考虑国际公平和代际公平，才能使得可持续发展与最优相统一。

产权理论认为，合理界定财产权是消除外部性的有效手段，通过对没有财产权或财产权不明晰的部分界定明确的财产权，有利于缓解甚至消除外部性问题。庇古（Pigou，1920）在《福利经济学》中谈论和深化外部性问题，他指出当个人边际私人成本小于边际社会成本时，寄希望单靠市场解决外部性问题显然无法实现，这时就需要引入政府进行适当的干预，即政府应采取征税或补贴政策来实现外部经济内部化。而罗纳德·科斯（Coase，1960）在《社会成本问题》中认为，庇古的思路是有偏的。他指出，在市场交易成本可以忽略不计的情况下，不管环境资源初始如何分配，理性的主体总会考虑外溢成本和收益，环境资源最终总能实现最优化的配置，社会成本问题从而无从谈起。科斯进一步认为，外部性的存在主要是产权界定模糊导致的，而不是市场机制不完善的结果，因此，合理界定产权可以有效减少甚至消除外部性。科斯定理为解决外部性问题提供了新的思路，但其本身也存在缺陷，因为现实世界中的交易成本是很高的。Williamson（1971）对外部性问题的解决思路进行重新梳理，他认为外部性问题应围绕以下两个方面展开，一方面是产权能否界定清晰，另一方面是外部成本和收益能否准确衡量。然而，在产权界定问题上可能产生高额的讨价还价成本，并且外部成本和收益的度量同样会引发高昂的归因费用。因此，实施一体化可以有效地规避上述所产生的高昂成本，从而为解决外部性问题提供另一思路。但实施一体化在面对复杂多变的环境污染问题时，仍显得力不从心。Spulber（1999）在《管制与市场》中将环境规制理解为对外部性的规制，考察环境污染问题的定价问题。他指出交易成本存在的原因是排污者和受污者关于收益信息的不对称，从而使得环境污染问题无法在私下解决，同时环境污染问题往往涉及众多排污者和受污者，造成交易成本问题更加复杂。在此基础上他进一步探讨不完全信息下的环境规制，得出环境规制在不完全信息下的污染水平和最优产量比在完全信息下更低。

二　环境规制的测度

由于环境规制没有固定的政府参与模式，也不存在独立的规制工具，所以在衡量环境规制指标上不同文献存在很大的差异。国内外学者在选取环境规制强度的测度指标上大体可归纳为以下三个方面。

第一，以单一指标作为环境规制强度的代理指标，包括大气污染防治法的修订（李树、陈刚，2013）、地方政府颁布法律政策的数量（Marco and Gimenez，2013；王书斌、徐盈之，2015）、污染治理控制支出（Hamamoto，2006；Jaffe and Palmer，1997）、环境执法力度（Brunnermeier and Cohen，2003；包群等，2013）、污染治理运行费用（聂普焱、黄利，2013）、排污费（雷明、虞晓雯，2013）、排放津贴分配水平（Clo et al.，2017）、汽车尾气排放标准（Dechezleprêtrea et al.，2015）、环境科技投入（陈德敏、张瑞，2012）、污染减排标准（Lindstad and

Eskeland，2016）、环保投资（沈能、刘凤朝，2012；Zhang，2016）、工业污染治理投资（张卫东、汪海，2007；雷明、虞晓雯，2013；宋马林、王舒鸿，2013；余长林、高宏建，2015）、环境税（Marco and Gimenez，2013）、环境未支付成本（李钢等，2012）。从规制效果维度来看，包括污染控制的效果，即污染物达标排放率（傅京燕、李丽莎，2010；江珂、卢现祥，2011；Xu et al.，2016）、污染物排放强度（Cole and Elliott，2005；张文彬等，2010；王宇澄，2015；Zhou et al.，2017）、碳排放强度（李平、慕绣如，2013）、单位能源强度的生产总值（李阳等，2014；余伟等，2017）。从其他维度来看，包括人均GDP或人均工业产值（Muthukumara and David，1998；Antweiler et al.，2001）、排污费收入（Levinson，1996；李胜文等，2010）、产业增加值或总成本去除污染减排成本（Levinson and Taylor，2008；Lanoie et al.，2008）。

第二，有些学者认为单一指标无法真实准确地反映环境规制水平，而采用复合指标来衡量政府环境规制强度会比较合理。例如，Rezza（2015）认为政府支出在忽略监管经济比例的前提下是有缺陷的，并且吸引污染产业的辖区相比自身主导清洁产业的辖区需要承担更大的减排成本，考虑到排放数据难以直接观测，则采用污染排放强度作为代理指标是有问题的。此外，高水平的污染可能是法规不严格的结果，这意味着监管机构应实施更严格的环境法规。为此，他建立了以企业污染支出、政府环保支出、污染强度和执行意见调查等指标来综合衡量环境规制。还有部分学者从不同维度构建度量环境规制的复合指标，例如，Kheder和Zugravu（2008）采用多边环境协议、ISO140001、单位污染排放量的国际非政府组织数量和单位能耗的国内生产总值；许松涛和肖序（2011）选取单位工业增加值的工业废水、废气治理运行费用；李玲和陶锋（2012）以及钱争鸣和刘晓晨（2015）采用工业废水排放达标率、工业废气排放达标率和工业固体废物综合利用率；蒋伏心等（2013）收集单位工业产值的废水、废气和固体废物的排放量；余东华和胡亚男

（2016）以及赵霄伟（2014）则利用工业废水排放量、工业二氧化硫排放量和工业固体废物产生量；Costantini 和 Mazzanti（2012）基于能源税收、环境税收和私人行动；李胜兰等（2014）利用地方环境规制政策的数量和污染治理投资占工业增加值比重；Barbieri（2015）使用税后燃料价格、环保车辆税、二氧化碳排放标准和欧洲排放标准；王洪庆（2016）选取工业污染治理投资与规模以上工业企业主营成本以及与工业增加值的比值；Liguo 和 Wei（2016）构建各种废水和废气的排放总量以及以相应的征税额来计算环境规制强度。

第三，综合指数型指标。主要有 Ingo 和 Judith（1979）将环境规制量化为 7 个等级，然后根据等级划分来测度不同国家的环境规制强度，得到发达国家的环境规制强度为 6.2 分，而发展中国家的环境规制强度只有 3.1 分。Beers 和 Bergh（1997）在 Walter 和 Patten（1994）研究的基础上，进一步细化环境规制强度的体系，然后逐个求出不同国家的得分情况，最后测度出各个国家的环境规制强度。在此后的研究中，许多学者遵循 Walter 和 Patten（1994）、Beers 和 Bergh（1997）建立综合指数型指标的做法。例如，Xu 和 Song（2000）选取空气、水资源、土地等指标组成的综合指数来作为环境规制强度的衡量方法，而这些指标的选择主要是借鉴 Dasgupta（1995）的研究。为此，很多学者认为环境规制代理指标选择的差异是实证结果不一致的重要原因（Jeppesen et al.，2002；Ambec and Barla，2006）。然而，即便现有测度指标的选取仍存在若干缺陷，李钢和李颖（2012）认为，除了寄希望于健全环境统计体系，更需要学者加强对指标选取合理性、科学性的认识，致力于在现有数据条件下建立更加科学合理的指标体系。

三　环境规制应用的工具

在理论研究方面，规制工具是指相关政府部门所采用的一系列机制、技术、方法和手段以达到政策目标的需要，换句话说，规制工具可以视为政策目标和政策结果衔接的介质（Stavins and Whitehead，

1992）。从世界各国环境规制的发展历程和规制实践可以发现，环境规制根据其对经济主体排放行为的不同限制手段，主要分为命令控制型和市场激励型规制工具（臧传琴，2009）。命令控制型规制工具是指政府相关部门凭借行政命令或法律法规要求经济主体所需达到的排污标准、技术要求和排污目标，借此影响甚至控制排污主体环境绩效的制度安排。市场激励型规制工具是围绕市场机制而建立起的制度，其具体实施方式是借助市场信号给予企业做出污染处理行为的决策。相比命令控制型规制工具，市场激励型规制工具给排污单位提供继续排污和绿色创新的自由，可以让排污单位根据自身情况选择最为有利的方式来实现排污目标。大量文献对命令控制型和市场激励型规制工具的有效性做出评价，其主流思想主要为市场激励型规制工具在成本节省方面存在明显优势（Milliman and Prince，1989；李斌、彭星，2013）。然而，Joskow 和 Schmalensee（1998）认为，市场激励型规制工具的有效性是建立在市场平稳运行和发展的基础上。Rousseau 和 Proost（2009）进一步指出，高额的搜寻成本、市场机制的不完善以及排污主体的策略行为均会削弱市场激励型规制工具的环境绩效。同时，Wirl（2013）研究表明，如果将空间差异考虑其中，将使得市场激励型规制工具散失大部分成本节省优势。但是，马士国（2008）认为，由于监管能力的限制、空间因素以及污染物的特性，市场激励型规制工具并不能完全替代命令控制型规制工具，相反，在多数情况下，市场激励型规制工具表现出对命令控制型规制工具的有益补充。因此，中国在相当长的时间内是以命令控制型环境规制工具为主的。然而，制定命令控制型环境规制工具的过程中往往会受信息不对称的影响，加之行政色彩较浓，使得规制工具无法充分发挥污染减排效果的职能。为此，中国从 1983 年起在环境规制政策中引入排污收费制度，并将其作为重要的污染控制政策。为了调动企业参与环境保护的积极性，在实施排污收费的同时，对企业的治污行为给予适当的补贴。此外，中国在 2000 年前后也开始在部分地区试行可交易许可证工具等其他的市场型环境规制和公众参与信息披露。易于发现，为达到环境保护的目的，无论是命令控制型规制工具还是市场激励型规制工具，在制定、实施过程中都需要注重与现阶段经济社会、产业水平、市场机制和制度能力相匹配，而且在应用它们的同时也必须进行制度能力建设。伴随世界各国对环境治理的各种目标的协调和政策摸索，许多新的技术目标和经济手段也逐步出现，尤其是一些基于市场和政策之外的协调性、支援性和沟通性的方式和手段出现，相应催发了一些自愿性协议、环境认证标志等公众参与型规制工具。就公众参与型规制工具而言，由于其不是强制性约束协议，企业主动增强节能减排的动力可能源于消费者绿色理念和环保 NGO 的压力，Brouhle 等（2009）倾向于认为在命令控制型规制工具面临困境而建立起的公众参与型规制工具对于提高节能减排效率具有优势，但自愿性协议对企业压力的适度性同样值得关注。

从实证研究上看，已有文献大多从以下两个方面考察环境规制工具的效果。

第一，研究不同环境规制工具对节能或减排效率的影响。例如，Dasgupta 和 Wheeler（1997）利用 1987 ~ 1993 年的省际数据，检验了公众抱怨与污染控制的关系，得出向公众披露企业的环境信息对促进企业的减排水平起到了积极作用。Wang（2000）通过对 2000 家工业企业水污染数据的分析，发现污染收费制度对那些违背排放标准的企业控制污染提供了激励。同时，Wang（2000）认为排污收费与社区压力在减排绩效上呈现同样的激励强度。李永友和沈坤荣（2008）基于 1996 ~ 2005 年省级面板数据的计量结果表明，污染收费制度这一规制工具能够显著减少污染排放总量，相比较，减排补贴、环保贷款制度和公众的环保行为对污染减排作用效果不明显。张翼和卢现祥（2011）应用广义最小二乘估计法考察公众参与治理对二氧化碳减排的影响，结果表明，公众参与治理显著促进碳减排，但政府与公众参与的联合治理机制对于降低碳排放强度的效果比较有限。黄清煌和高明（2016b）利用 2001 ~ 2012 年省级面板数据，探讨了不同环境规制工具对节能减排效率的影响，实证结果发现，命令控制型规制工具和公众参与型规制工具与节能减排效率之间呈现倒“U”形关系，相反，市场激励型规制工具呈现“U”形关系。

第二，将关注重点放在环境规制工具和技术创新关系的检验上。例如，廖进球和刘伟明（2013）基于2000～2009年省级面板数据，实证检验了环境规制工具对技术进步的影响，发现环境税在促进地区技术进步上表现出积极作用。李斌和彭星（2013）基于政府职能转变背景下考察规制工具的空间异质效应，指出市场激励型规制工具相比命令控制型规制工具在倒逼环境技术进步方面更加有优势。Marco和Gimenez（2013）利用动态面板模型探究西班牙地区环境税对地区效率的影响，得到环境税可以有效提高地区生产率，而这主要在于其推动企业进行组织和技术变革以寻求减少纳税。占佳和李秀香（2015）基于2003～2010年省际面板数据考察环境规制工具对技术创新的影响，结果发现，命令控制型规制工具的技术创新促进作用相对有限，市场激励型规制工具则抑制了技术创新，相反，公众参与型规制工具倒逼了技术创新的进步。张平等（2016）将规制工具分为费用型和投资型，得出费用型规制工具对技术创新表现出明显的“挤出效应”，而投资型规制工具对技术创新则表现出积极的“激励效应”。

四　环境规制的效率及评价

在环境规制绩效的研究层面上，国内外文献的视角大体可归纳为以下四个方面。

第一，基于微观经济主客体的角度评价环境规制的效率。Conrad和Wastl（1995）利用德国1976～1991年的污染密集型产业面板数据就环境规制与全要素生产率进行实证研究，得出环境规制对全要素生产率起到显著的负向作用。武恒光和刘长翠（2006）基于环保财政资金的视角，考察环保财政资金使用者的声誉与环境规制效率的关系，研究显示，声誉机制是企业信守契约的一种重要的隐性约束因素，声誉的缺失将导致环境规制效率低下。关于环境规制微观客体的文献，主要基于企业视角展开。杨东宁和周长辉（2004）通过建立“基于组织能力的企业环境绩效”的模型框架，研究环境绩效与经济绩效之间的内在逻辑关系，结果表明，在框架中引入组织能力后的环境绩效评估体系对于提高环境绩效起到很大的促进作用。

第二，从成本收益角度评价环境规制效率。传统的观点认为环境规制强度会挤占企业的生产成本，从而降低企业的生产效率和市场竞争力，并最终引发污染密集型产业向外转移，劳动力失业人数增加，货币贬值和社会动荡等一系列经济社会问题（Adam and Robert，1995）。此后学者基于投入－产出角度进行深入探讨，韩强等（2009）就2007年中国省际工业领域的环保投入与产出进行统计分析以及对2002～2006年环保投入与产出进行了环比分析，研究表明，中国环保投资效率普遍低下。刘研华和王宏志（2011）从规制的投入－产出角度就中国2000～2009年的环境规制效率进行测算，并通过对投入冗余和产出不足做进一步分析，得出中国环境规制效率仍处于较低水平，而从事污染治理人员的工作效率不高是其主要原因。叶祥松和彭良燕（2011）运用方向性距离函数测度出1999～2008年各地区环境规制效率，研究表明，中国环境规制效率整体保持上升的趋势以及环境规制效率呈现显著的地区异质性，这一结论也得到程钰等（2016）的支持。区域层面上，马育军等（2007）利用DEA模型对苏州市生态环境建设的绩效进行评价，得出生态环境建设绩效总体上处于良好水平；郭国峰和郑召锋（2009）利用DEA模型考察河南省环境污染治理的有效性，结果表明，环境污染治理效率有待提高；徐成龙等（2014）利用SE-DEA模型探究山东省环境规制效率，发现环境规制效率呈现波动上升以及具有显著时空格局特征。

第三，从构建指标体系的角度来评价环境规制绩效。曹颖（2006）提出环境规制效率评估可借助环境现实与环保目标之间的差距进行判断的思路，并基于压力－状态－响应理论框架，对环境规制绩效评估指标体系进行探索。王晓宁等（2006）以捕捉信息与应急能力、平衡利益能力和执行决议能力构建地方环境保护机构能力的指标体系，并利用综合评价法对其进行测度，结果显示，地方环境保护机构能力仍处于低水平阶段且存在显著的地区异质性。陈劭锋（2007）通过使用9种资源消耗和污染物指标的资源环境综合绩效指数，对资源环境绩效进行评估，结果表明，中国资源环境绩效总体上呈下降趋势，同时资源环境绩效水平存在明显的空间分异特征。王丽珂（2008）从环境友好、资源节约、社会保障和生态安全4个维度对政府环境管理绩效进行综合评价。陆静超和姜振寰（2008）在环境问题的经济学根源基础上，提出环境政策绩效评价体系，并基于“激励”分析了提升环境政策绩效的有效途径，最终建立环境政策的典型激励形式。臧传琴（2016）利用“三废”排放量、“三废”排放达标率、“三废”利用率构建环境规制绩效的指标体系，并得出环境规制绩效总体上是提升的以及环境规制绩效具有明显的区域差异性。

第四，从环境库兹涅茨曲线的角度来评价环境规制效率。Panayotou（1997）将政策纳入收入-环境模型以更好地理解政策工具的潜在关系，研究显示，环境规制能够显著改善废气减排效果，不仅有利于抑制低收入地区的环境退化，而且有利于促进高收入地区的环境改善，从而有效减少经济发展所要付出的环境代价，使得EKC曲线变得平缓。Hettige（1992）使用的是12个国家的企业污水排放数据研究污染排放与环境规制、经济增长的关系，得出工业污水减排只有小部分得益于经济增长水平的提升，而更多地依赖于环境规制的严格程度。Dasgupta等（2002）使用时间序列数据考察环境规制对污染排放的影响，结果显示，严格环境规制的减排效果明显优于无环境规制，因此，随着环境规制强度的提升，EKC的形状将趋于平缓，而且拐点也将提前达到。张红凤等（2009）选取山东的污染密集产业为研究对象，并以区位商、经济增长贡献率和带动值进行实证研究，得出严格的环境规制能够改变EKC曲线的拐点，有利于实现更高的环境绩效。张学刚和王玉婧（2010）运用2000~2006年省级面板数据就环境规制、经济增长与环境污染的关系进行检验，得出环境污染减排与经济增长之间不符合 EKC 的倒“U”形关系，也就是说，污染减排并非经济增长的结果，而是环境规制的结果。

第四节　关于环境规制对节能减排影响的学界探讨

现有关于环境规制效果的研究主要集中于分别考察能源效率和污染减排，而对于环境规制与节能减排的研究还不多。黄清煌和高明（2016b）从环境规制整体和规制工具角度，利用系统 GMM 和面板分位数回归模型考察环境规制的节能减排效果，并进一步探讨环境规制节能减排效果的地区异质性和阶段性特征。

一　环境规制与能源效率的关系研究

关于环境规制与能源效率的研究，万伦来和童梦怡（2010）选取中国 30 个省份 2003～2007 年的面板数据，对环境规制与能源强度之间的关系进行计量检验，结果显示，环境规制对能源效率的提升有明显的促进效应。陈德敏和张瑞（2012）以 2000～2010 年省级面板数据，利用 Tobit 模型对环境规制与全要素能源效率的关系进行实证研究，结果表明，不同环境规制类型对全要素能源效率存在明显的差异，并结合模型估计结果将各种类型的环境规制分为四类：需要区域差异化、需要加大投入、需要慎重选择以及需要完善和优化。刘伟明和唐东波（2012）在利用径向非角度方向性距离函数度量出环境规制强度和全要素能源生产率的基础上，对 2000～2009 年中国省际面板数据进行实证研究，结果表明环境规制对全要素能源生产率呈现显著正向效果。然而，Liu 和 Guo（2013）检验出节能减排环境政策对能源效率的影响并未符合预期的显著正向作用。这一观点得到 Wang 和 Feng（2014）的支持，他们利用无环境规制模型、弱规制模型和强规制模型揭示了环境规制如何影响全要素能源效率，结果表明，当前环境规制相对较弱，并且加强环境规制会给全要素能源效率带来巨大的经济成本负担。聂普焱和黄利（2013）进一步根据能源排放强度将中国33个工业行业划分成高能耗、中能耗和低能耗产业，发现环境规制的能源效应存在明显的地区异质性，其中，在高能耗产业中，环境规制对能源生产率的效果并未达到统计意义上的显著；在中能耗产业中，环境规制对能源生产率起到了显著的负向作用，即环境规制抑制能源效率的提升；在低能耗产业中，环境规制显著促进能源生产率的提升。此外，尤济红和高志刚（2013）以1990～2010年的面板数据考察环境规制对能源效率的滞后效应，实证结果显示，不论是基于单要素能源效率还是基于全要素能源效率，环境规制对能源效率均呈现显著负向影响。同时，环境规制对能源效率的负向影响还表现在滞后的3期内，其中，环境规制在滞后2期时对能源效率的影响最大。不难看出，现有文献关于环境规制的能源效应并未得出一致的结论，究其原因，不乏样本的差异，环境规制的滞后效应同样值得关注。然而，更为重要的是，上述研究往往置于线性假说的前提下，如果存在非线性的可能，那么估计将是有偏的（Hansen，1999）。张华（2014）的研究印证了非线性关系考虑的现实可能，即得出环境规制与能源效应之间存在倒“U”形关系。Zhang等（2016）建立了环境规制与能源效率的影响机制和数学模型，并得出两者存在“U”形结构的非线性关系。

二　环境规制与污染减排的关系研究

对于环境规制与污染减排的研究，当前文献主要沿袭“绿色悖论”假说和“倒逼减排”假说两条主线。支持“倒逼减排”假说的学者认为，政府实施环境规制的初衷在于节能减排，部分学者的实证研究也得到支持（Susmita et al.，2001；Wang and Wheeler，2005；徐圆，2014；黄清煌、高明，2016b）。具体而言，一方面，政府对能源的生产者和使用者征收能源税，对污染排放者征收排污费，从而使得企业的生产成本和环境成本增加，进而有利于减少能源消费和污染排放。另一方面，政府通过补贴清洁能源，鼓励企业使用替代能源，同样会降低对化石能源的消费量。Fredrikssonf 和 Millimetf（2002）则从规制竞争角度进行考察，利用美国各州 1977～1994 年的面板数据，考察环境政策的战略互动，得出具有较高减排成本的州才会引致相邻州增加减排成本，而这一效果在较低减排成本的州不响应。还有部分学者认为，环境规制实现污染减排效果需要具备某些条件。例如，包群等（2013）利用倍差法考察地方环境立法监管的污染减排效果，研究发现，环境立法并不必然倒逼污染减排，其污染减排效果的实现需建立在环境执法严格的基础上。余长林和高宏建（2015）基于隐性经济视角探讨环境规制对环境污染的效应，实证结果表明，环境规制并不利于环境污染的减排，意味着环境规制通过扩大隐性经济规模引致环境污染增加效应超过环境规制对官方经济活动的减排效应。持“绿色悖论”观点的学者认为，伴随环境规制强度的提升，能源生产者将加快开采进度，希冀在新环境标准实施前售罄能源资产，结果反而加快能源消费，并导致污染排放快速增加（Sinn，2008）。自此，大量文献开始集中于探讨“倒逼减排”和“绿色悖论”，虽争议很多，但也涌现出许多新的思路。例如，张华和魏晓平（2014）在加入环境规制的平方项之后，挖掘出环境规制与碳排放之间存在非线性关系。高明和黄清煌（2015）进一步利用门槛效应模型考察两者之间的非线性结构。Konisky（2007）和李胜兰等（2014）基于规制竞争的角度进行研究，结果表明地方政府在环境规制实施上存在相互模仿行为，而环境规制制约生态效率的提高使得“逐底竞争”成为可能。

除上述使用环境规制代理指标外，在考察规制工具的污染减排效果方面，大部分集中于排污费的研究上。Peterson（1977）指出，伴随排污费征收标准的提升，企业会考虑削减污染排放量。Meza（1985）却认为，排污费抑制企业污染排放行为从长期来讲效率是不高的。针对上述情况，Paras（1997）指出，排污费的征收标准在不同地区存在较大的差异，并且收费标准往往低于边际减排成本，从而使得企业在污染治理方面的积极性下降。为进一步检验上述分歧，Susmita 等（2001）从企业层面就排污费与废水污染排放进行实证研究，结果也表明排污费对废水主要污染物（生物需氧量、化学需氧量以及固体悬浮物）存在积极的减排效果。Wang 和 Wheeler（2005）利用企业数据对排污收费制度执行的内生性以及环境绩效进行研究，其结论也支持了排污费对污染存在积极的减排效果。国内有关排污收费与污染减排的研究起步较晚，随着传统控制政策在协调环境保护与经济增长过程中的矛盾逐渐突出，排污收费等市场经济手段开始引起学者们的普遍关心。李永友和沈坤荣（2008）利用省际面板数据就环境规制的减排效果进行实证研究，结果显示，环境规制对污染减排起到显著的正向促进作用，而这种作用主要是借助排污收费工具实现的，其作用弹性接近 40%。马士国（2008）则利用可计算一般均衡模型检验规制工具的节能减排效果，结果显示，硫税税率与减排率之间表现出明显的非线性结构，且这种结构在单一种类的能源消费上也是存在的。此外，征收硫税还有利于实现二氧化硫减排的效果。在此基础上，高颖和李善同（2009）基于扩展的一般均衡模型，比较了不同能源消费税在征收和税收返还方面所引起社会经济和能源环境的变化。研究表明，税收返还政策有利于提高企业污染治理行为的积极性，从而提升能源生产效率和污染减排效率，进而最终形成“双重红利”的理想效果。王德高和陈思霞（2009）利用 1986 ~ 2007 年的时间序列数据就排污费与工业污染排放量进行实证研究，结果表明，排污费将显著促进企业加大污染治理力度，但排污费在工业废气方面并未实现减排效果。上述文献选取的代理指标是排污费总额，因此无法避免企业数和产量对排污费的影响，鉴于此，牛海鹏等（2012）利用 2004 ~ 2008 年各地区不同污染物的排污费数据，检验环境规制与污染减排之间的关系。结果显示，排污费对废气和固体废物的正向作用不显著，而排污费对废气排放的抑制作用是显著的。

还有一些文献主要关注其他环境规制工具的减排效果，但相比于排污费工具，这方面的研究还是比较少的。Chavez 等（2009）对比了污染排放标准和可转让许可在企业完全遵守和不完全遵守这两种情况下的实施成本，研究得到，两种规制工具在完全遵守下的实施成本都相对较低，同时可转让许可的实施成本在上述两种情况下均比污染排放标准低。傅京燕（2009）利用广东省2000～2006年的产业数据，将环境规制划分为正式与非正式两种类型，并分别考察其对污染排放的影响，结果显示，正式的环境规制对污染排放强度有显著正向影响，而非正式的环境规制对污染排放强度虽呈负向影响，但不符合统计意义上的显著性。Christian和Jay（2010）将环境规制的影响引入私人活动当中，考察公众参与和环境污染诉讼案件的关系，研究发现，作为非正式环境规制的公众监督和公众执法对废水综合治理有显著的促进作用。Donga等（2011）则将环境投诉、污染强度和社会经济特征置于同一框架中，结果发现污染物排放的增加极大影响公众的抱怨行为，且家庭收入较高者以及居住于直辖市和沿海城市的居民更倾向于抱怨。李斌和彭星（2013）基于政府职能转变的角度考察环境规制工具的空间异质效应，实证结果显示，市场激励型规制工具相比命令控制型规制工具在污染减排效果上更具优势，此外，不同环境规制工具的污染排放效应具有明显的空间异质性。徐圆（2014）基于环境服务“需求－供给”的理论框架，综合行业的异质性，考察非正式环境规制与工业污染的关系，结果表明，非正式环境规制有效地促进了工业污染的减排，但相比正式的环境规制工具，其影响效果小很多。Zhao等（2015）以命令控制型规制、市场激励型规制和政府补贴型规制研究其对二氧化碳排放的影响，得出市场激励型规制和政府补贴型规制在二氧化碳减排方面有积极作用，而命令控制型规制的效果不明显。

第五节　关于环境规制对经济增长影响的学界探讨

能源短缺和环境污染目前已经成为世界性难题，如何实现能源、环境与经济的协调发展，走出一条既能发展经济又能保护资源环境的可持续发展之路，已成为学术界的研究热点。传统观点认为，环境规制是政府为消除环境污染的外部性而施加给企业的额外负担，降低了企业产出水平和利润水平，从而削弱了企业的市场竞争力。它主要借助两个途径来实现，首先，政府制定环境规制使得企业为了达到环境标准，必须追加对环境污染的治理投资，在其他资源有限的前提下，污染治理投资将挤占其他生产性投资，从而产生挤出效应；其次，环境规制给企业的生产决策增添了一个新的约束条件，导致企业的技术研发、生产经营和销售管理等环节需要改变以配合污染减排条件，从而产生约束效应。这两种效应产生的缘由实际上是环境外部成本的内在化，把由社会共同承担的环境成本转嫁到产生污染的企业身上，从而间接增加企业的机会成本。该观点的理论基础为“合规成本说”，以 Barbera 和 McConnell（1990）、Walley 和 Whitehead（1996）、Chintrakarn（2008）等为代表人物。哈佛大学商学院的迈克尔·波特（Michael Porter，1991）首先对上述观点提出质疑，他认为，政府的环境规制虽在短期内会增加企业的环境成本和生产成本，但从长期来看，适度的环境规制有利于提高企业进行创新活动的主动性，有助于企业加大污染治理项目的建设，同时加快企业自身结构和产业结构的转型升级，从而最终提升产业市场竞争能力。

新古典环境经济学的“合规成本说”支持环境规制不利于经济增长的论点。“传统”假说往往基于静态标准来对环境规制效应进行分析，即在给定资源禀赋、技术条件、产业结构、经济技术的情况下，考察环境规制与经济增长的逻辑关系（Cropper and Oates，1992）。在这种静态模型的分析背景下，高强度的环境规制将引致企业生产成本的上升，从而影响企业的经济绩效。Jorgenson 和 Wilcoxen（1990）选择环境规制和无环境规制的两种情景，对比在两者作用下美国经济增长的趋势，并基于 1973～1985 年的环境规制与经济增长的关系进行计量检验，研究表明，实行环境规制将引起 GNP 下降 2.59%，而在黑色金属、石油、纸浆和造纸以及化工行业中，环境规制对经济绩效的影响远胜其他行业。Barbera 和 McConnell（1990）对美国 5 个严重污染产业进行实证研究，结果显示，环境规制对全要素生产率表现出显著负向影响，并导致这 5 个产业的全要素生产率下降 10～30 个百分点。Gray 和 Shadbegian（1995）基于美国 259 家企业 1979～1990 年的数据，检验环境规制与全要素生产率之间的关系。结果表明，环境规制与全要素生产率之间呈现显著的负相关，加强环境规制并未给企业带来足以弥补遵循成本的收益。Conrad 和 Wastl（1995）基于德国 1976～1991 年污染密集型产业的样本，对环境规制与全要素生产率的关系进行实证研究，结果表明，环境规制显著降低了污染密集型产业的全要素生产率水平。Chintrakarn（2008）以地区为研究起点，利用美国 48 个州 1982～1994 年的数据构建 SFA 模型，对环境规制与制造业生产效率的影响进行实证研究，认为环境规制是制造业技术无效率的最主要原因。Sova（2012）运用引力模型考察环境规制在罗马的实施效果，得出环境规制确实影响了该地区的竞争力，即严格的环境规制可能会增加成本，这意味着出口的减少以及进口的增加，从而导致竞争力的丧失。Hancevic（2016）利用 1985～1999 年的数据分析《1990 年〈清洁空气法〉修正案》对燃煤锅炉生产率和产量的影响，得出环境规制会引致锅炉平均生产率的下降和产量的减少，但其影响在不同地区和不同时期存在差异。Zhou 等（2017）进一步利用产业层面数据研究环境规制如何动态影响企业，结果指出“波特假说”和“污染天堂假说”，并得出公司异质性和政府干预会改变上述两者的关系。

与新古典主义“遵循成本”假说不同，Porter（1991）、Porter 和 Van der Linde（1995）认为，产业竞争优势的考量不能局限于静态标准下的最优化行为，相反，应建立在动态情景下排污主体面对规制约束而持续改进生产工艺和推动绿色技术创新。Lanjouw 和 Mody（1996）利用美国、德国和日本的样本数据，分析了环境规制对技术创新的影响，发现环境规制能够显著推进企业加大在技术创新方面的投入力度，并且这种影响还存在滞后效应。Jaffe 和 Palmer（1997）选取美国 1975～1991 年的制造业数据，研究环境规制对技术创新的影响。在度量污染减排成本指标上与 Lanjouw 和 Mody（1996）一致，但技术创新的衡量指标有所差异，研究表明，环境规制对研发支出起显著的促进作用。Hamamoto（2006）以日本制造业数据检验出环境规制对 R&D 有积极作用，并通过 R&D 引致效应显著促进全要素生产率的提升。近年来，“波特假说”得到更多文献的支持（Brännlund and Lundgren，2009）。Peuckert（2014）从动态视角探讨环境规制与竞争力的关系，得出环境规制在短期内虽不利于竞争力的提升，但长期来讲具有积极作用。Rassier 和 Earnhart（2015）利用美国化学制造业样本，发现清洁水资源规制与企业利润之间存在显著正向关系。为避免忽略非线性影响导致估计结果的偏误，Wang 和 Shen（2016）基于产业异质性假设，考察环境规制对生产力的非线性影响，结果表明，环境规制与生产力之间呈现正相关关系，其中，在清洁生产行业保持与整体一致的正向影响，而污染密集型产业则存在滞后效应。Millimet 和 Roy（2016）构造了一个包含环境规制、要素投入结构和产业转型的理论模型，并对产业异质性下环境规制的影响机制进行政策模拟，研究结果显示，当环境规制的技术效应弥补甚至超过资源配置的扭曲效应时，环境规制将促进产业转型升级。Xie 等（2017）基于不同规制工具做进一步分析，并利用面板门槛模型探讨环境规制工具对绿色生产率的非线性影响，得出命令控制型和市场激励型规制工具显著促进生产率的提升，同时检验出其具有门槛效应，其中命令控制型规制工具存在双重门槛效应，而市场激励型规制工具存在单一门槛效应。

国内学者就环境规制与经济增长关系问题的经验考察也不少，但其结论也并未达成共识。

一是不利论。王灿等（2005）运用“可计算一般均衡模型”就环境规制与经济增长之间的关系进行考察，得出实施碳减排政策对 GDP 和就业均存在负向影响。江珂和卢现祥（2011）基于 2001～2007 年的省级面板数据，探讨了环境规制与三类技术创新能力的关系，计量结果发现，环境规制对发明专利授权量、外观设计授权量和实用新型授权量均产生负向影响，且存在显著的地区差异性。许松涛和肖序（2011）基于投资效率视角，选取 2007 ~ 2009 年深沪 A 股公司的研究样本，探究环境规制是如何影响重污染行业的，实证结果发现，环境规制抑制了污染行业的投资效率。李钢等（2012）建立纳入环境规制成本的一般均衡模型，对环境规制强度与中国经济的关系进行检验，结果表明，提升规制强度后，中国 2010 年总产出降低 1. 15 个百分点，同时环境规制对不同地区经济的影响程度和方向均存在较大的差异。对于东部地区，绝对量和相对量在短期内受环境规制的影响都是最大的，并且绝对量在长期内受环境规制的影响也是最大的，但是相对量在长期内受环境规制的影响程度小于中西部地区。雷明和虞晓雯（2013）则利用空间面板计量模型实证检验了环境规制对低碳经济全要素生产率增长的影响，发现环境规制显著抑制了低碳经济全要素生产率的增长。

二是促进论。李强（2009）指出通过调整市场主体构成、设置绿色进入壁垒等环境规制政策，有利于刺激企业创新和实现产业结构升级，从而最终提升产业的生产率。黄平和胡日东（2010）利用 2001 ~ 2007 年环洞庭湖区域造纸行业的面板数据，将研究重点放在环境规制与企业技术创新关系的检验上，得出环境规制不仅能够借助时期效应和强度效应倒逼企业技术创新能力的提升，而且可以借助信息和博弈的规则引导企业主动进行技术创新。李树和陈刚（2013）利用倍差法考察《大气污染防治法》的修订对空气污染密集型产业全要素生产率增长的影响，实证结果显示，《大气污染防治法》的修订对全要素生产率起到积极作用，且弹性系数呈现递增趋势。梁洁等（2014）通过构建环境规制影响中国宏观经济的内在逻辑机制，并将环境规制引入动态随机一般均衡模型中，考察环境规制对宏观经济的影响效果，结果表明，环境规制对各宏观变量均起到主要作用，且对宏观经济的影响起到长期冲击效应。李阳等（2014）从价值链视角出发，选取 2004 ~ 2011 年行业面板数据，实证考察了环境规制的技术创新效应，结果显示，环境规制在长短期内均有力促进了技术创新能力的提升，且具有显著的行业异质性。原毅军和谢荣辉（2014）选取1999～2011年省级面板数据就环境规制对产业结构的驱动机制进行检验，结果表明，正式环境规制有利于驱动产业结构调整，且这种效应也反映在非正式环境规制上。

三是不确定性论。部分学者检验出环境规制的非线性关系。例如，熊艳（2011）基于省际数据挖掘出环境规制与经济增长“U”形非线性结构的存在。李胜兰等（2014）进一步发现环境规制与经济增长的非线性结构存在地区异质性，即东中部分组样本中分别具有倒“U”形和“U”形特征，西部则只有在立法层面显现“U”形关系。高明和黄清煌（2015）利用门槛效应模型考察环保投资与工业污染减排的非线性关系，结果表明，环保投资对工业污染减排的效应只有在特定的治理投资结构区间内才能发挥作用。王洪庆（2016）基于内生增长模型，运用面板门槛模型就环境规制与经济增长的关系进行检验，结果表明，在低规制水平下，环境规制借助人力资本渠道对经济增长起到显著的促进作用；而在高规制水平下，环境规制则通过人力资本渠道倒逼经济下滑。余东华和胡亚男（2016）基于不同行业，利用面板门槛模型检验出技术创新存在显著的环境规制门槛效应及最优规制区间。余伟等（2017）则从两阶段模型出发，就工业行业的面板数据对环境规制与企业经营绩效的关系做进一步检验，结果表明，环境规制虽有利于提高工业企业进行技术创新的积极性，但环境规制的创新引致效应还不显著，从而并未间接对工业经营绩效产生促进作用。还有部分学者认为环境规制存在滞后效应。例如，李平和慕绣如（2013）利用系统广义矩估计考察“波特假说”的合理性，结果发现，环境规制对技术创新的倒逼效应是滞后的，环境规制的技术创新促进效应只在滞后期呈现，而在当前环境规制反而成为技术创新的阻碍因素。钱争鸣和刘晓晨（2015）也检验出环境规制对绿色经济效率的时滞性。此外，蒋伏心等（2013）认为环境规制经济效应的不确定性实际上取决于“遵循成本效应”和

“创新补偿效应”孰优孰劣。然而，现有文献往往仅从单一“量”或“质”维度考量，同时在环境分权和地方政府考核体制背景下，得出的结论并不能全面反映经济的双重效应。黄清煌和高明（2016a）的研究结论支持了上述观点，即环境规制存在经济增长数量抑制效应和经济增长质量促进效应，而环境分权进一步加强了两极分化。

具体到中国案例，在政治集权和经济分权的制度框架下，地方政府层面的环境规制可能受制于经济发展诉求而未必以环境保护为唯一目标，在这一制度下，以 GDP 衡量的经济增长水平成为官员晋升的主要筹码，而对政治资源的竞争必然引起地方政府间经济领域的竞争。因而，出于经济增长的需要，负责具体实施的地方政府倾向于通过降低环境规制强度来降低企业的“合规成本”，从而引致更多的资本等流动性要素流入。张文彬等（2010）运用两区制空间杜宾模型进行检验，指出环境规制省际竞争在考核体系调整前后表现出明显的差异性，调整前以差别化策略为主，调整后则趋于“标尺效应”。李胜兰等（2014）进一步沿用这一思路，得出伴随政绩考核机制的调整，辖区间环境规制策略行为由“逐底竞争”转为“逐顶竞争”。然而，空间溢出效应理论表明，环境规制竞争的经济效应与各地区的经济水平和污染特征息息相关，为此，基于省级维度探讨有利于更好地揭示其内在逻辑关系。赵霄伟（2014）利用地级市面板数据检验出唯有中部地区地方政府间的环境规制“逐底竞争”证据显著，其他地区则表现出不同的竞争类型。王宇澄（2015）利用省级数据也检验出“逐底竞争”的事实，并识别出环境规制竞争主要源于竞争效应和溢出效应。此外，也有一些学者考察了地方政府间环境规制策略竞争的经济效应。例如，王文普（2013）在空间溢出效应下考察环境规制与地区产业竞争力之间的关系，检验出地方政府间确实存在策略竞争行为，即地方政府为提高本地区产业竞争力以及吸引外部投资而采取的“逐底竞争”策略行为。而赵霄伟（2014）进一步发现“标尺竞争”和“差别化竞争”的存在，指出环境分权对环境规制经济增长效应的影响具有显著的地区差异性，其中，东部地区的环境规制竞争表现出显著正向作用，中部地区表现出显著负向作用，西部地区的作用效果不明显。

第六节　环境规制对经济绿色发展效应的传导路径

本书通过对以上已有成果的分析，再从环境成本、技术创新、产业组织、产业结构四个方面，探究环境规制对经济绿色发展效应的传导作用。

一　通过环境成本的传导路径

1. 环境规制对环境成本的传导

政府通过提高环境规制的标准来减少企业产生的环境污染，导致企业的成本提高，主要表现为环境污染治理方面的成本的增加。关于环境成本的具体内涵，目前的研究结果主要有两种不同的观点。一种观点认为环境成本即环境服务功能的下降，是经济活动造成的环境污染所产生的，例如，为保护环境所支出的费用和环境质量降低损失的价值。另一种观点则认为某一项生产活动全过程用来解决环境污染和生态破坏所需的全部费用即环境成本。一般可以把环境成本归纳为环境的使用、损害以及治理三方面所产生的成本。具体内容为：企业进行经济活动对环境造成一定的损害，需支付一定的补偿费用、未来开发替代性资源的费用以及治理环境污染的费用。

环境规制之所以能够影响环境成本的变化，主要是因为环境规制对环境成本能够产生较为明显的影响，这些成本涉及要素成本、规制成本和治理创新成本等多个方面。其中要素成本主要指环境使用方面的成本，规制成本对环境损害和治理方面都有一定的影响，治理创新成本是指治理主体为了满足规制的要求，实施技术设备和管理创新所支付的成本。

环境成本受环境规制的影响在企业生产活动中体现得尤为明显，在生产活动前期、中期、后期分别有不同的体现。在生产活动前期，主要体现在固定成本和可变成本两个方面。例如，企业为应对未来环境规制变严格的趋势和应对未来生产活动中环境方面的约束，在选址和购买仪器设备时会受环境规制的影响，提高标准从而增加了固定成本。关于可变成本方面，因为受环境规制的影响，环境要素成本会相应提高，所以对环境密集型的生产活动产生重要的影响。在生产活动中期，企业要交纳环境税、排污许可证的购买等方面的支出以及产生的罚款等。另外，国家为保护环境制定一些环境方面的标准，会限制生产活动的过程所采用的加工工艺等，同时也会限制某些进口产品，从而导致生产成本提高。最后，企业在生产过程中因资源有限会放弃一些机会造成一定的成本。在生产活动后期，环境成本受环境规制的影响主要包括企业活动产生的废弃物进行回收所造成的成本以及绿化周边环境等其他环保方面的支出。

2. 环境成本对经济发展的影响

随着环境规制的约束越来越强、力度越来越大，环境成本相应增加，从而加大了企业的额外负担，企业所获得的利润减少，长此以往对经济发展是不利的。这主要体现在两个方面。一方面，环境规制相关政策的制定，对企业生产的产品质量提出了较高的要求，因此会造成企业在进行生产活动时的生产成本提高；另一方面，环境规制重视企业对环境保护和治理方面的投资，从而使企业利润减少，对企业产生的影响是负面的，进而影响到经济的发展。

二 通过技术创新的传导路径

1. 环境规制对技术创新的传导

环境规制与技术创新是否具有确定的关系一直存在争议，一个主要的观点是存在“U”形关系，即规制强度的增加会从最初对技术创新不利的影响转变为有利的影响。Porter（1991）认为合理的环境规制可以实现双赢，既能保护生态环境，又可以促进创新或者是市场竞争优势的提升，也被称为“波特假说”。其作用机制主要包括环境规制为可能的技术进步指明了方向、降低了环保投资的不确定性、给企业带来压力促进创新及传统的竞争环境得以改变等。环境规制或者说环境政策趋严，最初会使企业生产产生短期成本即“成本效应”，但从长期来看企业技术创新会给企业带来“补偿效应”，不仅能够补偿企业成本效应，而且会有盈余。

技术创新受环境规制所产生的影响既包括积极的一面，也包括消极的一面。

积极影响体现在三个方面：首先，政府出台的关于环境规制方面的政策会倾向于相关产业，会增加企业创新的动力；其次，企业为了应对环境规制，会引进新技术，撇弃原有的技术工艺，进行自身的创新，优化生产工艺，使生产效率得到提升，所以环境规制加快了企业进行生产工艺方面的创新；最后，因为生活质量的提高，人民群众更注重绿色消费模式，所以政府会相应增加环境规制的强度，企业也会更新产品，提升自己的竞争力。

消极影响包括两个方面。一方面，技术创新活动需要一定的科研人员、技术人员以及科研经费等，这增加了企业的费用，并且在创新的初始阶段，往往企业的技术竞争力较弱，可能会转向投资其他领域，从而不利于企业进行技术创新。另一方面，企业为应对环境规制进行绿色技术方面的创新，从而产生路径依赖效应，进而会对其他方面的创新造成一定的影响，最终不利于整体的创新，所以不利于企业的创新活动。

2. 技术创新对绿色发展的影响

技术创新对绿色发展的影响因不同区域、不同经济体而不尽相同，但是综合来看，技术创新对绿色发展所产生的影响是有利于绿色发展的。根据技术创新的具体内涵来分析技术创新通过创新产品和创新制作工艺两方面对绿色发展所产生的影响。

（1）创新产品方面。创新产品是有助于绿色发展的，因为提高产品的创新程度，也就提高了产品的质量，为消费者带来更多的选择，有助于企业提升自身在市场上的竞争力，所以不论是企业自身的提高还是国家整体的发展，创新产品都将产生积极的作用。

（2）创新制作工艺方面。创新制作工艺也是有助于绿色发展的，因为新工艺可以提高企业的生产效率，降低成本，同时创新制作工艺也能促进企业的技术创新，从而提升企业竞争力，为企业的发展带来更多好处，所以，绿色经济在受制作工艺创新的影响下，更加健康有序的发展。

然而，在环境规制实施过程中，通过技术创新对绿色发展所产生的影响是难以确定的，因为技术创新在环境规制作用下，发展的方向包括正负两方面，但绿色发展在技术创新的作用下是往正方向发展的。所以，我们难以确定环境规制通过技术创新的路径对绿色发展所产生的影响。

三 通过产业组织的传导路径

通过制定环境规制来影响产业组织主要包括进入市场、差异化产品和退出市场三个方面。因为环境规制会对企业产生约束，所以当环境规制改变时，企业会考虑是否继续留在该市场，或者选择去新的市场。如果继续在原来的市场，企业会如何应对新的环境规制，企业的决定是否有助于推动绿色发展，这可以从以下几方面进行分析。

1. 环境规制对产业组织的传导

环境规制在进入市场、差异化产品和退出市场等方面对产业组织产生影响。下面将分析这三种情形。

（1）关于进入市场方面，环境规制使得进入市场的难度变大，相关环境规制政策的设定增加了企业进入市场的壁垒。因此一些企业会降低进入的动力，从而使得行业间的竞争力减弱，增加了行业的整体经济效益，因此，从进入市场方面来看，环境规制对绿色经济的增长产生正向促进作用。关于企业进入市场的壁垒所受环境规制的影响，通过以下两方面进行分析。

一方面，通过制定、实施环境规制相关政策或者增加环境规制的强度，会增加一些企业的资本量，因为环境规制标准的提高，会导致企业购买新的基础设备，而且有些设备用处有限，所以造成企业进入市场的壁垒增加，进入的企业变少，会形成不完全性的竞争。另一方面，环境规制在设置的时候，往往对新企业要求比较高，所以新企业进入市场的难度比较大，竞争处于弱势，从这方面来看，差别化的环境规制政策的制定，使得某些企业的竞争力下降，减少了进入市场的机会，最终阻碍了社会整体竞争力的提升。

（2）环境规制影响差异化产品。差异化产品是针对同种产品之间所提出的概念，指那些功能相似但各自具备自己独有的特征的同种产品，不同种类的产品之间无从谈起差异化，经济活动中消费者之所以青睐某种产品，正是因为该产品具备独有的特征，进而在同种产品中形成差异化。通常，环境规制强度的高低在某种程度和意义上决定了某种产品环境质量的高低，即产品中通常包含保护环境和绿色生产这两方面的因素。差异化产品的一个重要特征就是产品所具有的环境质量不同，通常情况下，产品具有的环境质量越高差异化越明显。所以，提高环境规制强度有助于增加产品的差异化，进而提高产品的环境质量。

（3）关于退出市场方面所受环境规制的影响。政府提高环境规制的强度，导致企业进行生产活动所耗费的成本提高，企业会综合考虑生产活动的盈利情况，权衡产品、工艺创新的成本与退出市场的成本，做出应对环境规制的对策。所以，企业做出是否退出市场的决定会受到环境规制的影响。

2. 产业组织对绿色发展的影响

关于产业组织所受环境规制的影响，从进入市场、差异化产品和退出市场三个方面来具体分析其影响机制，也同样从这三方面分析绿色发展所受产业组织变化的影响。

（1）关于绿色发展所受企业进入市场的影响。企业进入市场会影响企业间的竞争情况，在竞争比较激烈的情况下，对绿色发展起到促进作用，但是企业进入市场的具体情况受环境规制的影响，当环境规制强度提高时，企业可能因相关生产活动的生产成本提高而选择不进入市场，所以某些已经进入市场的企业受外来企业的影响变小，因此当环境规制强度提高时，这些企业因竞争压力小，不会立即采取应对措施，做出发展模式等方面的改变。另外，环境规制强度的提高，会通过提高进入市场的门槛，从而不利于企业进入市场，所以对绿色发展产生不利的影响。

（2）差异化产品对绿色经济增长的影响。企业可通过产品的差异化来应对环境规制强度的提高，差异化产品提升了产品的环境质量，有利于消费者的认可，扩大了消费市场，同时，差异化产品表明企业在同种产品中有竞争优势，从而增加企业利润。所以，发展差异化产品能够促进绿色经济的增长。

（3）企业退出市场对绿色经济增长的影响。随着绿色经济概念的提出，生态文明观念的深入人心，在社会进步发展过程中，人类已经逐步意识到生态环境的重要性，并且更加注重生态环境的保护，政府会提高环境规制相关政策的强度，所以企业会权衡利弊做出是否退出市场的选择。因此一些企业无力提高自身的竞争优势，无法应对环境规制而选择退出市场，这些企业的退出使在位的企业的平均质量水平得到提高，从整体分析来看，一定程度上经济发展水平的提高有助于绿色发展。

综上，环境规制强度的提高导致企业进入市场的壁垒增加，一定程度上阻碍了企业的进入，从这方面来看，是不利于绿色发展的；但是一些企业通过不断创新，创造差异化产品使自己在市场中有较强的竞争优势，还有一些企业在市场中无法提升自身的水平，因此在环境规制的作用下被迫退出市场，从而使得在位企业的平均质量水平提高，这对整体的经济发展是有利的，所以从这方面来看是有利于绿色发展的。

四　通过产业结构的传导路径

产业结构是指各产业的构成及各产业之间的联系和比例关系，是指在社会再生产过程中，一个国家或地区的产业组成即资源在产业间的配置状态，产业发展水平即各产业所占比重，以及产业间的技术经济联系即产业间相互依存、相互作用的方式。环境规制的建立与改变对产业结构的优化升级有重要的影响，因此也会对绿色发展产生作用。

1. 环境规制对产业结构的传导

环境规制可以通过调整产业规模，或者环境政策会对产业不同生产规模的企业产生异质性的效果，从而影响市场结构。环境政策会对市场结构有较大的影响，市场结构内生于环境政策，如果政策制定者不能重新认识到环境政策与市场结构的关系，社会的福利损失就会增加。环境规制改变市场结构方式主要是通过增加进入壁垒、抑制产业成长、重新配置企业的市场份额等达到。

产业升级是将劳动力、土地、资本等生产要素配置到附加值更高的产业，而如果将环境作为一种投入要素来看待，对其实施的规制政策将影响产业升级的方向与速度。Kuznets（1995）提出“库兹涅茨曲线”，描述了经济社会不断由低级向高级发展的过程，经济发展与环境质量间的规律性关系：经济最初发展的时候，往往是环境污染加剧，环境质量会下降，之后随着经济的不断发展，环境污染达到非常严重的情况，到达转折点后，环境质量会慢慢提高。验证这一规律的经济发展的指标是以人均收入、人均 GDP 等代替，但是从产业结构的角度来看，这一规律仍然有很强的解释力，经济发展最初往往是农业经济的发展，农业社会和自然紧密相连，对环境影响小、污染较低，但是随着第一产业向第二产业转移，产业结构发生改变，对环境的消耗越来越大，污染逐渐增加，达到峰值，伴随着服务业发展，对环境的损耗逐渐降低。在经济发展中考虑环境要素一般有两种思路，一是将环境作为外在的条件，起到约束的作用，并不认为其是经济活动的内生变量；二是将环境污染作为一种非期望产出，将环境要素作为投入要素，与土地、劳动力和资本等一起引入经济增长模型中。环境规制如果增加了环境要素的投入成本，在结构转型中，当一种要素的投入减少时，另外的要素投入相应就会增加。要素替代弹性越高，其调整的灵活性越高，反应越是敏感，就会增加相对价格较低要素的投入。

产业结构所受环境规制的影响，主要体现在两个方面，产业选择进行自身的调整，促进产业结构的优化，或者选择退出市场。

（1）那些对环境污染强度比较大的企业受环境规制的约束较大，从而加快自身的调整及优化。同样，环境规制对企业的约束，相对于污染较轻的企业，污染较重的企业受影响较大，企业产出的变化情况出现明显缩减，而受影响较小的企业，产出不变或者有增加的情况。环境规制强度的增加，迫使那些在生产活动中对环境产生损害的企业转变发展模式，在生产活动中积极地进行节能减排，从而减小损害环境的程度，企业通过改变内部的发展模式，促进整体的产业结构优化。但同时，需要注意环境规制强度的合理性，否则容易造成产业结构的扭曲。

（2）环境规制强度的增加会使一些无法达到环境规制标准的企业选择退出市场，从而有助于那些污染较严重的企业实现产业的高级化，将转变自身产业的发展模式，侧重于发展对环境友好、污染较轻的产业，这些措施对于我国来说，将促进产业结构优化。因为绿色发展的动力在于环保产业、高新技术产业的发展，所以基于产业结构的视角来看，环境规制是有助于绿色经济的发展的。

2. *产业结构对绿色发展的影响*

（1）产业结构的调整可以促进经济增长方式的转变，对绿色发展是起到正向促进作用的，因为目前出现了较多经济发展与环境不友好的现象，例如污染严重，生态系统破坏，超出了资源环境的承载能力，所以督促那些污染较严重的企业进行转型发展。产业转型升级，有利于产业结构的优化，实现资源的最优配置，从而促进绿色发展。

（2）产业结构的调整，推动了产业结构的优化与升级，进而促进了绿色发展。产业结构由低级转向高级，有利于提高企业的利润率，提高产业的附加值，因此产业结构的调整，对于增强产业在整个经济发展体系中的竞争优势有较明显的作用。环境规制通过改善产业结构的路径有助于绿色发展。

第二章　中国环境规制的实践

第一节　中国环境规制的发展历程

生产力决定生产关系，生产关系要适应生产力的发展，生产关系是生产力发展的形式，生产关系会反作用于生产力。环境规制相关制度的发展总是与我国总体社会经济发展阶段密切相关的。环境规制的发展也体现了伴随生产力发展水平从低到高的一个制度演进过程。环境政策具有阶段性、目的性、导向性、灵活性等一般特点。特别在我国，随着经济体制和经济增长方式的逐步转变，不同时期的环境政策也体现出不同的侧重和要求。新中国成立以来，环境规制的发展变化大致可分为五个阶段。

一　环境规制的初创阶段（新中国成立初期到改革开放）

这一阶段有关环境污染和自然资源保护方面的政策和文件一般是党中央、国务院及行政主管部门下发的“红头文件”，1951 年的《中华人民共和国矿业暂行条例》是中国第一部矿产资源保护法规。1956 年的《工业企业设计暂行卫生标准》则是预防环境污染的一种非强制性技术规范；1972 年，联合国在瑞典斯德哥尔摩举行的人类环境会议，有力推动了中国当代环境保护行动大幕的拉开。1973 年，我国召开了第一次全国环境保护会议，会上提出“全面规划，合理布局，综合利用，化害为利，依靠群众，大家动手，环境保护，造福人民”的环保方针，并首次成立了国务院环境保护领导小组及其办公室和各省区市环保机构，同时着手在全国开展工业“三废”治理和环境规划。1974 年 10 月，国务院环境保护领导小组正式成立，主要职责是：负责制定环境保护的方针、政策和规定，审定全国环境保护规划，组织协调和督促检查各地区、各部门的环境保护工作。1979 年《环境保护法（试行）》颁布，规定了环境影响评价制度和排污收费制度，成为我国实施环境保护的主要法制规范。

二　环境规制的起步阶段（自改革开放后的 20 世纪 80 年代）

20 世纪 80 年代，我国主要确立了“预防为主，防治结合”“谁污染，谁治理”“强化环境管理”等三大环境保护政策，以及“环境影响评价”“三同时”“排污收费”“环境保护目标责任”“城市环境综合整治定量考核”“限期治理”“集中控制”“排污申请登记与许可证”等八项环境保护制度，并陆续制定实施在海洋、水、大气等领域的污染防治法律法规。1982 年 5 月，第 5 届全国人大常委会第 23 次会议决定，将国家建委、国家城建总局、建工总局、国家测绘局、国务院环境保护领导小组办公室合并，组建城乡建设环境保护部，部内设环境保护局。

1983 年底，在第二次全国环境保护会议上，国务院宣布环境保护成为我国一项基本国策。1984 年 5 月（国发〔1984〕64 号），成立国务院环境保护委员会，其任务是研究审定有关环境保护的方针、政策，提出规划要求，领导和组织协调全国的环境保护工作。委员会主任由副总理兼任，办事机构设在城乡建设环境保护部（由环境保护局代行）。1984 年 12 月，城乡建设环境保护部环境保护局改为国家环境保护局，仍归城乡建设环境保护部领导，同时也是国务院环境保护委员会的办事机构，主要任务是负责全国环境保护的规划、协调、监督和指导工作。1988 年 7 月（国机编〔1988〕4 号），将环保工作从城乡建设部分离出来，成立独立的国家环境保护局（副部级），明确为国务院综合管理环境保护的职能部门，作为国务院直属机构，也是国务院环境保护委员会的办事机构。

1989 年的第三次全国环境保护会议制定了五项环境管理制度；同年，《中华人民共和国环境保护法》正式实施。这一阶段的环境政策以政府的直接行政管制为主，开始强调法制化管理，也反映出当时计划经济的特点。

这个阶段有几个标志性的环境规制政策：第一，1981 年 2 月国务院颁布《关于在国民经济调整时期加强环境保护工作的决定》；同年 5 月，《基本建设项目环境保护管理办法》，明确了执行“环境影响报告书制度”，标志着环境保护由“组织‘三废’治理”向“以防为主”转变；第二，1982 年的《宪法》修改为：“国家保护和改善生活环境和生态环境，防治污染和其他公害”，同年 2 月国务院规定在全国范围内实行征收排污费的制度，并对征收排污费的标准、资金来源以及排污费的使用等做了具体规定，这标志着我国环境治理进入了真正的起步阶段。之后的几年，国家还通过了许多有关污染防治和自然资源保护等方面的环境法律法规，如《海洋环境保护法》（1982 年）、《水污染防治法》（1984 年）、《大气污染防治法》（1987 年）、《森林法》（1984 年）、《草原法》（1985 年）、《水法》（1988 年）和《野生动物保护法》（1988 年）等。1983 年底召开的第二次全国环境保护会议是中国环境保护事业的里程碑。这次会议制定了环境保护事业的大致方针，确立了环境保护在国民经济和社会发展中的重要地位，从此中国的环境管理进入崭新的发展阶段。

三 环境规制的拓展阶段（20 世纪 90 年代）

从 1989 年 4 月召开的第三次全国环境保护会议开始，中国政府开始“努力开拓建设有中国特色的环境保护道路”。1992 年里约环境峰会后中国在世界上率先提出《环境与发展十大对策》，第一次明确提出要转变传统的粗放型发展模式，走可持续发展道路。1994 年公布的《中国 21 世纪议程》把可持续发展原则贯穿到中国经济、社会和环境的各个领域，可持续发展战略成为经济和社会发展的基本指导思想。在1989年12月正式颁布了修改后的《中华人民共和国环境保护法》之后，又相继颁布了《水污染防治法》、《大气污染防治法》、《环境噪声污染防治法》、《固体废物污染环境防治法》和《海洋环境保护法》等。这一时期，环境保护被纳入了国民经济与社会发展的总体规划。随着地方环保法律法规体系的逐步建立，环境执法机构和队伍建设也明显加强，环境执法日趋严格，各级政府不断加强对环境保护工作的领导，综合运用各种手段保护环境。

这一时期，我国针对工业污染防治，实施了从重污染的末端治理向生产全程控制、从重浓度控制向总量与浓度控制相结合、从重分散的点源治理向集中控制与分散治理相结合的“三个转变”，并利用世界银行贷款在部分地区进行了清洁生产试点。20世纪90年代中期，我国将可持续发展作为指导国民经济和社会发展的总体战略；1996年的第四次全国环境保护会议上，又进一步提出了环境与发展综合决策制度、统一监管分工负责制度、环保投入制度和公众参与制度，有力推动了环境税费政策的实施和环保投入的大幅增加。1996年，全国人大通过了2000年和2010年的环境保护目标，国务院发布了《关于环境保护若干问题的决定》（国发〔1996〕31号），为保证阶段性目标的实现做出规定；1998年6月（国发〔1998〕5号，国办发〔1998〕80号），国家环境保护局升格为国家环境保护总局（正部级），是国务院主管环境保护工作的直属机构。撤销国务院环境保护委员会。级别和职能明显提升。这一时期具有从计划经济向市场经济过渡的特征，而日益完善的管理体制机制为构建我国的环境政策体系奠定了良好基础。

四　环境规制的深化阶段（21世纪开始到2012年）

这一阶段是中国经济社会快速发展的时期，工业化和城镇化取得了重大突破，也是国外投资迅猛发展阶段，但环境污染问题日益严重，尤其是外商直接投资及承接国际产业转移，中国一度成为海外跨国公司的

“污染天堂”。面对环境问题的新挑战，国务院专门召开了多次环境会议，提出了环境保护的新目标和新任务，并明确要把可持续发展战略摆在国民经济发展的重要位置，也陆续出台了一系列法律法规。1996年的第四次全国环境保护会议指出：“环境保护是关系我国长远发展和全局性的战略问题。”进入新世纪，党中央提出了科学发展观、构建社会主义和谐社会的重要思想，为环境保护工作指明了新的方向。面对经济发展的资源瓶颈，党和国家提出了走“新型工业化”发展道路。

我国开始提倡“科学发展观”“和谐社会”“循环经济”“节能减排”等可持续发展观，提倡灵活使用多种环境管理手段，并再次强调了环境保护基本国策的地位和生态环境保护的重要性。2005年，国务院发布《关于落实科学发展观加强环境保护的决定》，首次提出要在一定地区坚持“环境优先”“保护优先”的原则，分别实行“优化开发”、“限制开发”和“禁止开发”，并要求“建立健全有利于环境保护的价格、税收、信贷、贸易、土地和政府采购等政策体系……对不符合国家产业政策和环保标准的企业，不得审批用地，并停止信贷，不予办理工商登记或者依法取缔”，表明了我国扭转“重经济轻环境”的决心。2006年，在第六次全国环境保护大会上提出要从主要用行政办法保护环境转变为综合运用法律、经济、技术和必要的行政办法解决环境问题。2007年，中央经济工作会议强调抓好节能减排，要完善法律法规，注重运用法律手段促进节能减排，加快出台有利于节能减排的价格、财税、金融等激励政策，强化激励和约束机制。2008年7月（国办发〔2008〕73号），国家环境保护总局升格为环境保护部，成为国务院组成部门，主要负责拟定并实施环境保护规划、政策和标准，组织编制环境功能区划，监督管理环境污染防治等任务。2009年，《循环经济促进法》正式施行，有力促进了我国循环经济发展，并为提高资源利用效率、保护和改善环境、实现可持续发展奠定法律基础。可见，环境保护已由原则、目标或规范具体化为发展要素或生产力要素，环境政策体系日趋丰富，政策手段也更加灵活。

五　环境规制的创新与成熟阶段（2012年至今）

党的十八大以来，中央对环境问题的关注上升到了新高度。党的十八届四中全会提出健全生态文明法律法规，用法律保护生态环境。2015年5月，中共中央、国务院印发了《关于加快推进生态文明建设的意见》，这是中央对生态文明建设的又一次重要部署。党的十八届五中全会顺应时代发展提出了“创新、协调、绿色、开放、共享”五大发展理念。“十三五”规划提出了建设“美丽中国”的伟大构想，将生态环保提到空前的高度。2015年以来，党中央、国务院先后出台了“1+6”生态文明体制改革“组合拳”，“1”就是《生态文明体制改革总体方案》，“6”包括《环境保护督察方案（试行）》《生态环境监测网络建设方案》《开展领导干部自然资源资产离任审计试点方案》《党政领导干部生态环境损害责任追究办法（试行）》《编制自然资源资产负债表试点方案》《生态环境损害赔偿制度改革试点方案》。2016年8月，中共中央办公厅、国务院办公厅印发了《关于设立统一规范的国家生态文明试验区的意见》；2017年2月7日，中共中央办公厅、国务院办公厅印发了《关于划定并严守生态保护红线的若干意见》；2017年3月18日，经国务院同意，国家发展改革委、住房城乡建设部发布了《生活垃圾分类制度实施方案》；2017年4月10日，环保部印发了《国家环境保护标准“十三五”发展规划》；2017年6月29日，环保部公布了《建设项目环境影响评价分类管理名录》；2017年7月28日，环保部发布了《固定污染源排污许可分类管理名录（2017年版）》；2017年8月21日，环境保护部、国家发展和改革委员会、工业和信息化部等部委，北京市人民政府、天津市人民政府、河北省人民政府、山西省人民政府等联合发布了《京津冀及周边地区2017－2018年秋冬季大气污染综合治理攻坚行动方案》。

十九大指出，必须树立和践行绿水青山就是金山银山的理念，坚持节约资源和保护环境的基本国策，像对待生命一样对待生态环境，统筹山水林田湖草系统治理，实行最严格的生态环境保护制度；提高污染排放标准，强化排污者责任，健全环保信用评价、信息强制性披露、严惩重罚等制度。构建政府为主导、企业为主体、社会组织和公众共同参与的环境治理体系；改革生态环境监管体制，坚决制止和惩处破坏生态环境行为。从2018年1月1日起，《环境保护税法》及新版《水污染防治法》在全国范围内推行。2018年3月13日，十三届全国人大一次会议决定组建生态环境部，将环境保护部的职责，国家发展和改革委员会的应对气候变化和减排职责，国土资源部的监督防止地下水污染职责，水利部的编制水功能区划、排污口设置管理、流域水环境保护职责，农业部的监督指导农业面源污染治理职责，国家海洋局的海洋环境保护职责，国务院南水北调工程建设委员会办公室的南水北调工程项目区环境保护职责整合，组建生态环境部，作为国务院组成部门。至此，中国的环境规制的命令控制型工具、市场激励型工具、公众参与型工具、志愿行动型工具“四维一体”的政策体系建设进入了高级阶段。

第二节　中国环境规制的工具使用

环境规制目标预先制定了环境规制约束的对象、实施的方式和预期的效果，实际上反映出规制主体基于主客观环境而形成的对规制预期效果的主观期望。为达到这一目标，规制工具提供了实现主观期望的途径和手段，也就是规制工具提供了约束对象实施期望行为的具体措施。中国的环境规制实践，以下仅从命令控制型、市场激励型和公众参与型规制工具三方面加以梳理。

一　命令控制型规制工具

新古典经济学认为，在理想市场情况下，个体利益最大化可以引致资源的有效配置。当市场状态不理想时，势必会产生引发资源配置扭曲的市场失灵。环境与自然资源经济学认同市场在资源配置中扮演重要的角色，但也重视环境资源配置过程中的市场失灵。微观经济学认为，引发市场失灵主要归因于环境资源要素的外部性和公共物品属性。外部性的存在使得环境资源无法得到有效配置，生态林建设等行为的正外部性使得生态环保行为明显不足，而污染排放等活动的负外部性又使得污染行为过度扩张。公共物品往往表现出非竞争性、非排他性和导致市场失灵，因此常常被误用和滥用，而市场失灵的存在为政府实施命令控制型规制工具提供机会和理由。命令控制型环境政策的施行是行政当局以命令的形式展开，并对违反标准的企业进行行政性处罚，因此，命令控制型规制工具也可称为行政性环境规制。同时，环境政策机构的设立、环境政策目标的设定以及环境政策的实施、监管都需要遵循法律程序，为此，该类规制也可称为法律规制政策。目前我国的命令控制型规制主要包括三大政策八项制度，即“预防为主，防治结合”“谁污染，谁治理”“强化环境管理”这三项政策和“环境影响评价”“三同时”“排污收费”“环境保护目标责任”“城市环境综合整治定量考核”“排污申请登记与许可证”“限期治理”“集中控制”等八项制度。

（一）污染物总量控制制度

污染物总量控制制度是将特定区域视为一个系统整体，以环境质量目标为依据，对该区域内各污染源的排放总量所做出的最高允许限度的一项制度。在立法层面上，中国政府自1986年颁布的《关于防治水污染技术政策的规定》开始对全国进行了总量控制制度的推广和实践，并先后在1996年修正的《水污染防治法》、1999年修订的《海洋环境保护法》、2000年《大气污染防治法》、2003年《清洁生产促进法》、2009年《循环经济促进法》分别对水污染、海域污染、大气污染、清洁生产以及主要污染物排放、建设用地和用水实施总量控制。在实践层面上，1996年国务院制定的《“九五”期间全国主要污染物排放总量控制计划》开始在实践中运用，在之后的“十五”、“十一五”以及“十二五”计划中都出台了有关污染物总量控制制度的计划。2014年国家环境保护部关于印发《建设项目主要污染物排放总量指标审核及管理暂行办法》的通知，2016年国务院关于印发《“十三五”生态环境保护规划》的通知，2018年生态环境部办公厅关于印发《2018年主要污染物总量减排核算有关要求》的通知，主要涉及大气污染物和水污染物。各地区经济发展和环境状况差异较大，实行全国范围内相对统一的污染物目标总量控制显然不符合实际。因此，污染物目标总量控制应逐步向容量总量控制过渡，并建立起配套保障制度和完善目标责任追究机制以有效发挥污染物总量控制制度的效用。

（二）环境影响评价制度

环境影响评价制度是指通过对规划和建设项目完成后可能存在的环境风险进行判断、预测和评价，提出预防或削减负面环境影响的对策建议，并提出追踪监测手段的制度。[①] 1973年的全国环境保护大会首次提出环境影响评价的设想，并在1978年的《环境保护工作汇报要点》中提到进行环境影响评价的意愿。次年颁布的《环境保护法（试行）》进一步从法律层面建立了环境影响报告书制度，意味着环评制度开始进入法制轨道。1982年的《海洋环境保护法》、1984年的《水污染防治法》、1987年的《大气污染防治法》、1988年的《水法》以及1988年的《野生动物保护法》分别对海洋环境、水环境、大气环境、水资源环境和野生动物环境的影响评价做了明确的规定。1998年国务院制定的《建设项目环境保护管理条例》，对评价制度在程序、内容、范围和法律责任等方面做了更为具体的规定。2002年第九届全国人大常委会第三十次会议修订通过了《中华人民共和国环境影响评价法》，该法的规制主体在涵盖了建设项目的基础上，拓展到规划项目领域，从而使得环境影响评价制度较之以往上了新台阶。2009年国务院颁布了《规划环境影响评价条例》，实现环评工作从末端控制到源头预防转变[②]，标

---

① 《中华人民共和国环境影响评价法》第二条为环境影响评价下的定义。

② 第一条　为了加强对规划的环境影响评价工作，提高规划的科学性，从源头预防环境污染和生态破坏，促进经济、社会和环境的全面协调可持续发展，根据《中华人民共和国环境影响评价法》，制定本条例。

示着环境影响评价法律体系的基本完善。2015年环境保护部印发《建设项目环境影响评价区域限批管理办法（试行）》的通知，督促地方政府履行环境保护责任。2016年环境保护部印发《“十三五”环境影响评价改革实施方案》的通知，以“生态保护红线、环境质量底线、资源利用上线和环境准入负面清单”（以下简称“三线一单”）为手段，强化空间、总量、准入环境管理。2018年1月环境保护部《关于强化建设项目环境影响评价事中事后监管的实施意见》强调，要完善环评事中事后监管工作机制，加快构建政府监管、企业自律、公众参与的综合监管体系，确保环评源头预防环境污染和生态破坏作用有效发挥。

（三）“三同时”制度

“三同时”制度是指新建、改建、扩建项目，区域开发项目，自然开发项目，技术改造项目以及那些对环境损害存在风险的工程项目，在设置污染防治和安全设施时，要求与主体工程在设计、施工和投产等方面保持一致的制度。1972年国务院批示并转发的《国家计委、国家建委关于官厅水库污染情况和解决情况和解决意见的报告》首现“三同时”制度的雏形。[①] 1973年首次全国环境保护会议颁布的《关于保护和改善环境的若干规定（试行草案）》正式提出“三同时”制度。[②] 1979年第五届全国人大常委会第十一次会议制定的《环境保护法（试行）》中以法律形式对“三同时”制度做出明确规定[③]，从而使得这项制度跨出关键性的一步。1981年颁布的《基本建设项目环境保护管理办法》和1986年通过的《建设项目环境保护管理办法》进一步对“三同时”

---

① 该报告提出，工厂建设和“三废”利用工程要同时设计、同时施工、同时投产。

② 第四部分 一切新建、扩建和改建的企业，防治污染项目，必须和主体工程同时设计、同时施工、同时投产。正在建设的企业没有采取防治措施的，必须补上。各级主管部门要会同环境保护和卫生等部门，认真审查设计，做好竣工验收，严格把关。

③ 一切企业、事业单位的选址、设计、建设和生产，都必须充分注意防止对环境的污染和破坏。在进行新建、改建和扩建工程时，必须提出对环境影响的报告书，经环境保护部门和其他有关部门审查批准后才能进行设计；其中防止污染和其他公害的设施，必须与主体工程同时设计、同时施工、同时投产；各项有害物质的排放必须遵守国家规定的标准。

制度的内容、管理程序和处罚措施做了具体的规定。1994年国家环境保护局通过的《建设项目环境保护设施竣工验收管理规定》加强了建设项目环保验收管理，使环保设施竣工验收项目逐步走向规范化。1996年国家环境保护局开始渐次施行建设项目环境保护的台账管理和统计工作，标志着建设项目环保的规范化管理上了一个新台阶。1998年国务院颁布的《建设项目环境保护管理条例》对建设项目完竣后的环保验收管理提出了更高的要求。2014年，第十二届全国人大常委会第八次会议修订的《环境保护法》对"三同时"制度进行最新规定①，使"三同时"制度得到了升华。此外，"三同时"制度也在《水污染防治法》、《大气污染防治法》、《固体废物污染环境防治法》、《海洋环境保护法》和《环境噪声污染防治法》等专门性法律法规和地方政府规章中做出明确规定。

（四）环境保护目标责任制

环境保护目标责任制是以现行法律为准则，以行政制约为体系，以责任制为途径，将环境质量责任落实到各级地方政府以及有污染单位的制度。1985年的首次全国城市环境保护工作大会上，着重提出各级政府要把环境综合整治作为一项重要的制度。随后，甘肃、陕西、山东等省市陆续开始实施环保目标责任制。1989年第三次全国环境保护大会要求在全国范围内全力推进环保目标责任制，同年，修订的《环境保护法》使得环境保护目标责任制进入法制轨道。② 1996年国务院发布的《关于环境保护若干问题的决定》要求各级政府把环境保护工作列入重要议事日程，并将环境质量作为考核地方政府主要领导人政绩的主要指标。③ 自

① 第四十一条　建设项目中防治污染的设施，应当与主体工程同时设计、同时施工、同时投产使用。防治污染的设施应当符合经批准的环境影响评价文件的要求，不得擅自拆除或者闲置。

② 第十六条　地方各级人民政府，应当对本辖区的环境质量负责，采取措施改善环境质量。

③ 第二部分　明确目标，实行环境质量行政领导负责制。地方各级人民政府及其主要领导人要依法履行环境保护的职责，坚决执行环境保护法律、法规和政策。要将辖区环境质量作为考核政府主要领导人工作的重要内容。

此，地方环境保护目标责任制的施行方案便与日俱增。比如北京市于2001年通过了《关于违反环境保护法规追究行政责任的暂行规定》、江苏省于2002年公布了《江苏省环境管理责任追究若干规定》、山东省于2002年颁布了《山东省环境污染行政责任追究办法》、浙江省于2006年发布了《浙江省环境污染监督管理办法》等。2014年修订的《环境保护法》对环境保护目标责任制和考核评价制度做出明确规定。同年，第十二届全国人大常委会发布的《中华人民共和国大气污染防治法（修订草案）》也相应增加了“大气环境保护目标责任制”和“考核评价制度”等模块。这些规定都明确了各级政府应该对环境质量负责的问题，有利于倒逼政府在环境污染防治方面有所作为。2013年国务院关于印发《大气污染防治行动计划》的通知，提出到2017年，全国地级及以上城市可吸入颗粒物浓度比2012年下降10%以上，优良天数逐年增多；京津冀、长三角、珠三角等区域细颗粒物浓度分别下降25%、20%、15%左右，其中北京市细颗粒物年均浓度控制在60微克/立方米左右的具体指标。2015年国务院关于印发《水污染防治行动计划》的通知提出，到2020年，长江、黄河、珠江、松花江、淮河、海河、辽河等七大重点流域水质优良（达到或优于Ⅲ类）比例总体达到70%，到2030年，全国七大重点流域水质优良比例总体达到75%的工作目标。2016年国务院关于印发《土壤污染防治行动计划》的通知（国发〔2016〕31号）提出，到2020年，受污染耕地安全利用率达到90%，污染地块安全利用率达到90%。到2030年，受污染耕地安全利用率达到95%，污染地块安全利用率达到95%。2018年6月《中共中央国务院关于全面加强生态环境保护 坚决打好污染防治攻坚战的意见》明确了未来工作目标与工作重点。

（五）排污许可证制度

排污许可证制度是指以控制污染物排放总量为主线，以优化环境质量为目的，明确指出污染物排放性质、种类、数量、方式和去向的一种行政管理制度。1988年，国家环保局公布了《水污染物排放许可证管理暂行办法》，该办法要求在污染物排放浓度控制管理的前提下向企业下发排污许可证，从而实现污染物排放的总量控制，这为地方法规、规章制定提供了模板。1989年，国务院批准的《中华人民共和国水污染防治法实施细则》、1995年公布的《淮河流域水污染防治暂行条例》、1996年修正的《水污染防治法》、1999年修订的《海洋环境保护法》，排污许可证试点逐渐推广。2000年国务院修订了《水污染防治法实施细则》[①] 以及2000年全国人大常委会修订了《大气污染防治法》[②]，标志着以污染排放总量控制为主线的排污许可证制度的建立。2008年修订的《水污染防治法》对国家实行排污许可证制度做出具体规定，意味着中国排污许可证制度发展进入实质阶段。2015年修订的《大气污染防治法》在2000年修订的《大气污染防治法》规定企事业单位取得排污许可证的基础上，进一步规定集中供热设施的燃煤热源生产运营单位以及其他依法实行排污许可管理的单位应当取得排污许可证。2015年颁布的《环境保护法》着重强调国家应遵循法律规定实施排污许可证制度[③]，从而为实行排污许可管理制度确立了法律依据，排污许可管理制度开始进入新时期。此外，地方法规、行政规制也对污染物排放实行许可证管理，例如，2007年河北省印发的《河北省排放污染物许可证管理办法（试行)》、2009年广东省制定了《广东省排污许可证实施细则》、2010年浙江省公布了《浙江省排污许可证管理暂行办法》、2014年福建省颁布了《福建省排污许可证管理办法》等。2016年国务院办公厅印发《控制污染物排放许可制实施方案》的通知，要求将排

① 第十条　县级以上地方人民政府环境保护部门根据总量控制实施方案，审核本行政区域内向该水体排污的单位的重点污染物排放量，对不超过排放总量控制指标的，发给排污许可证；对超过排放总量控制指标的，限期治理，限期治理期间，发给临时排污许可证。具体办法由国务院环境保护部门制定。

② 第十五条　有大气污染物总量控制任务的企业事业单位，必须按照核定的主要大气污染物排放总量和许可证规定的排放条件排放污染物。

③ 第四十五条　国家依照法律规定实行排污许可管理制度。实行排污许可管理的企业事业单位和其他生产经营者应当按照排污许可证的要求排放污染物；未取得排污许可证的，不得排放污染物。

污许可证制度建设成为固定污染源环境管理的核心制度，作为企业守法、部门执法、社会监督的依据。2018 年 1 月环境保护部印发《排污许可管理办法（试行）》，进一步明确了具体实施办法。

（六）城市环境综合整治定量考核制度

城市环境综合整治定量考核制度是指在地方政府的统一调控下，基于城市生态理论，为充分发挥城市整体功能和最优效益，利用系统分析方法挖掘阻碍和促进城市生态系统发展的影响因素，厘清城市建设、经济建设、生态建设和环境建设的内在逻辑关系，从而塑造、保护、调控和整治城市生态环境，进而为城市打造一个良好的生态环境，实现城市生态环境系统的可持续发展。自 20 世纪 80 年代中期起，中国城市环境保护开始跨入综合整治的进程。1984 年，中共中央颁布了《关于经济体制改革的决定》，该决定将城市环境综合整治纳入地方政府的工作职责范围。1988 年，国务院公布了《关于城市环境综合整治定量考核的决定》①，并规定“城考”工作于 1989 年起开始实施，标志着中国开始实行城市环境综合整治定量考核。1990 年，国务院印发了《关于进一步加强环境保护工作的决定》，强调地方政府应当充分利用社会各方面的资源来深化城市环境综合整治工作。② 2007 年，国家环保总局首次在城市综合整治考核指标体系中加入“公众对城市环保满意度”这一选项，以激发公众参与维护和监督城市生态环境建设的积极性。此外，考核指标经过“九五”、“十五”、“十一五”和“十二五”城市环境综合整治定量考核指标实施细则的不断完善，考核城市数量也由 1990 年的 32 座城市增加到所有城市。2015 年住房城乡建设部发布《城市生活垃圾管理办法》（2015 年修正版），2017 年住房城乡建设部、环境保护部发布《关于规范城市生活垃圾跨界清运处理的通知》，2017 年国务院发

① 环境综合整治是城市政府的一项重要职责。市长对城市的环境质量负责，把这项工作列入市长的任期目标，并作为考核政绩的重要内容。

② 省、自治区、直辖市人民政府环境保护部门负责对本辖区的城市环境综合整治工作进行定量考核，每年公布结果。直辖市、省会城市和重点风景游览城市的环境综合整治考核结果，由国家环境保护局核定后公布。

布《城市市容和环境卫生管理条例》（2017 年 3 月 1 日修订版），2017 年国务院办公厅转发国家发展改革委、住房城乡建设部发布的《生活垃圾分类制度实施方案》要求，加快建立分类投放、分类收集、分类运输、分类处理的垃圾处理系统，形成以法治为基础，政府推动、全民参与、城乡统筹、因地制宜的垃圾分类制度。

（七）污染限期治理制度

污染限期治理制度是政府对严重污染生态环境的污染者或污染源提出警告，倒逼排位主体在给定时期内达到治理目标的一种强制性措施。限期治理的概念起始于 1973 年首次全国环境保护大会，1978 年限期治理的环境管理政策基本形成，1979 年，全国人大常委会第十一次会议通过的《环境保护法》进一步从法律层面上确立了限期治理制度的地位。[①] 1989 年修订的《环境保护法》对污染限期治理的内容、对象、权限、范围以及法律责任给出明确规定。1996 年国务院发布了《关于环境保护若干问题的决定》，对限期达标做出严格规定[②]，即现有排污单位中超标排放污染物的都要实行限期排放。此后，不同环境污染防治法也开始对各自领域的污染限期治理制度做出相应的规定，例如，1996 年颁布的《环境噪声污染防治法》、2000 年施行的《海洋环境保护法》、2000 年修订的《大气污染防治法》和 2005 年施行的《固体废物污染环境防治法》、2008 年修订的《水污染防治法》等，而 2014 年修订的《环境保护法》使得适用范围更为明确。[③] 2013 年国务院印发的《大气污染防治行动计划》、2015 年印发的《水污染防治行动计划》和 2016

---

① 第十七条　在城镇生活居住区、水源保护区、名胜古迹、风景游览区、温泉、疗养区和自然保护区，不准建立污染环境的企业、事业单位。已建成的，要限期治理、调整或者搬迁。第十八条　对于污染环境的废气、废水、废渣，要实行综合利用、化害为利；需要排放的，必须遵守国家规定的标准；一时达不到国家标准的要限期治理；逾期达不到国家标准的，要限制企业的生产规模。

② 第四部分　现有排污单位超标排放污染物的，由县级以上人民政府或其委托的环境保护行政主管部门依法责令限期治理。

③ 第二十八条　未达到国家环境质量标准的重点区域、流域的有关地方人民政府，应当制定限期达标规划，并采取措施按期达标。

年印发的《土壤污染防治行动计划》的通知，都包含限期治理的内容。2018 年生态环境部印发的《关于进一步强化生态环境保护监管执法的意见》，指出坚决纠正长期违法排污乱象，压实企业生态环境保护主体责任，推动环境守法成为常态。

（八）企业“关停并转”

企业“关停并转”是指对严重污染环境的小型生产企业，在实施污染限期治理后仍无法符合达标排放要求而采取严厉措施的一项污染控制政策。1996 年国务院通过的《关于环境保护若干问题的决定》第四部分首次对限期不达标的企业做出“关停并转”的规定。[①] 各地政府也将经济工作重心调到结构优化和效益提高的轨道上来，从而要求妥善处理企业“关停并转”工作，以期形成优胜劣汰竞争机制。例如，1992 年山西省发布了《关于企业关停并转有关问题意见》、2014 年江苏省印发了《关于健全完善现代市场体系的若干意见》、2014 年海宁市出台了《企业关停并转退政策加快转型升级步伐》。2015 年，国务院常务会议对长期亏损产能过剩企业实行“关停并转”问题进行探讨，李克强总理强调，要对那些与不符合安全、质量、能耗、环保等标准或长期处于亏损的产能过剩企业采取“关停并转”。此外，企业“关停并转”或剥离重组是一项复杂的系统工程，要找到牵一发而动全身的关键点，即以市场机制为主、政府调控为辅，逐步完善企业退出的制度安排和政策设计，促进产业结构优化升级。2017 年环保部印发《重点排污单位名录管理规定（试行）》，根据规定，重点排污单位名录实行分类管理，按照受污染的环境要素分为水环境重点排污单位名录、大气环境重点排污单位名录、土壤环境污染重点监管单位名录、声环境重点排污单位名录，以及其他重点排污单位名录五类，形成“关停并转”的

---

① 对逾期未完成治理任务的，由县级以上人民政府依法责令其关闭、停业或转产；对土法炼砷、炼汞、炼铅锌、炼油、选金和农药、漂染、电镀以及生产石棉制品、放射性制品等企业，由县级以上地方人民政府责令其关闭或停产。对逾期未按规定取缔、关闭或停产的，要追究有关地方人民政府主要领导人及有关企业负责人的责任。

指南。

（九）污染集中控制制度

污染集中控制是针对具体污染状态下特定区域的一些同类污染物，利用综合的、整体的、适度规模的控制政策，采用管理、政策、技术等工具，力求污染减排效果与经济效益实现双赢的环境管理制度。污染集中控制相比污染分散治理在成本投资方面更具优势，并且有助于环境质量在较短时间内得到快速提升。目前，污染集中控制中比较常见的有水污染集中控制（对特殊污染物造成水资源污染的采取集中控制，同质化工厂的废水污染施行工厂联合集中控制，工厂和城市综合污水处理厂先后对废水进行处理，且主要以后者的统一集中控制、以大企业为主线联合其他企业实行集中处理）、废气污染集中控制（通过间歇供暖转为连续供暖以完善控制区建设，通过集中供热方式代替分散供热模式以优化供暖制度，通过扩大绿化覆盖率以加强烟尘治理和防止二次扬尘，通过将低挥发、低硫的煤炭优先分配给居民使用以提高煤炭配置效率）、固体废弃物集中控制（将废物转变成其他有用物质、将废物转变成能源、回收利用有用物质、建设固体废物处理厂、建设集中填埋场、建设生物工程处理场）、噪声的集中控制（环境噪声达标区）。2011 年 4 月，国务院发出通知，批转住房城乡建设部等部门《关于进一步加强城市生活垃圾处理工作意见的通知》，指出到 2030 年，全国城市生活垃圾基本实现无害化处理，全面实行生活垃圾分类收集、处置。2016 年全国人大常委会修订《中华人民共和国固体废物污染环境防治法》，法律明确确立生产者延伸责任制，污染者承担污染防治的责任，这一原则在法律中全面落实，有助于解决固体废物污染问题。对此，新修订的“固废法”补充了有关生产者延伸责任的条款，规定国家对部分产品、包装物实行强制回收制度。

二　市场激励型规制工具

市场失灵虽为政府采取命令控制型规制工具提供机会和理由，但政府干预有时也表现出政策失效，即制定的政策不但不能纠正市场失灵，反而会使市场进一步扭曲。其主要原因在于，政府制定的是政策决策过程而不是市场作用的结果，因此包含判断失误的风险。环境问题需要借助市场调节的设想开始引起学者的关注，英国经济学家庇古在《福利经济学》中提出了“庇古税”的一般思路，即对边际私人成本小于边际社会成本的排污主体要求征税，对边际私人效益小于边际社会效益的绿化主体进行补贴，借助于征税和补贴这些手段，有利于将正负外部性成本内在化。Coase（1960）指出，在市场交易成本可以忽略不计的情况下，庇古的思路将是有偏的，因为不管资源初始如何分配，理性主体总会考虑外溢成本和收益，资源最终总会实现最优配置，社会成本问题从而无从谈起。科斯进一步认为，外部性的存在主要是产权界定模糊导致的，而不是市场机制不完善的结果，因此，合理界定的产权可以有效减少甚至消除外部性。

市场激励型规制工具是以市场为中介，着重间接宏观调控，借助市场信号来影响排污主体的经济利益，促进其改变行为以实现经济绩效最大化。与命令控制型规制工具相比，市场激励型规制工具凭借市场这一中介，将能源节约、环境保护的责任交由排污主体自主承担，即把具有一定的行为选择余地的决策权转交给环境责任者，不仅使得环境管理更加灵活，而且有利于给予企业进行污染控制技术改善以降低外部性成本的激励。按照如何使市场在处理环境问题上发挥作用，市场激励型规制工具可以分为“调节市场”和“建立市场”两类。“调节市场”是利用现有的市场来实施环境管理，包括排污收费制度、补贴政策、押金返还制度。“建立市场”包括排污权交易、生态补偿试点。

（一）排污收费制度

排污收费制度是指政府对那些给环境造成污染损害的排污主体征收一定费用，以平衡私人成本和社会成本所采取的手段和工具。排污收费制度的思想起始于 20 世纪 70 年代，直到 1978 年中共中央批转的《环境保护工作汇报要点》才正式规定应向排污主体征收一定比例的排污费。1979 年，全国人大会议通过了《环境保护法（试行）》，标志着排污收费制度开始进入法制轨道。[①] 伴随排污收费制度框架的构建，国家也开始大力着手推进排污收费制度的实践。截至 1981 年底，全国试点省、自治区、直辖市已逐步涉及 27 个单位，而试点工作的成功开展也为 1982 年国务院发布《征收排污费暂行办法》提供实践经验，该办法的发布施行，使排污收费工作在全国各地全面开展，意味着排污收费制度开始进入正式程序。此后，排污收费制度也逐渐被引入各专项法律中，包括 1984 年的《水污染防治法》[②]、1987 年的《大气污染防治法》[③]、1995 年的《固体废物污染环境防治法》[④]、1996 年的《环境噪声污染防治法》[⑤]。为进一步使排污费征收工作做到有法可依、有章可循，2003 年国务院发布的《排污费征收使用管理条例》，是排污收费制度改革的里程碑，在征收对象、使用管理和收费标准等条款方面均做出较大的改动。2003 年施行的《排污费征收标准管理办法》更是对总量收费标准和使用管理进行明确规定。2014 年印发的《关于调整排污费征收标准等有关问题的通知》是从国家层面首次提升排污收费标准，并提出建立排污费收缴情况季度通报制度。2017 年 12 月 30 日国务院公布《中华人民共和国环境保护税法实施条例》，自 2018 年 1 月 1 日起与

---

① 第十八条　超过国家规定标准排放污染物，要按照排放污染物的数量和浓度，根据规定收取排污费。

② 第十五条　企业事业单位向水体排放污染物的，按照国家规定缴纳排污费；超过国家或者地方规定的污染物排放标准的，按照国家规定缴纳超标准排污费，并负责治理。

③ 第十一条　向大气排放污染物的单位，超过规定的排放标准的，应当采取有效措施进行治理，并按照国家规定缴纳超标准排污费。征收的超标准排污费必须用于污染防治。

④ 第三十四条　在限期内，对新产生的污染环境的工业固体废物，应当缴纳排污费或者采取其他措施。在限期内未建成或者经改造仍不符合环境保护标准的，继续缴纳排污费，直至建成或者经改造符合环境保护标准为止。第四十八条　以填埋方式处置危险废物不符合国务院环境保护行政主管部门的规定的，应当缴纳危险废物排污费。

⑤ 第十六条　产生环境噪声污染的单位，应当采取措施进行治理，并按照国家规定缴纳超标准排污费。征收的超标准排污费必须用于污染的防治，不得挪作他用。

《中华人民共和国环境保护税法》同步施行，《排污费征收使用管理条例》同时废止。

（二）补贴政策

补贴政策是指政府相关机构以提高环境质量为目的，为促进经济主体或排污主体符合国家排污标准或达到环保要求而采取的各种资助活动。环境补贴政策的形式多样，大体上可以归纳为税收优惠和补助金。税收优惠政策包括1991年制定的《粉煤灰综合利用管理办法》①，2000年下发的《关于对低污染排放小汽车减征消费税的通知》，2002年颁布的《清洁生产促进法》②，2005年发布的《可再生能源法》③，2007年通过的《企业所得税法》④，2008年批准的《节能节水专用设备企业所得税优惠目录》《资源综合利用企业所得税优惠目录》《环境保护专用设备企业所得税优惠目录》，2009年公布的《环境保护节能节水项目企业所得税优惠目录（试行）的通知》等。补助金主要涉及三个领域。一是脱硫、脱销电价补贴。例如，2007年颁布的《燃煤发电机组脱硫电价及脱硫设施运行管理办法》，对符合国家建设管理规定的燃煤发电机组脱硫设施实施电价优惠补贴。2011年，国家发展改革委进一步制定了对燃煤发电机组脱硝设施进行电价试点工作，对符合国家政策要求的燃煤发电机组施行脱硝电价补贴。二是国家采取以奖代补的形式，对重点流域和城镇污水处理设施配套管网建设项目进行奖励补助。三是对特定流域水污染防治的专项补助，例如，为使得“十一五”减排任务的顺利完成，中央财政针对松花江流域及“三河三湖”的水污染防治专门设立补助资金。此外，政府还采取如贷款优惠、环境基金、专项基

---

① 第二十三条　由企业自筹资金建设的粉煤灰利用项目，凡具备独立核算条件的，五年内减免所得税和调节税；对以粉煤灰为主要原料生产的产品，减免产品税。

② 第三十三条　依法利用废物和从废物中回收原料生产产品的，按照国家规定享受税收优惠。

③ 第二十六条　国家对列入可再生能源产业发展指导目录的项目给予税收优惠。

④ 第二十七条　企业从事符合条件的环境保护、节能节水项目的所得，可以免征、减征企业所得税。

金、部门基金和加速折旧等优惠政策来实现环境保护的目的，并取得良好的效果。2016 年经国务院批准，财政部、国家税务总局公布《关于减征 1.6 升及以下排量乘用车车辆购置税的通知》，2017 年 9 月，财政部等发布《关于印发节能节水和环境保护专用设备企业所得税优惠目录（2017 年版）的通知》，共包含水污染防治设备、大气污染防治设备、土壤污染防治设备、固体废物处置设备、环境监测专用仪器仪表、噪声与振动控制六大类 24 项设备。

（三）押金返还制度

押金返还制度是指消费者在购买某些可能存在潜在污染风险的产品时，需要事先支付一定额外费用，在这些产品通过收集中心核准并进行处置或进入再循环系统后，消费者将获得相应的退款。押金返还制度不仅借助经济激励对废弃物回收和处置行为转换为企业为赎回押金而采取的主动行为，从而有利于节省规制者的监督成本，而且对被规制者本身也会产生激励作用，倒逼企业采用更低污染水平的原材料或进行减排以降低押金返还政策的影响。因此，在监督成本较高或排污企业较多的前提下，押金返还制度比“庇古税”在成本和灵活性上更具优势。作为一项重要的环境经济政策，中国政府也制定了多项法律法规来明确押金返还制度的法制建设。例如，1995 年制定的《固体废弃物污染防治法》①、2008 年制定的《废弃电器电子产品回收处理管理条例》②、2008 年制定的《循环经济促进法》③ 等均对生产者具体回收和再利用做出法律责任、监督管理和激励措施等方面的规定。但是，目前还未出现对押金返还制度的适用范围、适用条件和征收依据做出具体规定的法律法规。因此，中国还需进一步推行押金返还制度的法治建设。2015

① 第十八条　生产、销售、进口依法被列入强制回收目录的产品和包装物的企业，必须按照国家有关规定对该产品和包装物进行回收。

② 第十条　电器电子产品生产者、进口电器电子产品的收货人或者其代理人生产、进口的电器电子产品应当符合国家有关电器电子产品污染控制的规定，采用有利于资源综合利用和无害化处理的设计方案，使用无毒无害或者低毒低害以及便于回收利用的材料。

③ 第四十六条　国家鼓励通过以旧换新、押金等方式回收废物。

年 9 月，中共中央、国务院印发的《生态文明体制改革总体方案》要求，实行生产者责任延伸制度，推动生产者落实废弃产品回收处理等责任。

（四）排污权交易

排污权交易是指通过设立类似于排污许可证形式的排污权，这种权利是建立在合法的污染物排放之上，并准许排污权与商品一样能在市场上自由交易，从而对污染物排放总量进行控制。排污权交易和排污收费制度在某些方面具有相似之处，比如它们都是市场激励型规制工具，但也存在明显区别，排污权交易首先需要确定污染物排放总量，然后由市场决定价格；而排污收费制度恰恰相反，即先明确价格，然后由市场决定污染物排放总量。排污权交易的推行起始于 20 世纪 80 年代末期，从 1987 年开始，排污许可证制度的试点工作在全国范围内的 18 个城市进行，并于 1991 年开始实施排污权交易的试点工作。1996 年，国务院公布的《关于环境保护若干问题的决定》① 强调，要求将污染物排放总量控制作为行政领导考核的重要指标。1997 年，国家环境保护总局颁布的《“九五”期间全国主要污染物排放总量控制计划》，要求在全国范围内大力实施污染物排放总量控制计划，并将其作为完成“九五”期间环保目标的关键措施，从而为排污权交易在全国范围内推行打下坚实的制度基础。2000 年修改通过的《大气污染防治法》② 和 2008 年修改通过的《水污染防治法》③ 为国家污染控制战略实现总量控制转变提供了法律保障，意味着排污许可证制度开始进入法制进程。2005 年，国务院发布的《关于落实科学发展观加强环境保护的决定》④，使得二氧

---

① 第一条　明确目标，实行环境质量行政领导负责制。要实施污染物排放总量控制，抓紧建立全国主要污染物排放总量指标体系和定期公布的制度。

② 第十五条　国务院和省、自治区、直辖市人民政府对尚未达到规定的大气环境质量标准的区域和国务院批准划定的酸雨控制区、二氧化硫污染控制区，可以划定为主要大气污染物排放总量控制区。

③ 第十八条　国家对重点水污染物排放实施总量控制制度。

④ 第二十四条　有条件的地区和单位可实行二氧化硫等排污权交易。

化硫排污权交易首次在国务院的正式文件中出现。“十五”期间，中国环境保护工作主要集中在总量控制上，国家环境保护局建议可以借助排污权交易试点工作来进一步改进污染物排放总量控制项目。如 2008 年的《关于深化经济体制改革》强调，在火力发电厂和太湖流域中分别实行二氧化硫排污权和主要水污染物排污权交易试点和有偿使用，探索建立环境有偿使用制度。2002 年，国家环境保护总局颁布的《推动中国二氧化硫排放总量控制及排放权交易政策实施示范工作的通知》，决定在天津、上海、江苏、山东、河南、柳州和山西等 7 个具有代表性的地区试行二氧化硫排放权交易和排放总量控制。实践表明排污权交易在促进空气质量提高的同时，减少了污染治理成本，有利于政府宏观调控，给非排污者表达意见的机会，有利于优化资源配置，激发企业加大污染治理设施投资的积极性和更具有市场灵活性。2014 年国务院办公厅公布了《关于进一步推进排污权有偿使用和交易试点工作的指导意见》，到 2017 年全国已有 30 个省份开展排污权有偿使用和交易试点工作，其中由财政部、原环境保护部、国家发展改革委批复的试点共 12 个（含青岛市），其余为自行开展试点，完成初始确权、新企业有偿使用、规范交易行为等阶段性目标，基本建立了以有偿使用为核心的排污权交易市场，试点工作取得积极成效。

（五）生态补偿试点

生态补偿是指在生态环境保护中，生态利益享用者按照法律的规定或约定，对经济利益及其他权益受到限制或损害的主体进行补偿的活动。2007 年环保部制定了《关于开展生态补偿试点工作的指导意见》，对生态补偿试点工作的指导思想、目标、原则、生态补偿试点工作的组织实施、重点领域生态补偿机制等方面做出具体规定。可以看出，该指导意见事实上只是对生态补偿试点工作的指引，并未从整体上对生态补偿试点工作展开系统的论证，因此，该指导意见更像是一项政策。自此，浙江、江苏、山东、辽宁、福建、山西、河北和河南等地开始开展广泛的生态补偿试点工作，浙江省于 2005 年印发了《关于进一步完善生态补偿机制的若干意见》，并于2008年进一步通过了《生态环保财力转移支付试行办法》；山西省2006年制定了《关于开展煤炭工业可持续发展政策措施试点的意见》；江苏省于2007年印发了《太湖流域环境资源区域补偿试点方案的通知》和《环境资源区域补偿办法（试行）》；山东省于2007年制定了《山东省生态补偿资金管理办法》；辽宁省于2007年出台了《关于对东部生态重点区域实施财政补偿政策的通知》；福建省于2010年制定了《制定的九龙江、闽江流域环境综合整治专项资金管理办法》。2008年的《中华人民共和国水污染防治法》[①] 虽实现了生态补偿立法的一大进步，但并未对水环境生态保护补偿机制做具体规定。地方性法规中也进一步做出加强有关生态补偿的规定，如黑龙江、河南、广东、安徽和甘肃等地制定的《湿地保护条例》以及江苏省、福建省、湖北省和安徽省等地颁布的《农业生态环境保护条例》等。2016年4月，国务院办公厅印发的《关于健全生态保护补偿机制的意见》，提出完善重点生态区域补偿机制、推进横向生态保护补偿。2016年12月，财政部、原环境保护部、国家发展改革委等出台了《关于加快建立流域上下游横向生态保护补偿机制的指导意见》，明确了流域上下游横向生态补偿的指导思想、基本原则和工作目标。2017年10月，党的十九大报告提出要“严格保护耕地，扩大轮作休耕试点，健全耕地草原森林河流湖泊休养生息制度，建立市场化、多元化生态补偿机制”。

三　公众参与型规制工具

从外部性理论视角来看，科斯定理提出通过法律制度将外部性问题转变为产权问题，从而使得原本未涉及生产交易的局外人参与到交易中。这可以看作公众参与制度的经济学理论基础，即借助法律手段界定

---

① 第七条　国家通过财政转移支付等方式，建立健全对位于饮用水水源保护区区域和江河、湖泊、水库上游地区的水环境生态保护补偿机制。

公众参与的环境权，并通过某种既定的制度使得公众有权利与污染排放者展开磋商谈判，最终凭借私有的激励机制和公有的产权界定增加公众参与环境保护事业的积极性。公众参与作为环境保护的一项基本制度，是指依据环境法给予公众参与相应环境保护和监督的权利与义务，是政府相关部门在环境经济行为、环境监管活动和环境决策行为上聆听公众看法和获得公众认可，以激励公众增强保护和监管环境的责任意识。伴随着经济的快速发展，环境利益出现复杂化和多元化并存的局面，政治体制改革和民主化趋势及民众环境权利意识的觉醒使得公众参与的规制制度不断深化发展。目前环境保护公众参与体系主要包括环境标志制度、环境信息公开制度和环境认证制度等。

（一）环境标志制度

环境标志制度是指由政府相关机构、公共团体和民间部门基于某些特定的国家环保标准或环保要求，向申请者提供可以印在产品和包装上的绿色标志，有助于让消费者了解该产品从设计、研制、生产、开发、运输、销售、使用直到回收利用的整个过程都符合环保标准，并未对生态环境尤其是人类健康造成负向影响。环境标志提供产品在生产、经销和消费过程中对环境所产生的影响，从而便于下游企业或最终消费者在购买时识别出环保产品和非环保产品。伴随科技创新步伐的加快，产品更新换代频率也相应提高，为使环保标准在不同产品和包装上得到准确使用，环境标志在划分门类和专业化方面也得到日益完善。根据中国环境保护部关于环境标志产品的技术要求，截至 2015 年 5 月，其认证产品种类已多达 107 个。[①] 环境标志制度正式诞生于 1994 年国家环境保护局通过的《环境标志产品认证管理办法（试行）》，此后，国家又先后颁布了多个环境标志规范性文件，包括 1996 年制定的《中国环境标志产品认证书和环境标志使用管理规定》、2008 年公布的《中国环境标志使用管理办法》等，从而形成了较为完善的环境标志法律体系。

① http://kjs.mep.gov.cn/hjbhbz/bzwb/other/hjbz/index.shtml.

（二）环境信息公开制度

环境信息公开制度是指政府、企业及其他社会行为主体通过发布各自掌握的外部获取的或内部产生的环境信息，以使规制主体、被规制对象以及公众共享环境信息，从而推进环境行为的优化，促使社会经济实现可持续发展。环境信息公开制度作为公众参与环境保护的基本前提，是提升环境管理水平、促进企业环境行为自律、推动环境监督执法和促进社会参与环境保护的重要手段。目前，中国的环境信息公开制度体系已基本得到完善。环境信息公开制度是以 1989 年制定的《环境保护法》[①] 为开端的，此法虽正式提及环境信息公开，但只是概括性的条文，并未涉及环境信息公开的内容、范围和形式等具体操作性事项。随后，2000 年制定的《大气污染防治法》[②]、2002 年颁布的《清洁生产促进法》[③]、2002 年施行的《环境影响评价法》[④]、2004 年发布的《环境保护行政许可听证暂行办法》、2005 年通过的《关于落实科学发展观加强环境保护的决定》[⑤] 等其他法律法规也各自分散地对环境信息公开做一些内容上的规定，但仍不够全面。2007 年，国务院通过的《政府信息公开条例》和国家环境保护总局通过的《环境信息公开办法（试行）》，从公开的程序、方式、范围、保障和监督等维度做出具体规定，

---

① 第十一条　国务院和省、自治区、直辖市人民政府的环境保护主管部门，应当定期发布环境状况公报。

② 第二十条　单位因发生事故或者其他突然性事件，必须立即采取防治大气污染危害的应急措施，通报可能受到大气污染危害的单位和居民，并报告当地环境保护行政主管部门，接受调查处理。第二十三条　大、中城市人民政府环境保护行政主管部门应当定期发布大气环境质量状况公报，并逐步开展大气环境质量预报工作。

③ 第十六条　各级人民政府应当通过宣传、教育等措施，鼓励公众购买和使用节能、节水、废物再生利用等有利于环境与资源保护的产品。

④ 第十一条　专项规划的编制机关对可能造成不良环境影响并直接涉及公众环境权益的规划，应当在该规划草案报送审批前，举行论证会、听证会，或者采取其他形式，征求有关单位、专家和公众对环境影响报告书草案的意见。

⑤ 第二十七条　实行环境质量公告制度，定期公布各省（区、市）有关环境保护指标。公布环境质量不达标的城市，并实行投资环境风险预警机制。发挥社会团体的作用，鼓励检举和揭发各种环境违法行为，推动环境公益诉讼。企业要公开环境信息。对涉及公众环境权益的发展规划和建设项目，通过听证会、论证会或社会公示等形式，听取公众意见，强化社会监督。

标示着环境信息公开制度系统性建立的开始。环境单行法律（2008 年修订的《水污染防治法》[①]、2008 年公布的《循环经济促进法》[②] 和 2009 年发布的《海岛保护法》[③]）、行政法规（2008 年通过的《关于加强上市公司环境保护监督管理工作的指导意见》[④]、2008 年施行的《政府信息公开条例若干问题的意见》、2010 年制定的《关于做好政府信息依申请公开工作的意见》[⑤]、2010 年制定的《关于进一步规范环保不达标生产企业名单定期公布制度的通知》[⑥]、2012 年公开的《关于进一步加强环境保护信息公开工作的通知》、2013 年传达的《关于印发当前政府信息公开重点工作安排的通知》[⑦]）以及环境基本法（2014 年修订的《环境保护法》[⑧]）是进一步对环境信息公开制度的补充，体现了环境信息公开制度逐渐步入成熟的发展阶段。2015 年 1 月 1 日环境保护部公布的《企业事业单位环境信息公开办法》施行。

（三）环境认证制度

环境认证制度是指对企业的管理程序和管理结构进行的认证，而不涉及对环境表现或环境标准的认证。企业作为环保行为的主体，出于对利润最大化的追求，以及考虑环境污染治理过程中所导致成本压力的增加，使得企业在采取环境污染治理上动力明显不足。而在环境认证制度

① 第十九条　国务院环保主管部门对未按照要求完成重点水污染物排放总量控制指标的省、自治区、直辖市予以公布。省、自治区、直辖市人民政府环境保护主管部门对未按照要求完成重点水污染物排放总量控制指标的市、县予以公布。县级以上人民政府环境保护主管部门对违反本法规定、严重污染水环境的企业予以公布。

② 第十七条　国家建立健全循环经济统计制度，加强资源消耗、综合利用和废物产生的统计管理，并将主要统计指标定期向社会公布。

③ 第八条　海岛保护规划报送审批前，应当征求有关专家和公众的意见，经批准后应当及时向社会公布。但是，涉及国家秘密的除外。

④ 第二项　积极探索建立上市公司环境信息披露机制。

⑤ 第六项　改进依申请公开政府信息服务各地区、各部门要进一步拓宽受理渠道，为申请人提供便捷的依申请公开服务。

⑥ 第二项　明确公布主体，拓宽公布渠道；第四项　规范名单信息，统一公布内容；第五项　加强督促落实，发挥制度成效。

⑦ 第五项　推进环境保护信息公开。

⑧ 第五章　信息公开和公众参与。

下，企业为使自身形象得到最大化表现，加之为打破“绿色贸易壁垒”的约束，企业环境污染治理的行为又是自觉主动的。事实上，环境认证制度短期内虽可能挤占企业的生产成本，但从长期来看，其通过环境管理体系的实施，不仅使得企业因减少环境污染降低了生产成本，而且借助良好的社会影响倒逼产业竞争力提升。目前的环境认证主要包括ISO14000 认证和环境产品标志认证。ISO14000 标准的推行一方面有利于企业在转机建制过程中，加强科学管理和利用集约型生产方式，从而提高市场竞争力；另一方面也有利于帮助全社会树立环境法制观念和加强环境保护意识。在环境产品标志认证方面，中国政府颁布了多项规范性文件，包括 1996 年的《关于环境保护产品实行认证的决定》、2000 年的《无公害农产品管理办法》①、2000 年的《关于加快绿色食品发展的意见》② 以及 2006 年的《环境保护产品技术要求》。

（四）环保志愿者行动

环保志愿者是一些热心环保的人士，他们推崇环保的生产、生活方式，并且愿意参加环保行动，向人们介绍环保知识，促进社会环保风尚的形成。他们的活动包括环保宣传、环保活动、举报污染源、环保观测调查等。中国民间环保组织自 1978 年开始起步，其职能和作用在社会发展中表现得日渐重要。目前，中国民间环保组织已经形成了一个完整的系统体系，成了推动中国和全球环境保护事业发展与进步的重要力量。中国民间环保组织主要经历了 3 个阶段：自 1978 年起到 20 世纪 90 年代初，中国民间环保组织走过了诞生和兴起阶段；1995 年至 21 世纪初，它们把环保工作向社区和基层延伸，进入了发展阶段；21 世纪初，它们的活动领域逐步发展到组织公众参与环保、为国家环保事业建言献策、开展社会监督、维护公众环境权益等，环保 NGO 进入了成熟阶段。我国民间环保组织分 4 种类型。一是由政府部门发起成立的民

---

① 第八条　国家适时推行强制性无公害农产品认证制度。

② 第二部分　抓紧建立和完善保障体系。建立和完善技术标准、质量监测、质量认证和市场服务体系是加快绿色食品发展的基本保障。

间环保组织，如中华环保联合会、中华环保基金会、中国环境文化促进会，各地环境科学学会、环保产业协会、野生动物保护协会等；二是由民间自发组成的民间环保组织，如自然之友、地球村，以非营利方式从事环保活动的其他民间机构等；三是学生环保社团及其联合体，包括学校内部的环保社团、多个学校环保社团联合体等；四是国际民间环保组织驻华机构。这些环保公益组织的共同特点是环保目的、自愿参加、非营利、社会性，如中国环境保护协会，它是由在中国境内登记注册的从事环境保护产业的科研、设计、生产、流通和服务单位以及中国境内从事环境保护产业的行业专家自愿组成的社会团体，是具有社团法人资格的跨地区、跨部门、跨所有制的全国性、行业性的非营利性社会组织。

2015 年中共中央、国务院《关于加快推进生态文明建设的意见》指出，要引导生态文明建设领域各类社会组织健康有序发展，发挥民间组织和志愿者的积极作用。2017 年 3 月，环境保护部、民政部共同出台的《关于加强对环保社会组织引导发展和规范管理的指导意见》，旨在加大对环保社会组织的扶持力度和加强规范管理，进一步发挥环保社会组织的号召力和影响力，推动形成多元共治的环境治理格局。

第三节　中国环境规制的政策文件

经过多年发展，我国的环境规制政策体系已基本形成。从政策的发布形式来看，可分为八个层次。一是《宪法》中有关《环境保护法》的规定，这也是所有环境立法的法律基础。二是环境法律，在现行颁布实施的 20 多项法律中，包括了由环境保护部门主管的各类污染防治法、由其他部门分管的资源性法律以及生态保护类法律。三是国务院颁布的行政法规，包括条例、办法、决定等。四是环保行政主管部门及相关部门的环境保护规章。五是地方性法律法规，包括有立法权的省、市、特区等的人大和政府颁布的法规。六是环境标准。七是国家相关法律中的环境保护条款，如《刑法》《民法》《物权法》等其中关于环境保护的内容。八是国际环境公约，包括公约、条约、议定书等多边法规和双边法规。环保部门与其他部门出台了大量的规范性文件或部门规章。各级环境标准制定速度大大加快。环境政策手段日趋多样灵活，环境保护的宣传与教育得到加强。20 世纪 90 年代主要强调环境统计公报或年鉴、不同形式的环境宣传教育、城市环境整治考核、生态标志等，而 21 世纪加强了环境影响评价的公共参与、环境信息公开的法制化以及环境友好企业、生态园林城市评选等。20 世纪 80 年代后我国部分环境规制政策的梳理如表 2－1 所示。

表 2－1　20 世纪 80 年代后我国部分环境规制政策的梳理

规制政策	政策类别	政策文本
命令控制型	法律规定	《环境保护法（试行）》（1989 年），《海洋环境保护法》（1982 年），《水污染防治法》（1984 年），《森林法》（1984 年），《草原法》（1985 年），《渔业法》（1986 年），《大气污染防治法》（1987 年），《水污染防治法实施细则》（1989 年），《环境噪声污染防治条例》（1989 年），《水土保持法》（1991 年），《自然保护区条例》（1994 年），《固体废弃物污染环境防治法》（1995 年），《电力法》（1995 年），《环境噪声污染防治法》（1996 年），《煤炭法》（1996 年），《节约能源法》（1997 年），《建设项目环境保护条例》（1998 年），《海洋保护法》（1999 年），《国务院关于环境保护若干问题的决定》（1996 年），《水污染防治法实施细则》（2000 年），《畜禽养殖污染防治管理办法》（2001 年），《海域使用管理法》（2001 年），《危险化学品安全管理条例》（2002 年），《医疗废物管理条例》（2003 年），《清洁生产促进法》（2003 年），《环境影响评价法》（2003 年），《放射性污染防治法》（2003 年），《可再生能源法》（2005 年），《环境监测管理办法》（2007 年），《主要污染物总量减排统计办法》（2007 年），《主要污染物总量减排监测办法》（2007 年），《主要污染物总量减排考核办法》（2007 年），《循环经济促进法》（2008 年），《“十二五”全国环境保护法规和环境经济政策建设规划》（2011 年），《危险化学品安全管理条例》（2011 年），《太湖流域管理条例》（2011 年），《放射性废物安全管理条例》（2011 年），《中华人民共和国环境保护法》（2014 年修订），《建设项目主要污染物排放总量指标审核及管理暂行办法》（2014 年），《电力法》（2015 年修正），《城市生活垃圾管理办法》（2015 年修正版），《规范城市生活垃圾跨界清运处理》（2017 年），《城市市容和环境卫生

续表

规制政策	政策类别	政策文本
命令控制型	法律规定	管理条例》（2017 年 3 月 1 日修订版），《生活垃圾分类制度实施方案》（2017 年），《大气污染防治法》（2016 年修订），《“十三五”生态环境保护规划》（2016 年），《排污许可管理办法（试行）》（2018 年），《关于进一步强化生态环境保护监管执法的意见》（2018 年）
	强制淘汰	《国务院关于关闭和布局不合理煤矿有关问题的通知》（1998 年），《关于清理整顿小炼油厂和规范原油、成品油流通秩序的意见》（1999 年），《关于做好关停小火电组、清理小玻璃厂、小水泥厂、小炼油厂等有关问题的通知》（1999 年），《关于进一步加强淘汰落后产能工作的通知》（2010 年），《机动车强制报废标准规定》（2012 年），《环境保护主管部门实施限制生产、停产整治办法》（2015 年），《关于全面推进黄标车淘汰工作的通知》（2015 年），《重点排污单位名录管理规定（试行）》（2017 年）
	技术改造	《关于防止水污染技术政策的规定》（1986 年），《国家重点技术改造项目管理办法》（1999 年），《关于加快进行国家重点技术改造项目环境影响审批工作的通知》（1999 年），《火电厂氮氧化物防治技术政策》（2012 年），《城市地表水环境质量排名技术规定（试行）》（2017 年），《船舶水污染防治技术政策》（2018 年），《2018 年主要污染物总量减排核算有关要求》（2018 年）
	行政处罚	《环境保护行政处罚办法》（1999 年），《环境保护违法违纪行为处分暂行规定》（2006 年），《规范环境行政处罚自由裁量权若干意见》（2009 年），《环境行政处罚办法》（2010 年），《环境行政处罚听证程序规定》（2010 年），《环境保护主管部门实施按日连续处罚办法》（2015 年）
市场激励型	成本费用	《关于调整超标污水和统一超标噪声排污费征收标准的通知》（1991 年），《大气污染防治实施细则》（1991 年），《国务院办公厅关于征收水资源费有关问题的通知》（1993 年），《关于征收污水排污费的通知》（1993 年），《有机（天然）食品标志管理章程（试行）》（1995 年），《关于城市污水处理收费试点有关问题的通知》（1997 年），《关于加大污水处理费的征收力度，建立城市污水排放和集中处理良性运行机制的通知》（1999 年），《关于开展征收工业燃煤二氧化硫排污费试点工作的通知》（1992 年），《关于发布建设项目环境影响评价收费项目和标准的通知》（1992 年），《资源税暂行条例》（1993 年），《排污费征收使用管理条例》（2003 年），《排污费资金收缴使用管理办法》（2003 年），《关于填报国家重点监控企业排污费征收情况的通知》（2010 年），《关于调整排污费征收标准等有关问题的通知》（2014 年），《挥发性有机物排污收费试点办法》（2015 年），《关于减征 1.6 升及以下排量乘用车车辆购置税的通知》（2016 年），《中华人民共和国环境保护税法》（2018 年），《中华人民共和国环境保护税法实施条例》（2018 年）

续表

规制政策	政策类别	政策文本
市场激励型	投资调节	《矿产资源补偿费征收管理规定》（1994 年），《关于企业所得税若干优惠政策的通知》（1994 年），《关于对排污费和污染源治理贷款基金免征营业税问题的通知》（1998 年），《关于落实好综合利用电厂优惠政策的通知》（1998 年），《关于废旧物资准予抵扣进项税额问题的通知》（1994 年），《关于进一步开展资源综合利用的意见》（1996 年），《关于废旧物资回收经营企业增值税先征后返问题的通知》（1999 年），《环境保护专用设备企业所得税优惠目录》（2008 年），《节能节水专用设备企业所得税优惠目录》（2008 年），《安全生产专用设备企业所得税优惠目录》（2008 年），《财政部　国家税务总局关于执行公共基础设施项目企业所得税优惠目录有关问题的通知》（2008 年），《国家税务总局关于实施国家重点扶持的公共基础设施项目企业所得税优惠问题的通知》（2009 年），《财政部 国家税务总局关于公共基础设施项目和环境保护 节能节水项目企业所得税优惠政策问题的通知》（2012 年），《关于享受资源综合利用增值税优惠政策的纳税人执行污染物排放标准有关问题的通知》（2013 年），《重点流域水污染防治项目管理暂行办法》（2014 年），《关于进一步推进排污权有偿使用和交易试点工作的指导意见》（2014 年），《关于加快建立流域上下游横向生态保护补偿机制的指导意见》（2016 年），《节能节水和环境保护专用设备企业所得税优惠目录》（2017 年）
	第三方治理	《关于推行环境污染第三方治理的意见》（2014 年），《关于推进环境污染第三方治理的实施意见》（2017 年）
志愿行动型	信息激励	《关于共享企业环保信息有关问题的通知》（2006 年），《关于落实环保政策法规防范信贷风险的意见》（2007 年），《环境信息公开办法（试行）》（2008 年），《关于全面落实绿色信贷政策进一步完善信息共享工作的通知》（2009 年），《清洁生产促进法》（2012 年修订），《大力推进信息化发展和切实保障信息安全的若干意见》（2012 年），《企业环境信用评价办法（试行）》（2013 年），《企业信息公示暂行条例》（2014 年），《社会信用体系建设规划纲要（2014—2020 年）》（2014 年），《国家重点监控企业自行监测及信息公开办法》（2014 年），《企业事业单位环境信息公开办法》（2015 年）
	公众参与	《环境影响评价公众参与暂行办法》（2006 年），《环保举报热线工作管理办法》（2011 年），《环境监察执法证件管理办法》（2013 年），《环境保护公众参与办法》（2015 年），《“互联网 +”绿色生态三年行动实施方案》（2016 年）
	自愿协议	《国务院关于落实科学发展观加强环境保护的决定》（2005 年），《中国环保民间组织发展状况报告》（2008 年），《中国环保民间组织信息库》（2008 年），《2012 环保 NGO 工作报告》（2012 年），《关于贯彻实施环境民事公益诉讼制度的通知》（2014 年），《关于审理环境民事公益诉讼案件适用法律若干问题的解释》（2015 年），

续表

规制政策	政策类别	政策文本
志愿行动型	自愿协议	《关于突发环境事件调查处理与环境民事公益诉讼联动工作机制（试行）》（2016 年）
	生态教育	《关于推进生态文明建设工程的行动计划》（2011 年），《全国生态文明宣传教育工作绩效评估试点实施工作方案》（2013 年），《全国生态文明宣传教育工作绩效评估办法和标准（试行）》（2013 年），《全国环境宣传教育工作纲要（2016—2020 年）》（2016 年）
激励约束型	绩效考核	《领导干部任期环境保护政绩考核必行、可行》（2006 年），《建立和完善党政领导干部绩效考核制度》（2008 年），《当前领导干部绩效考核中的一些问题》（2008 年），《关于加强环境保护重点工作的意见》（2011 年），《环境保护目标责任书（2011～2015 年）》（2011 年），《大气污染防治行动计划》（2013 年），《大气污染防治目标责任书》（2014 年），《大气污染防治行动计划实施情况考核办法（试行）》（2014 年），《水污染防治行动计划》（2015 年），《“十三五”生态环境保护规划》（2016 年），《2016 年度党政领导生态环境保护目标责任书考核指标》（2016 年），《土壤污染防治行动计划》（2016 年），《领导干部自然资源资产离任审计规定（试行）》（2017 年），《省级政府耕地保护责任目标考核办法》（2018 年）
	绿色 GDP	《可持续发展下的“绿色”核算》（1999 年），《建立中国绿色国民经济核算体系研究》（2004 年），《开展绿色 GDP 核算和环境污染经济损失调查试点方案》（2004 年），《中国绿色国民经济核算研究报告》（2006 年），《绿色 GDP 核算有关技术规范》（2015），《编制自然资源资产负债表试点方案》（2015）
	节能减排	《关于城市环境综合整治定量考核的决定》（1988 年），《“十一五”主要污染物总量削减目标责任书》（2007 年），《主要污染物总量减排统计办法》（2007 年），《主要污染物总量减排监测办法》（2007 年），《主要污染物总量减排考核办法》（2007 年），《“十二五”节能减排综合性工作方案》（2012 年），《建设项目环境影响评价区域限批管理办法（试行）》（2015 年），《控制污染物排放许可制实施方案》（2016 年），《“十三五”节能减排综合工作方案》（2016 年），《“十三五”环境影响评价改革实施方案》（2016 年），《关于强化建设项目环境影响评价事中事后监管的实施意见》（2018 年）

第三章　环境规制的节能减排效果

第一节　问题的提出

改革开放以来中国经济经历快速增长，在过去 40 年里，中国年均 GDP 增长 9.8% 的经济奇迹已为世界所见证。然而，繁荣背后的能源消费和污染排放同样引起社会的广泛关注。中国能源短缺总量从 2001 年的 0.81 亿吨标准煤增加到 2014 年的 6.60 亿吨标准煤，能源短缺问题已成为制约经济可持续发展的重要因素，而能源的过度消费所造成的各种环境污染问题则成为阻碍中国经济持续健康增长的另一因素。截至 2006 年，中国已成为世界上 CO_2 排放量最大的经济体，其排放量占世界 CO_2 总排放量的 1/5。严峻的环境现实使得我们不得不回头来重新思考经济发展战略。但是，未来十年国内经济年均增长 7% 的诉求使得节能减排与经济增长的矛盾更加突出（Zhao et al.，2014），中国不可能重蹈"先污染，后治理"的传统经济增长模式，也不可能寄希望于环境问题在经济增长中自然解决。因此，中国在保持经济增长的同时，也要提高能源效率和缓解环境污染，以避免出现罗马俱乐部所描述的增长极限。

然而，能源资源的稀缺性、环境产品的公共物品属性以及环境问题的负外部性使得单靠市场难以实现节能减排的目标，因此需要政府实施环境规制来弥补"市场失灵"的缺陷。所以，从这个意义上讲，在能源消费和环境保护中，政府的角色非常重要。事实上，中国政府已明确提出了“科学发展观”和“构建和谐社会”的发展理念，把建设资源节约型、环境友好型社会作为经济结构调整和经济发展方式转变的重要抓手。因此，未来的经济增长将明显受到节能减排目标的约束，而以降低能源强度和排放强度为核心的环境规制则成为推动中国社会切实走上可持续发展道路的关键内容。尽管如此，伴随着经济的发展，中国还是出现了让世界触目惊心的能源和环境问题。这不禁使人们对环境规制的节能减排效果产生怀疑，本书无异于从环境规制入手，分析环境规制对实现更清洁生产目标的影响程度，在此基础上，进一步探究不同环境规制工具的有效实践和整体行动框架。

对于环境规制效应，国内外文献主要集中于研究其对产业竞争（Hamamoto，2006；傅京燕、李丽莎，2010）、技术创新（Smita and Mark，2003；Lanoie et al.，2008）以及 FDI（Elliott and Shimamoto，2008；Dam and Scholtens，2012）等的影响。而对于环境规制与节能减排的研究并不多，更多的文献集中在分别考察环境规制与能源效率或污染减排的研究上。聂普焱和黄利（2013）认为环境规制对能源效率的影响在高度能耗行业、中度能耗行业和低度能耗行业分别为正向、不显著和负向；张华（2014）利用中国 2000～2011 年的省际数据得出环境规制与能源效率之间存在倒“U”形关系，从而验证“波特假说”的存在性。关于污染减排的研究，李永友和沈坤荣（2008）利用省际面板数据发现环境规制对污染减排有显著促进作用；何康（2014）则基于工业行业的面板数据得出环境规制有利于行业碳排放绩效的提升，但环境规制对工业碳排放绩效存在行业异质性和非线性关系，这与沈能（2012）的研究结论是一致的。还有一些学者对不同环境规制的污染减排效果进行研究，Wang 和 Wheeler（2005）基于排污费、Dasgupta 和 Wheeler（1997）基于公众抱怨、Langpap 和 Shimshack（2010）基于公众参与、Chavez 等（2009）基于市场激励型经济规制，分别检验了其污染减排效果。可以发现，现有研究往往采用单一对象来捕获环境规制的节能减排效果，并未采用不同工具的组合反映环境规制。一个值得注意的例子是李永友和沈坤荣（2008）的研究，他们将多个政策纳入同一个框架来比较不同政策的污染减排效应。

国内外关于节能减排效率的研究主要集中在两个方面。一是以构建节能减排相关指标体系为基础，赵成柏和毛春梅（2012）应用BP人工神经网络测度节能减排效率；郭存芝和孙康（2013）基于因子分析方法评价节能减排效率。二是在能源和环境约束下基于全要素生产率测度节能减排效率，Hu和Wang（2006）运用DEA方法建立基于投入导向的节能模型和基于产出导向的减排模型，从而测算出省级节能减排效率；王犁（2009）基于非参数Malmquist指数模型对节能减排效率进行测度；于鹏飞等（2010）运用DEA模型考察省际节能减排效率；李科（2013）基于超效率DEA研究中国各省份节能减排效率并分析其动态变化特征；徐盈之和魏莎（2014）运用三阶段DEA模型测算省际节能减排效率。全要素生产率下的节能减排效率测度相比指标体系法无须权重假说的前提，有利于避免主观因素造成的评价误差，而基于全要素生产率测度节能减排效率的文献均采用DEA方法中的BCC和CCR径向模型来估算节能减排效率，当存在投入过度或产出不足时，径向DEA方法将导致效率被高估，而传统方向距离函数在投入、产出方面的径向性和导向性也往往造成测度结果的偏差。

鉴于此，本章拟在以下几个方面有所推进。第一，既有文献对环境绩效的验证大多集中于能源效率和减排效率领域，本书将考察的视角延伸至节能减排领域，丰富了现有关于环境绩效的研究。第二，相比于既有文献关于节能减排效率的测算方法，本书采用非径向、非导向性基于松弛变量测度的方向性距离函数，有效避免无法评价的困境，排除传统方向性距离函数的内在缺陷。第三，现有的相关研究往往忽略了不同规制工具节能减排效率的差异，这样可能会带来认识上的偏差，为此，除综合评价环境规制节能效率之外，本书将进一步考察不同政策之间的相对节能减排效果的差异，以期完善环境规制工具组合。第四，现有相关文献都是基于参数同质的假定，环境规制对处于不同阶段节能减排效率的影响可能存在差异，本书将利用面板分位数回归来捕获这种特征。

第二节 关键性指标的测度

一 环境规制指标体系的选取与测度

考虑到指标单一化无法全面准确反映现实情况，本书在借鉴王文普（2013）综合指标构建的基础上，根据数据的可得性和可靠性进行相应的调整，建立由工业废水排放达标率、工业二氧化硫去除率①、工业烟（粉）尘去除率②和工业固体废物综合利用率③这4项指标组成的环境规制综合指标体系。具体处理过程如下。

首先，计算各项指标的调整系数（ω_{ijk}），即对不同污染物赋予相应的权重。不同省份的经济发展和产业发展水平存在明显的差异，致使区域间污染排放特征迥然不同。同时，甚至在某一特定省份中，不同污染物的排放情况也会有所不同。因此，需要对各省份的废水排放达标率、二氧化硫去除率、烟（粉）尘去除率和固体废物综合利用率赋予权重，借助权重的调整以反映各省份在污染物治理力度方面的变化。其计算方法见式（3－1）：

$$\omega_{ijk} = (E_{ijk} / \sum_{i=1}^{30} E_{ijk}) / (G_{ij} / \sum_{i=1}^{30} G_{ij}) \quad (3-1)$$

其中，E_{ijk}表示省份i在第j年中污染物k的排放量，$\sum E_{jk}$表示全国在第j年中污染物k的排放量，G_{ij}表示省份i在第j年的工业增加值，

① 自2012年起，统计年鉴无工业二氧化硫去除量这一指标，故采用工业二氧化硫产生量与工业二氧化硫排放量之差计算。

② 自2011年起，统计年鉴开始提供工业烟（粉）尘这一指标，故将2011年之前的工业烟尘和工业粉尘合并为工业烟（粉）尘。

③ 自2011年起，工业固体废物分为一般工业固体废物和危险固体废物，故从2011年开始将两者合并来计算工业固体废物。

$\sum G_j$ 表示全国在第 j 年中的工业增加值。根据式（3-1）计算出各项指标的调整系数。

其次，对各项指标的调整系数做标准化处理，以 ω_{ijk}^{s} 表示调整系数的标准化值。

最后，根据式（3-2）计算出各省份的环境规制强度：

$$ER_{ij} = \sum_{k=1}^{4} PR_{ijk} \cdot \omega_{ijk}^{s} \tag{3-2}$$

图 3-1 呈现了全国与三大地区 2001~2013 年环境规制强度的时间趋势与区域特征，可以看出，不同地区的环境规制强度存在明显的区别，东部地区的环境规制强度始终位于中部、西部地区之上。这表明经济质量提升和产业结构升级要求东部地区须实现严格的环境规制以顺应发展趋势，而公众环保意识的增强也是环境规制强度提升的主要推动力。值得注意的是，环境规制强度整体呈平稳上升的态势，表明环境规制作为处理环境问题负外部性的工具逐渐得到认可。另外，西部地区的环境规制强度位于全国水平之下，反映出西部地区产业仍被锁定在产业链的低端环节，出于吸引污染密集型产业入驻的目的，变现降低环境规制强度成为西部地区政府追求短期经济增长的主要策略。

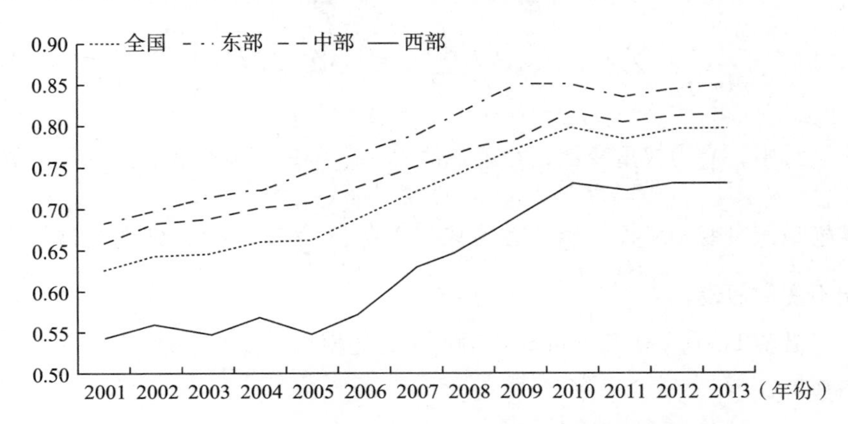

图 3-1　2001~2013 年全国与三大地区环境规制强度变化趋势

注：本图数据来自环境规制的测算。

二　节能减排效率测算

（一）节能减排效率的研究方法

现有文献中，关于效率的度量方法主要基于参数法和非参数法，参数法包括随机前沿方法（SFA）、自由分布方法（DFA）和厚边界方法（TFA）；非参数法包括自由可置壳法（FDH）和数据包络分析法（DEA）。非参数法由于不需要预先设定函数，可以有效避免函数设定所带来的偏误而受到广大学者的青睐。其中，DEA 模型是节能减排效率评价中运用最多的一种方法（于鹏飞等，2010；李科，2013）。

本书以每个省份作为一个决策单元（DMU），构造每一个时期各省份节能减排效率的生产前沿面。借鉴 Fare 和 Grosskopf（2009）研究的思路，假设使用 N 种投入 $x=(x_1,\cdots,x_n)\in R_N^{+}$，得到 M 种期望产出 $y=(y_1,\cdots,y_m)\in R_M^{+}$ 和 L 种非期望产出 $b=(b_1,\cdots,b_l)\in R_L^{+}$，相应地，在第 i 地区 t 时期的投入产出值为(x^{kt},y^{kt},b^{kt})。生产可能性集合同时具备闭集和凸性，即投入和期望产出满足强可处置性，而非期望产出满足弱可处置性和零结合的假设，运用 DEA 方法可表示为：

$$T=\{(x^t,y^t,b^t):\sum_{k=1}^{K}\lambda_k^t x_{kn}^t\leqslant x_n^t,\forall n;\sum_{k=1}^{K}\lambda_k^t y_{km}^t\geqslant y_m^t,\forall m;$$
$$\sum_{k=1}^{K}\lambda_k^t b_{kl}^t=b_l^t,\forall l;\sum_{k=1}^{K}\lambda_k^t=1,\lambda_k^t\geqslant 0,\forall k\} \tag{3-3}$$

其中，λ_k^t为权重变量，约束条件 $\sum_{k=1}^{K}\lambda_k^t=1$ 意味着前沿面反映的是规模报酬可变的假设，倘若去掉该约束条件 $\sum_{k=1}^{k}\lambda_k^t=1$，则变为规模报酬不变的假设。

借鉴 Fukuyama 和 Weber（2009）的建模思想定义 SBM 方向性距离函数：

$$\vec{S}_v^t(x^{t,k},y^{t,k},b^{t,k};g^x,g^y,g^b)=\max_{s^x,s^y,s^b}\frac{\frac{1}{N}\sum_{n=1}^{N}\frac{s_n^x}{g_n^x}+\frac{1}{M+L}\left(\sum_{m=1}^{M}\frac{s_m^y}{g_m^y}+\sum_{l=1}^{L}\frac{s_l^b}{g_l^b}\right)}{2}$$

$$\text{s.t.} \sum_{k=1}^{K} \lambda_k^t x_{kn}^t + s_n^x = x_{kn}^t, \forall n; \sum_{k=1}^{K} \lambda_k^t y_{km}^t - s_m^y = y_{km}^t, \forall m; \sum_{k=1}^{K} \lambda_k^t b_{kl}^t + s_l^b = b_{kl}^t, \forall l;$$

$$\sum_{k=1}^{K} \lambda_k^t = 1; \lambda_k^t \geqslant 0, \forall k; s_n^x \geqslant 0, \forall n; s_m^y \geqslant 0, \forall m; s_l^b \geqslant 0, \forall l \tag{3-4}$$

其中，S_v^t代表规模报酬可变假设下的方向性距离函数，当去掉约束条件 $\sum_{k=1}^{K} \lambda_k^t = 1$，则表示为规模报酬不变假设下的方向性距离函数。（$x^{t,k}, y^{t,k}, b^{t,k}$）表示 t 时期各省份投入产出向量，而（g^x, g^y, g^b）表示投入压缩、期望产出扩张和非期望产出压缩；（s_n^x, s_m^y, s_l^b）表示松弛变量，代表第 i 个决策单元的投入冗余量、期望产出不足量和非期望产出超标量的向量。于是，当（s_n^x, s_m^y, s_l^b）不完全为零时，节能减排效率在投入、期望产生和非期望产出中至少存在一个改进的空间；当且仅当 $s_n^x = s_m^y = s_l^b = 0$，其效率值达到最优。求解（3－4）式的线性规划，可求出第 i 省份在 t 时期节能减排的无效率值。为了厘清无效率的具体来源，本书借鉴刘瑞翔和安同良（2012）研究的思路将无效率分解为：

投入无效率：
$$IE_x = \frac{1}{2N} \sum_{n=1}^{N} \frac{s_n^x}{g_n^x} \tag{3-5}$$

期望产出无效率：
$$IE_y^E = \frac{1}{2(M+L)} \sum_{m=1}^{M} \frac{s_m^y}{g_m^y} \tag{3-6}$$

非期望产出无效率：
$$IE_b^{UE} = \frac{1}{2(M+L)} \sum_{l=1}^{L} \frac{s_l^b}{g_l^b} \tag{3-7}$$

本书投入包括三个生产要素：资本存量、劳动力和能源。因此可以对投入无效率进一步分解：

$$IE_x = IE_x^{capital} + IE_x^{labour} + IE_x^{energy} \tag{3-8}$$

而产出无效率则可以分解为期望产出无效率和非期望产出无效率，即：

$$IE_y = IE_y^E + IE_b^{UE} \tag{3-9}$$

据此，可以分别测算节能（IE_x^{ES}）、减排（IE_y^{ER}）和节能减排（IE^{CERE}）的无效率值：

$$IE_x^{ES} = IE_x^{energy} \tag{3-10}$$

$$IE_y^{ER} = IE_b^{UE} \tag{3-11}$$

$$IE^{CERE} = IE_x^{ES} + IE_y^{ER} = IE_x^{energy} + IE_b^{UE} \tag{3-12}$$

根据 Fukuyama 和 Weber（2009）基于 SBM-DDF 方法得出 $0 \leqslant (IE_x^{ES}, IE_y^{ER}, IE^{CERE}) \leqslant 1$ 的结论，从而将无效率值转换为效率值，建立节能减排效率评价方程：

$$\eta^{CERE} = 1 - IE^{CERE} \tag{3-13}$$

（二）投入与产出指标选择

根据研究需要和数据的可得性，本书选取除西藏之外的中国内地30个省份为研究对象，样本区间为2001～2013年。本书拟以资本存量、劳动力和能源为投入变量，以地区生产总值为期望产出，以二氧化硫、二氧化碳和化学需氧量的排放量为非期望产出，相关数据处理如下。

投入指标：①劳动力 L。将各地区就业人数作为劳动力投入数据，根据当年年末以及上一年年末就业人数的平均值计算而来，其数据取自历年《中国劳动统计年鉴》。②资本存量 K。本书采用永续盘存法来估算2001～2013年省级资本存量数据：$K_{it} = I_{it}/P_{it} + (1 - \sigma_{it}) \times K_{i,t-1}$。显然，获得资本存量的关键在于解决三个问题：当年新增固定资产投资、折旧率和基年资本存量的确定。利用固定资产形成额并根据当年固定资产投资价格指数折算成以1990年不变价作为当年新增固定资产投资；折旧率方面区别于众多文献采用统一数值的做法，本书参考吴延瑞（2008）研究中采用不同省份不同折旧率；基年资本存量则采用陈诗一（2010）得出的以1990年不变价的资本存量。根据永续盘存法得出各省份2001～2013年的资本存量。数据取自1952～1995年和1952～2004年的《中国国内生产总值核算历史资料》以及历年《中国统计年鉴》。③能源投入 E。不同省份能源消费结构存在很大差异，为统一口径，本书采用一次能源消费量作为能源要素投入的指标，对于部分年份缺乏的数据采用线性插值法补齐，其数据取自历年《中国能源统计年鉴》。

产出指标：①期望产出。以各地区生产总值代表期望产出指标，且按2000年不变价折算。数据来源于历年《中国统计年鉴》。②非期望产出。由于固体废弃物数据异常值和缺省值多而没有被采用，本书采用构成废气和废水主要成分的二氧化硫和化学需氧量，以及能较好捕获能源消耗情况的二氧化碳作为非期望产出，其中，各地区二氧化硫和化学需氧量均可从历年《中国环境统计年鉴》获取，而二氧化碳排放总量的估算是根据历年《中国能源统计年鉴》中煤炭、原油和天然气的消费量以及它们各自的净发热值[①]、碳排放系数[②]和碳氧化因子[③]。另外，还需根据各种能源折标准煤系数将三种能源消费单位进行统一。

（三）节能减排效率测算结果分析

以劳动力、资本存量和能源为投入，地区生产总值为期望产出以及考虑三种主要污染物排放量的非期望产出，运用SBM方向性距离函数测算出中国省际节能减排效率，结果如表3-1所示。

从整体上看，中国节能减排效率平均值从2001年的0.8135上升到2013年的0.8470，均值为0.8016，距离生产前沿面较远，这表明中国具有较大的节能减排潜力。从历年变化上可以发现，中国节能减排效率大致经历了2001~2008年波动下降以及2008~2013年持续上升两个阶段。能源领域在度过1994~2000年黑暗时期后开始渐渐崛起，特别是在2001年加入世界贸易组织，中国经济正式跨入改革发展期，从而相应带动能源行业特别是煤炭行业的快速发展，工业的粗放发展使得能源和环境的矛盾逐渐凸显，导致自2001年之后节能减排效率一路滑坡，虽在2003年和2005年出现短暂回升后继续下降。究其原因：一方面，2003年重工业重启带动能源消费规模扩大以及污染物排放的增加；另一方面，中国式政绩考核体制和环境分权模式下，地方政府为提高本地

---

① 三种一次能源净发热值参考2007年《中国环境统计年鉴》附录4。

② 本书参考IPPC（2006）收录各种燃料碳排放系统，其中原油和天然气可以直接获取，而煤炭的排放系数通过烟煤和无烟煤碳排放系数的加权平均（20%和80%）取得。

③ 本书煤炭碳氧化因子设为0.098，其余默认为1。

区竞争力而采取的策略竞争行为，环境质量让位于经济社会发展。虑及环境规制可能存在的滞后效应，2008 年节能减排效率的回升很大程度上是由于 2006 年中央政府首次在国民经济发展规划中加入节能减排目标。另外，国务院发布的《节能减排统计监测及考核实施方案和办法》也是其可能的因素之一，该纲要规定从 2008 年开始针对节能减排的现场监测将作为领导干部考核的重要依据。伴随“十一五”一系列节能减排规制的实施，中国工业大体上也朝着能源节约和环境友好的内涵式增长方式的方向发展，并初步检验了“波特假说”的有效性。

表 3－1　部分年份节能减排效率测算结果

地区	2001 年	2002 年	2003 年	2004 年	2006 年	2008 年	2010 年	2012 年	2013 年	均值
北京	0.9947	0.9926	0.9792	0.9729	0.9755	0.9771	0.9791	0.9959	1.0000	0.9833
天津	0.9974	0.9970	0.9991	1.0000	0.8098	0.9980	0.9986	0.9991	0.9992	0.9839
河北	0.7438	0.6333	0.7420	0.7316	0.7450	0.6960	0.7347	0.7916	0.8230	0.7356
山西	0.6444	0.5101	0.6641	0.6639	0.6762	0.6314	0.6742	0.6754	0.6802	0.6507
内蒙古	0.7170	0.5600	0.6954	0.6927	0.7126	0.6524	0.7113	0.7086	0.7081	0.6903
辽宁	0.8124	0.8079	0.7748	0.7554	0.7471	0.7389	0.7535	0.7789	0.7914	0.7652
吉林	0.7146	0.6189	0.7675	0.7634	0.7537	0.6873	0.6877	0.7547	0.7943	0.7210
黑龙江	0.8549	0.8357	0.8249	0.8167	0.7743	0.6740	0.6685	0.6974	0.7160	0.7510
上海	1.0000	1.0000	1.0000	1.0000	0.9024	1.0000	1.0000	1.0000	1.0000	0.9925
江苏	1.0000	1.0000	0.8994	0.8917	0.9014	0.9085	1.0000	1.0000	1.0000	0.9528
浙江	0.9823	0.9201	0.9131	0.9049	0.9236	0.8848	0.9036	0.9559	0.9867	0.9211
安徽	0.7247	0.6617	0.7866	0.7935	0.7862	0.6911	0.6916	0.7736	0.8079	0.7385
福建	0.7503	0.7456	0.7527	0.7425	0.7685	0.9022	0.9357	0.9943	1.0000	0.8536
江西	0.7735	0.7001	0.7869	0.7408	0.7803	0.7176	0.7125	0.7647	0.7980	0.7420
山东	1.0000	0.7879	0.8063	0.8270	1.0000	1.0000	1.0000	1.0000	1.0000	0.9555
河南	0.7715	0.6745	0.7681	0.7614	0.7694	0.7327	0.7345	0.7584	0.7676	0.7474
湖北	0.7785	0.6853	0.7633	0.7397	0.7634	0.6848	0.7426	0.7727	0.7909	0.7403
湖南	0.7768	0.6679	0.7621	0.7556	0.7358	0.6803	0.7159	0.8452	0.9103	0.7479
广东	0.9945	0.9940	1.0000	1.0000	1.0000	1.0000	1.0000	1.0000	1.0000	0.9991
广西	0.7319	0.6455	0.7465	0.7327	0.7339	0.6889	0.6783	0.7258	0.7508	0.7105

续表

地区	2001年	2002年	2003年	2004年	2006年	2008年	2010年	2012年	2013年	均值
海南	0.9987	0.9992	0.9973	0.9958	0.9911	0.9892	0.9898	0.9892	0.9889	0.9927
重庆	0.6947	0.6447	0.7733	0.7333	0.7522	0.7021	0.6959	0.7489	0.7822	0.7170
四川	0.7243	0.6259	0.7263	0.7277	0.7477	0.6841	0.6935	0.7628	0.7987	0.7176
贵州	0.6557	0.5288	0.6596	0.6674	0.6759	0.6562	0.6547	0.7148	0.7541	0.6635
云南	0.7412	0.6401	0.7545	0.7545	0.7462	0.6810	0.6812	0.7364	0.7600	0.7167
陕西	0.7109	0.6030	0.7431	0.7041	0.7421	0.6867	0.6838	0.6752	0.6719	0.6929
甘肃	0.7419	0.6180	0.7215	0.7370	0.7321	0.6927	0.6892	0.6874	0.6918	0.6994
青海	0.9817	0.9851	0.9874	0.9938	0.9973	0.9941	0.9982	0.9760	0.9682	0.9868
宁夏	0.7358	0.7847	0.6998	0.7533	0.6879	0.7669	0.7807	0.9997	1.0000	0.7858
新疆	0.6574	0.6826	0.7530	0.7253	0.7232	0.6662	0.6928	0.6725	0.6683	0.6936
东部	0.9340	0.8980	0.8967	0.8929	0.8877	0.9177	0.9359	0.9550	0.9627	0.9214
中部	0.7549	0.6693	0.7654	0.7544	0.7549	0.6874	0.7034	0.7553	0.8122	0.7298
西部	0.7357	0.6653	0.7509	0.7474	0.7501	0.7156	0.7236	0.7644	0.7776	0.7340
平均值	0.8135	0.7517	0.8083	0.8026	0.8018	0.7822	0.7961	0.8318	0.8470	0.8016

注：限于篇幅，本书并未列出2005年、2007年、2009年和2011年的节能减排效率数据，其原因主要是这四年数据并未成为变化曲线的间断点。

从图3-2的区域维度看[①]，东中西部节能减排效率的平均值依次为0.9214、0.7298和0.7340，这与李科（2013）“东部最高、西部次之、中部最差”的研究结论一致。东部地区作为技术和经济的前沿地，其产业结构和发展水平明显优于中西部地区，从而节能减排效率较高也是不容置疑。而中西部地区采取非均衡的发展战略，使得经济增长缓慢、技术效率低下、要素配置结构不合理，节能减排效率自然不会太高。具体到省级层面，大部分中西部省份的节能减排效率低于全国平均水平，相对而言，东部省份（除河北、辽宁和福建外）的节能减排效率大多靠近生产前沿面。其中，上海、江苏、山东和广东大部分年份位于节能减

① 东部地区包括11个省份，即京、津、冀、辽、沪、苏、浙、闽、鲁、粤、琼；中部地区包括8个省份，即晋、吉、黑、皖、赣、豫、鄂、湘；西部地区包括11个省份，即内蒙古、桂、川、渝、黔、滇、陕、甘、青、宁、新。

排效率生产前沿面，这些地区具备雄厚的经济实力、领先的能源和减排技术、丰富的劳动力和优先发展的政策倾斜，在为其经济发展创造良好环境的同时，也为提升节能减排效率提供保障。此外，节能减排效率低下的省份相对集中在能源丰裕的地区，特别是山西、陕西、内蒙古和甘肃，其能源相对富饶，但低开采成本和低价格诱使产业重型化和高能耗。这一判断与孟昌和陈玉杰（2012）的研究结论基本一致，即资源禀赋好的地区的资源价格相对低，节能减排效率也低。而青海、海南等生态型地区主要依靠农业和旅游业拉动地区经济增长，其工业基础薄弱，能源消耗和污染排放尚未超过环境承载力，因此节能减排效率相对较高。

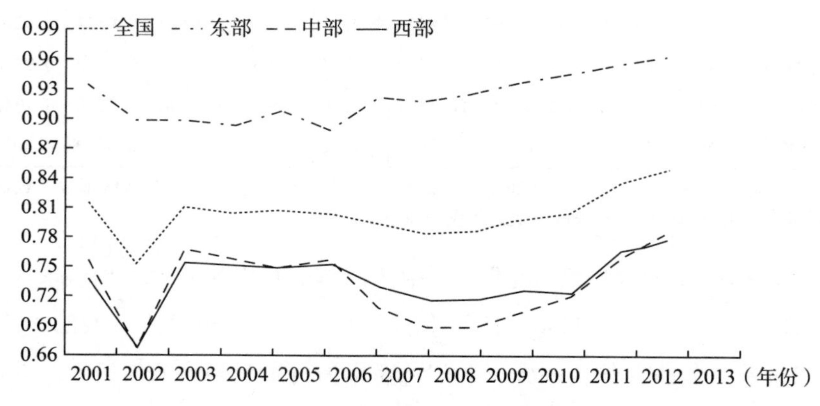

图 3-2　2001~2013 年全国及三大区域节能减排效率变化趋势

注：本图数据来自环境规制的测算。

第三节　计量模型、数据说明及变量选择

一　模型与方法

从上述实证描述中可以发现，中国节能减排效率确实得到了提高。那么在此过程中，环境规制是否发挥作用以及这种作用是否随着节能减排效率分布位置变化而不同。为此，本书选用面板分位数模型来考察环

境规制对节能减排效率及其差异的影响。基于 Edwin 和 Corrado（2012）、包群等（2013）、师博和沈坤荣（2013）等关于环境规制与污染减排、能源效率的理论模型，本书建立的计量模型如下：

$$\ln cere_{it} = \beta_0 + \beta_1 \ln er_{it} + \theta_i X_{it} + \alpha_i + \varepsilon_{it} \tag{3-14}$$

其中，i 和 t 分别表示省份和年份；$cere_{it}$ 是被解释变量，代表节能减排效率；er_{it} 表示环境规制；X_{it} 包含除环境规制外其他一些影响节能减排效率的重要因素，诸如经济增长水平、外商直接投资、技术创新、产业结构和能源消费结构。β_1 表示环境规制对节能减排效率的弹性系数，θ_i 表示其他控制变量对节能减排效率的弹性系数。α_i 为固定效应，ε_{it} 为残差项。

OLS 估计方法着重关注解释变量 x 对被解释变量的条件期望 $E(y \mid x)$ 的影响，实际上本书关注的是解释变量对整体条件分布的影响，而 Koenker 和 Bassett（1978）构建的分位数回归模型可以有效解决上述问题。从理论上讲，分位数回归使用残差绝对值的加权平均（$\sum_{i=1}^{n} |e_i|$）作为最小化的目标函数，对极端值的敏感度远远小于均值回归，从而使得回归结果更为稳健。随着面板模型的发展，Koenker（2004）进一步将分位数回归结合到面板模型中，但在标准误估计方面仍不够全面。为此，本书借鉴张曙霄和戴永安（2012）的做法，通过面板数据的自抽样来弥补上述缺陷。

二　数据说明及变量选取

根据上述设定的实证框架，本书选取 2001～2013 年来自国内 30 个省份构成的面板数据进行实证检验，西藏地区由于数据缺失严重而未纳入模型。相关数据均来自历年《中国环境统计年鉴》、《中国环境科学年鉴》、《中国统计年鉴》、《中国科技统计年鉴》、《中国工业经济统计年鉴》和《中国能源统计年鉴》，所有货币计量的变量均按 2001 年的物价指数进行调整。节能减排效率作为被解释变量，其值参考上节利用非径向、非导向性基于松弛变量测度的方向性距离函数计算得出。作为核心解释变量的环境规制，其值根据上节由工业废水排放达标率、工业二氧化硫去除率、工业烟（粉）尘去除率和工业固体废物综合利用率构成的指标体系计算得出。

为了尽可能降低其他变量遗漏对估计结果产生偏误，本书简要回顾已有关于节能减排效率影响因素的相关文献。环境库兹涅茨曲线理论认为，人均国内生产总值是影响节能减排效率的内在因素。但事实上，节能减排效率受产业结构、技术创新、外商直接投资等多元因素的影响。肖挺和刘华（2014）指出经济社会中对于节能减排效率的内在约束是多元的，从产业结构角度出发能够更为全面捕捉内在经济因素对节能减排效率的影响。陈诗一（2009）则认为技术创新是工业产业实现可持续发展的关键力量，以高能耗、高污染为主要特征的粗放型增长模式，须通过技术创新来倒逼节能减排效率的提高。FDI 作为集资本、管理和技术于一体的资源同样不可忽视，Barro 和 Martin（1997）构建的技术扩散模型中论述 FDI 将通过竞争效应、关联效应、人力资本流动和模仿效应等渠道提高区域节能减排效率。另外，张华和魏晓平（2014）认为中国富煤、贫油、少气的能源禀赋也是影响节能减排目标实现不可忽视的因素。本书拟选择除环境规制外的其他 5 个控制变量，即经济增长水平 *pgdp*、产业结构 *is*、技术创新 *ti*、外商直接投资 *fdi* 和能源消费结构 *ecs*。本书采用人均地区生产总值来衡量经济增长水平，用第三产业产值与第二产业产值的比值来度量产业结构，用 R&D 内部支出总额表示技术创新，用各地区吸引外商直接投资总额代表外商直接投资，用煤炭消费总量占能源消费总量的比重来近似代替能源消费结构。

第四节　环境规制节能减排效果的计量分析

一　总体样本的回归结果

为区分对于具有不同节能减排效率的省份而言，环境规制对节能减排效率的影响是否存在差异。同时虑及分位数回归不仅有利于排除极端值的干扰，而且能够全面刻画出条件分布的全貌。为此，本书通过面板分位数模型，并选择 5 个具有代表性的分位数（10%、25%、50%、75%和 90%）对节能减排效率方程进行估计。此外，为对比现有文献中的传统面板模型，本书使用 OLS 估计初步探讨环境规制与节能减排效率的关系，相应的估计结果如表 3－2 所示。

表 3－2　全样本面板分位数的估计结果

解释变量	OLS	10%	25%	50%	75%	90%
ln*er*	0.155*** (4.15)	0.126** (2.16)	0.159** (2.49)	0.148*** (2.72)	0.169*** (2.93)	0.186** (2.53)
ln*pgdp*	0.155*** (9.19)	0.152*** (6.22)	0.154*** (6.16)	0.117*** (5.31)	0.109*** (3.80)	0.193** (2.16)
ln*fdi*	0.036*** (4.67)	0.020** (2.06)	0.052*** (6.07)	0.055*** (5.20)	0.058*** (3.35)	0.027 (1.10)
ln*ecs*	−0.172*** (−6.94)	−0.078** (−2.17)	−0.084*** (−2.88)	−0.179*** (−5.04)	−0.202*** (−3.92)	−0.179*** (−2.75)
ln*is*	−0.041** (−2.09)	0.054* (1.96)	0.025 (1.10)	−0.055** (−2.27)	−0.063** (−2.53)	−0.040 (−0.82)
ln*ti*	−0.024*** (−4.16)	0.001 (0.09)	−0.019** (−2.10)	−0.013 (−1.65)	−0.024*** (−2.83)	−0.034*** (−2.66)
_cons	−0.115*** (−3.41)	−0.315*** (−4.48)	−0.127** (−2.36)	−0.154*** (−2.95)	−0.045 (−0.93)	0.059 (0.78)
N	390	390	390	390	390	390
R^2	0.6111	0.2937	0.3275	0.4082	0.4480	0.1996

注：括号内的数字为 Bootstrap 重复抽样 400 次的 t 统计量，***、** 和 * 分别表示在 1%、5% 和 10% 的水平下变量显著，下同。

这里首先关注环境规制对节能减排效率的影响系数，无论是 OLS 估计还是分位数估计，环境规制的系数均为正，且在统计意义上显著。这意味着伴随环境规制强度的提升，企业不仅能够弥补遵循成本，而且能够提高竞争力，从而带动生产技术进步和环保技术创新，有利于节能减排效率的提高。从各分位数上环境规制的回归系数来看，环境规制对节能减排效率的回归系数依次为0.126、0.159、0.148、0.169、0.186，虽在50%分位数上稍有回落，但大致还是维持增加的趋势。这表明，在已控制的省份条件水平下，对于处于节能减排效率领先的省份来说，环境规制能够带来更高的节能减排效率。究其原因，主要在于节能减排效率不仅取决于本书关注的环境规制和相关控制变量，还与诸如资源禀赋、财政分权、人文环境、制度环境等因素息息相关。具体而言，对于节能减排效率领先的省份来说，往往意味着这些地区具备雄厚的经济实力、领先的能源和减排技术、丰富的劳动力、完善的环境政策体系和优先发展的政策倾斜，节能减排效率潜力较大，通过政府环境政策的倒逼，有利于充分调动企业主动进行绿色创新的积极性，从而实现节能减排效率的更快提高。

在其他控制变量中，人均GDP变量在各分位数上的系数均为正，且在统计意义上显著，表明经济增长水平对节能减排效率产生拉动作用。这虽与余泳泽和杜晓芬（2013）指出的中国仍处于“环境库兹涅茨曲线”的艰难“爬坡”阶段相矛盾，但伴随经济发展水平的提升，产业结构升级对节能减排效率的结构效应和技术进步对节能减排效率的技术效应同样值得关注。外商直接投资变量除在90%分位数上不显著外，在其余分位数上的系数均显著为正，这意味着外商直接投资并未表现出“污染避难所”效应，相反通过竞争和示范效应、技术溢出以及联系效应提高当地的节能减排效率。能源消费结构变量在各分位数上的系数均为负，且通过了5%的显著性水平检验，这也得到了邹庆等（2014）研究的支持，中国能源禀赋结构决定了长期能源消费结构的不合理，而以煤炭消费为主将长期羁绊节能减排效率提升目标的实现。产业结构变量仅在10%和25%分位数上的系数为正值，且在25%分位数上未通过显著性检验，这一结论有悖于传统结论，可能的原因在于，中国经济的特殊阶段决定经济增长对“高污染、高能耗和高排放”的重工业的依赖，单纯靠改变产业结构来提升节能减排效率并不现实，因此更应通过技术创新和产业升级等途径来提高节能减排效率。令人遗憾的是，技术创新变量除在10%

分位数上的系数为正值外，在其余分位数上均为负值，可见技术创新并未产生理论上预期的推动作用，反而成为阻碍节能减排效率的主要因素。究其原因，R&D 内部支出往往运用于生产技术创新，而非绿色技术创新，从而造成一定偏差。此外，在现实中，资本密集型企业往往将 R&D 投入低成本扩张以维持市场竞争力，这种创新意愿的缺乏致使企业 R&D 投入无法实现新知识和新技术的有效积累，使得企业 R&D 活动处于高投入和低产出的状态，从而制约企业节能减排效率的提高。

进一步，图 3－3 更直观地展示出各解释变量回归系数随着分位数的变化情形。[①] 从第一行第一列的小图可以看出，环境规制的分位数回归系数呈现波动上升的格局，其形状基本上印证了表 3－2 的趋势，只是在 90% 分位数上开始逐渐下降的态势并不能由表 3－2 反映出，这也体现了图示的全面性和必要性。另外，估计系数的标准误在两端离基准线较远，而中段偏离较小，这说明对于条件分布两端的分位数回归系数的估计较不准确。

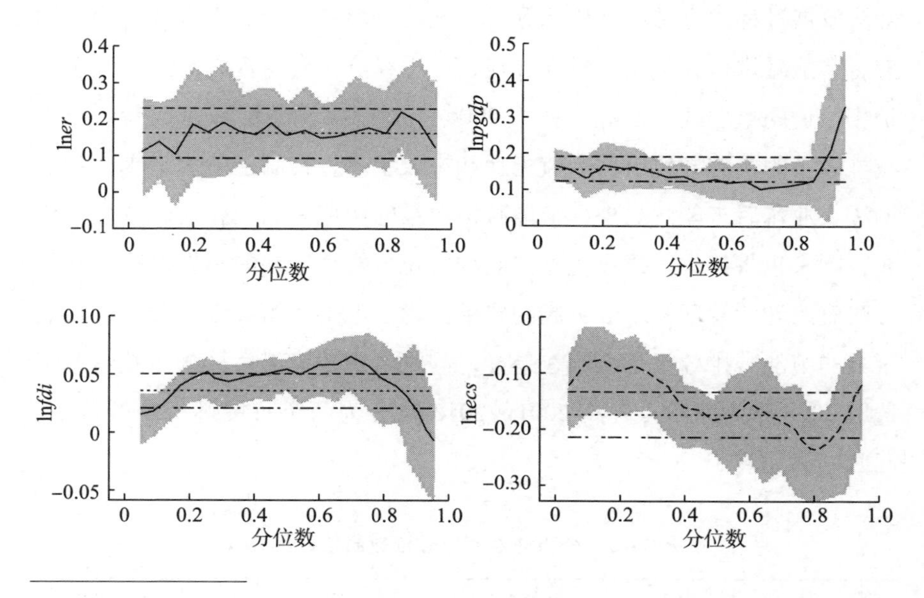

① 由于篇幅有限，此处只对环境规制回归系数随分位数的变化趋势进行解释，其他控制变量由图 3－3 所反映出的整体形态也相比表 3－2 的数据更加全面，其解释主要基于基本形状和偏离基准线情况，此处就不再赘述。

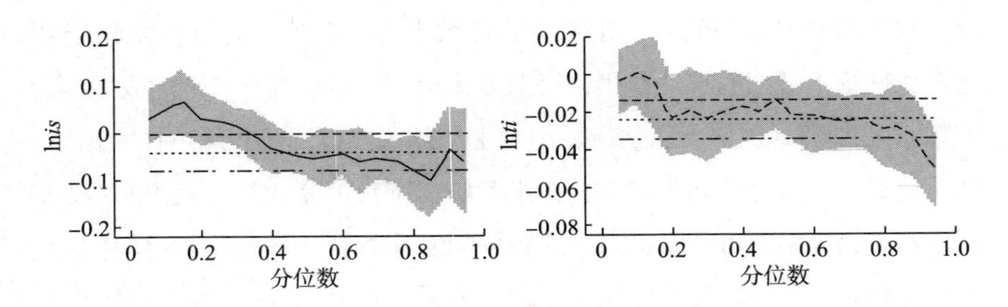

图 3－3　分位数回归系数的变化

注：图中为各变量对节能减排效率的边际影响。长虚线为95%的置信区间的上下限。标准差为 Bootstrap 方法重复抽样 400 次计算得到的。

二　分组样本的回归结果

考虑到中国区域在经济发展、技术水平、资源禀赋、制度安排和污染排放等方面存在的巨大差异，因此，有必要按照东中西部三大地理区位的划分来考察环境规制节能减排效率的地区异质性。此外，为了缓解经济发展过程中能源和环境问题，实现经济增长方式的根本性转变，国家将节能减排作为落实科学发展观，促进经济社会与资源利用、环境保护相协调的重要战略措施，并于 2006 年强制实施节能减排政策。节能减排政策的实施导致单位产值能耗和排放下降，抑制了能源需求，从而淘汰企业落后产能。另外，节能减排政策的实施有利于企业转变发展模式，国家也将其作为建设生态文明和实现可持续发展的重要途径，对地方政府的环境管理提出了更高的要求。为了考察政策实施前后环境规制工具的节能减排效果是否存在差异，同时考虑政策滞后性的可能，本书选取 2006 年为间断点，将 2001～2013 年分为两个阶段进行比较分析，回归结果如表 3－3 所示。

表 3－3　分组样本面板分位数的估计结果

	子样本	OLS	10%	25%	50%	75%	90%
	东部地区	0.436*** (6.35)	0.469*** (2.77)	0.443*** (3.02)	0.390** (2.42)	0.060 (0.36)	0.002 (0.03)

续表

	子样本	OLS	10%	25%	50%	75%	90%
按地区分组	样本数	143	143	143	143	143	143
	R^2	0.5217	0.4008	0.4664	0.2486	0.0183	0.0047
	中部地区	0.158 (1.48)	-0.024 (-0.10)	-0.159 (-0.84)	0.053 (0.32)	0.322** (2.25)	0.297*** (3.45)
	样本数	104	104	104	104	104	104
	R^2	0.2526	0.1656	0.1274	0.1597	0.1334	0.2673
	西部地区	-0.129*** (-2.71)	0.109*** (2.77)	-0.044 (-0.97)	-0.075 (-1.21)	-0.272** (-2.29)	-0.346** (-2.24)
	样本数	143	143	143	143	143	143
	R^2	0.3393	0.1228	0.1058	0.1336	0.1935	0.4006
按时间点分组	2001～2006年	0.133** (2.38)	0.173 (1.62)	0.164 (1.46)	0.169** (2.31)	0.129* (1.88)	0.132** (2.28)
	样本数	180	180	180	180	180	180
	R^2	0.6034	0.3051	0.2983	0.3804	0.5023	0.3570
	2007～2013年	0.355*** (4.08)	0.177* (1.82)	0.363*** (3.87)	0.401*** (4.43)	0.441*** (2.83)	0.356 (1.64)
	样本数	210	210	210	210	210	210
	R^2	0.6511	0.3229	0.3734	0.4766	0.4206	0.1819

注：限于篇幅，本表只汇报了环境规制的检验结果。

从按地区分组的OLS估计结果来看，环境规制的节能减排效率存在明显的地区异质性，东中部地区的环境规制保持与全国一致的正向促进作用，但中部地区的系数并未全部在统计意义上显著，而西部地区的环境规制甚至对节能减排效率产生显著的抑制作用。从各分位数水平上环境规制的系数来看，东部地区的环境规制在所有分位数水平上均为正值，且仅在75%和90%分位数水平上未通过显著性检验。通过观察环境规制系数在各分位数上的变化趋势可知，伴随分位数水平的提升，环境规制的节能减排效率总体呈现下滑，并在75%分位数上的效应开始模糊。具体而言，当东部10%分位数的最落后节能减排效率组的环境规制强度提升1%，它们的节能减排效率水平将提高0.469%；当东部90%分位数的最先进节能减排效率组的环境规制强度提升1%，它们的节能减排效率水平将仅提高 0.002%。这似乎也能从中国节能减排实践中找到一些证据，东部地区作为技术和经济的前沿地，其节能减排效率也处于全国领先水平，特别是作为绝对领先的省份，其节能减排效率的进一步提高往往与市场进程、经济水平、技术创新和制度创新等挂钩，简单希望借助环境规制倒逼节能减排效率提高的空间有限。值得注意的是，东部地区环境规制强度的提高有利于自动地缩小东部地区间节能减排效率的差距。

中部地区的环境规制在所有分位数水平上并未形成一致，环境规制系数总体上呈现“N”形变动过程。结合 OLS 估计结果（仅作为参考，OLS 估计忽略异质性问题，从而使得估计结果可能存在偏误），中部地区的环境规制对节能减排效率的提高不明显。不难发现，对于不同节能减排效率的省份而言，环境规制的节能减排效率大不一样，这也进一步反映当前研究存在假定参数同质的缺陷。具体而言，中部地区的环境规制仅在 75% 和 90% 分位数上的系数通过 5% 的显著性检验，且在 10% 和 25% 分位数上的系数甚至为负值，这意味着在节能减排效率绝对领先的中部省份某种程度上可以从环境规制的创新补偿效应中获取潜在的收益，可能的原因在于该类中部省份具备产业经济、技术创新和制度安排等优势，使得环境规制作为处理环境负外部性的职能得以最大化体现。对比可以看出，中部地区高分位数的环境规制系数与东部地区低分位数的比较接近，并且这些省份的节能减排效率同处于一定水平上，证实了结论的可靠性。此外，节能减排效率在中部地区处于下游的省份，环境规制反而成为节能减排效率低下的“元凶”，可能的原因在于该类省份出于经济增长的需要，负责具体实施的地方政府倾向于减轻企业的“合规成本”，甚至可能为能够在东部产业转移过程中分一杯羹而进行环境规制的“逐底竞争”，同时受制于硬件条件，环境规制发挥节能减排效率提高的作用就显得力不从心。

令人遗憾的是，西部地区环境规制的系数在各分位数上呈现逐步下降趋势，并在 25% 分位数上开始产生负向作用，且在 75% 和 90% 分位数上其负向影响在统计意义上显著。值得注意的是，类似中部地区环境规制的系数在高分位数上对接其在东部地区的低分位数，西部地区环境规制的系数在高分位数上也与中部地区的低分位数高度吻合，进一步验证整体结论的稳健性。具体而言，西部地区的环境规制在10%、75%和90%分位数上通过显著性检验，而从系数正负性方面来看，只有在10%分位数上系数估计值为正值，其余分位数上的估计值均表现为负向作用，这意味着在节能减排效率领先的西部地区省份中环境规制反而成为抑制节能减排效率的中坚力量。究其原因，西部地区该类省份不乏模仿中部地区通过变现放松环境规制或与企业合谋以在吸引产业转移过程中处于有利位置，同时该类省份由于边际生产率较低、科技教育水平低下和资源配置扭曲等自身原因，环境规制的创新补偿效应无法体现，而其遵循成本效应尤为突出，企业往往为求生存想方设法躲避环境规制的约束，从而使得环境规制倒逼节能减排效率提高的作用显得苍白无力，甚至在政治制度不完善时，"污染天堂假说"在西部地区是成立的。

从分阶段样本的估计结果来看，各分位数上环境规制的回归系数全部为正，且在各分位数上环境规制系数在两个时间段总体上呈现上升的趋势，一定程度上支持了环境规制促进节能减排效率提高以及节能减排效率越高的省份越有利于倒逼环境规制的节能减排效率的结论。从各分位数上系数估计的显著性出发，除了2001~2006年在10%、25%分位数上和2007~2013年在90%分位数上未通过显著性检验外，环境规制显著地促进了节能减排效率的提升。进一步对比两阶段可以发现，环境规制对节能减排效率的弹性在2007~2013年均明显高于其在2001~2006年，这说明节能减排政策的实施使得环境规制的节能减排效率得到提高。造成这一现象的原因可能在于，国家节能减排政策的实施改变了以往"唯GDP论英雄"的政府治理模式，开始转为逐渐推进"绿色GDP"考核机制，形成环保与政绩的双向考核，即"为增长而竞争"开始让步于"为发展而竞争"。也就是说，政府考核机制的转变改变了地方政府的环境规制竞争策略，增强了地方政府落实环境政策的激励，减少“逐底竞争”以吸引投资的机会，有利于“竞相向上”策略的实施，从而为节能减排效率提高保驾护航。

三　稳健性检验

为保证面板分位数估计结果的稳健性，提高研究结论的可靠性，本节将采用不同环境规制的代理变量进行检验。纵观现有相关文献，除环境规制综合指标体系外，其他常见衡量环境规制的指标包括污染排放强度、污染治理支出和相关环境法规标准，而污染排放强度更是受到学者的青睐。基于此，本节首先使用单位工业产值的工业废水排放量 *pww* 作为环境规制的代理变量，同样对环境规制的节能减排效率进行分位数估计，回归结果如表 3－4 所示。

表 3－4　稳健性检验（一）

解释变量	OLS	10%	25%	50%	75%	90%
ln*pww*	－0.026*** （－3.65）	－0.026* （－1.70）	－0.020** （－2.03）	－0.025** （－2.06）	－0.031*** （－3.43）	－0.042*** （－2.74）
ln*pgdp*	0.127*** （6.57）	0.091** （2.54）	0.109*** （4.14）	0.081*** （2.86）	0.133*** （5.46）	0.196** （2.32）
ln*fdi*	0.051*** （6.10）	0.043*** （3.50）	0.063*** （7.46）	0.077*** （5.41）	0.052*** （3.84）	0.053* （1.88）
ln*ecs*	－0.165*** （－6.93）	－0.072** （－2.51）	－0.103*** （－3.42）	－0.172*** （－4.62）	－0.198*** （－5.86）	－0.118** （－2.15）
ln*is*	－0.039** （－2.02）	0.067*** （3.05）	0.024 （0.82）	－0.061** （－2.39）	－0.079** （－2.59）	－0.063 （－1.24）
ln*ti*	－0.020*** （－3.45）	－0.003 （－0.35）	－0.013* （－1.89）	－0.014 （－1.47）	－0.032*** （－4.12）	－0.040*** （－3.40）
_cons	－0.115*** （－3.24）	－0.251*** （－3.10）	－0.170** （－3.92）	－0.118* （－1.68）	－0.019 （－0.44）	0.156* （1.94）
N	390	390	390	390	390	390
R^2	0.6031	0.2968	0.3170	0.3981	0.4491	0.2061

从表 3－4 可以发现，在各分位数上环境规制对节能减排效率均表

现出负向效应①，且系数显著性也与表 3－2 中的估计接近，其他控制变量的回归系数、显著性和 R^2 也基本符合预期，说明本书结论基本稳健。此外，单位工业产值的污染源治理投资（*pci*）、单位工业产值的环保投资（*ei*）、单位工业产值的二氧化硫排放量（pso_2）和单位工业产值的废气排放量（*pwg*）也印证了本书结论的稳健性，结果如表 3－5 所示。

表 3－5 稳健性检验（二）

变量	OLS	10%	25%	50%	75%	90%
ln*pci*	0.024*** (2.71)	0.013 (1.12)	0.019* (1.95)	0.019** (2.00)	0.011 (0.67)	0.003 (0.13)
R^2	0.5245	0.2132	0.2636	0.3550	0.4108	0.1574
ln*ei*	0.037*** (4.91)	0.038*** (3.02)	0.027*** (2.93)	0.030*** (3.45)	0.020 (1.62)	0.020 (0.98)
R^2	0.5503	0.2424	0.2752	0.3596	0.4174	0.1652
$\ln pso_2$	－0.055*** (－7.41)	－0.048*** (－3.01)	－0.048*** (－3.73)	－0.051*** (－5.03)	－0.069*** (－6.71)	－0.084*** (－6.87)
R^2	0.6343	0.3012	0.3346	0.4238	0.4842	0.2707
ln*pww*	－0.026*** (－3.65)	－0.026* (－1.70)	－0.020** (－2.03)	－0.025** (－2.06)	－0.031*** (－3.43)	－0.042*** (－2.74)
R^2	0.6031	0.2968	0.3170	0.3981	0.4491	0.2061
ln*pwg*	－0.086*** (－5.90)	－0.048** (－2.41)	－0.065** (－2.44)	－0.097*** (－7.07)	－0.065** (－2.47)	－0.112** (－2.58)
R^2	0.5604	0.2364	0.2819	0.3933	0.4264	0.1820

第五节 基于不同经济主体的进一步考察

从广义上讲，政府层面的环境规制和企业方面的努力均属于环境规制范畴，但是国内研究往往集中于政府层面的规制工具，不同经济主体

① *pww* 的回归系数为负值，说明污染排放强度与节能减排效率负相关，污染排放强度越大也意味着环境规制强度越宽松，即污染排放强度也与环境规制负相关，从而得出环境规制促进节能减排效率提高的结论。

开展环境治理的动机不同，产生的效果也可能存在差异。因此，有必要就不同经济主体环境规制的节能减排效果做进一步检验。

一　基于政府层面的规制工具

纵观世界各国的环境规制实践，其规制工具大致可以分为三种：一是命令控制型的行政规制工具，包括环境标准、技术标准、执行标准及其他形式的规章制度等；二是市场激励型的经济规制工具，包括排污收费制度、减排“押金 - 退款”政策及可交易许可证制度等；三是公众参与型的自愿规制工具，包括环境信息公共制度、环境听证制度及环境认证制度等。环境规制目标预先制定了环境规制约束的对象、实施的方式以及预期的效果，实际上反映出规制主体基于主客观环境而形成的对规制预期效果的主观期望。为达到这一目标，规制工具提供了实现主观期望的途径和手段，也就是规制工具提供了约束对象实施期望行为的具体措施。那么，环境规制是如何通过规制工具来达到规制目标的呢？其中涉及一个规制工具选择的问题，也体现了环境规制制定者、执行者以及规制对象的主观能动性和环境及条件客观性之间的相互关系问题。这使得考察不同规制工具之间的相对节能减排效果差异显得意义重大，以期通过优化规制工具组合进一步健全和完善环境规制体系。

考虑到节能减排效率的异质性将影响环境规制的节能减排效率，本节仍采用面板分位数模型对不同规制工具的节能减排效率进行估计。在规制工具变量衡量过程中，命令控制型规制工具（*cer*）是立法或行政部门根据相应的法律法规和技术标准，直接规范和干预企业的排污行为。结合国家统计局的统计口径，本书选用各地区环境标准颁发个数来作为命令控制型环境规制的代理指标。市场激励型规制工具（*mer*）旨在通过“看不见的手”为排污企业提供各种市场信号，激励企业从实施技术创新中获益。排污收费制度作为中国最重要的环境规制手段以及国内外学者倾向于将其作为环境规制的度量指标，本书使用各地区排污收费总额来反映市场激励型环境规制。公众参与型规制工具（*per*）是社会公众为防止损害自身或公共环境权益而进行的揭露和诉讼行为，包括新闻舆论对排污企业的监督和职能部门的压力等，本书根据数据的可得性及借鉴 Dasgupta 和 Wheeler（1997）的研究，选取各地区群众上访批次作为公众参与型环境规制的衡量指标。此外，为避免异方差对计量结果的影响，除 *cer* 由于存在零值不取对数外，其余变量均采用对数形式。最后，为深入考察不同规制工具节能减排效果的门槛效应，模型中进一步引入环境规制工具的二次项，相关结果如表 3－6、表 3－7 和表 3－8 所示。

表 3－6 命令控制型规制工具的面板分位数模型的检验结果

变量	OLS	OLS	10%	25%	50%	75%	90%
cer	0.003 (0.86)	0.015** (2.08)	0.024** (2.24)	0.013 (1.59)	0.010 (1.03)	0.016 (1.07)	0.017 (1.44)
cer^2		-0.002** (-1.89)	-0.004** (-2.36)	-0.002 (-1.28)	-0.001 (-0.83)	-0.002 (-0.81)	-0.003 (-1.48)
ln*pgdp*	-0.983*** (-10.17)	-0.992*** (-10.23)	-0.881*** (-5.53)	-1.204*** (-7.05)	-1.159*** (-14.97)	-0.833*** (-4.75)	-1.044*** (-6.27)
$\ln pgdp^2$	0.061*** (10.17)	0.062*** (10.22)	0.058*** (6.05)	0.076*** (7.57)	0.073*** (14.26)	0.050*** (4.24)	0.063*** (6.38)
ln*fdi*	0.060*** (8.45)	0.060*** (8.42)	0.046*** (4.12)	0.045*** (5.36)	0.058*** (7.65)	0.089*** (6.97)	0.091*** (10.63)
ln*ecs*	-0.126*** (-5.46)	-0.126*** (-5.45)	-0.079* (-1.79)	-0.085*** (-3.08)	-0.096*** (-4.89)	-0.111*** (-3.12)	-0.073* (-1.77)
ln*is*	0.031* (1.66)	0.031* (1.66)	0.095*** (2.84)	0.084*** (3.26)	0.072*** (3.83)	-0.009 (-0.32)	-0.042** (-2.14)
ln*ti*	0.029*** (4.51)	0.028*** (4.33)	0.023* (1.81)	0.022*** (2.84)	0.020*** (3.25)	0.025** (2.31)	0.037*** (3.89)
_cons	3.568*** (9.08)	3.602*** (9.13)	2.896*** (4.40)	4.362*** (6.03)	4.257*** (14.31)	3.186*** (4.86)	4.050*** (5.88)
R^2	0.6695	0.6718	0.2924	0.3826	0.4766	0.5084	0.3565

表 3－6 的 OLS 估计结果显示，命令控制型规制工具虽有利于节能减排效率的提高，但并未通过显著性检验。伴随命令控制型规制工具二

次项的引入，无论是 OLS 估计还是各分位数估计，命令控制型规制工具的一次项和二次项均分别为正和为负，说明命令控制型规制工具与节能减排效率之间表现出非线性关系。可以发现，命令控制型规制工具与节能减排效率之间存在倒“U”形关系，即规制工具与节能减排效率的作用存在一个门槛值。当规制强度保持在门槛值之内时，环境规制强度有利于促进节能减排效率的提升，这体现出“波特假说”效应；而当规制强度越过门槛值时，环境规制对节能减排效率开始起抑制作用，从而体现出新古典环境规制的制约论。就命令控制型环境规制而言，短期内虽可缓解能源消费和污染排放，但并未从本质上提高排污企业进行环境技术创新的积极性，当政府过度干预时，政府权力边界与市场边界注定模糊，环境规制工具为环境保驾护航将只能成为理论上的一纸空文。从规制工具变量的系数显著性来看，命令控制型规制工具只在 10% 分位数上显著，说明命令控制型规制工具节能减排效应的发挥局限于低分位数。

表 3－7　市场激励型规制工具的面板分位数模型的检验结果

变量	OLS	OLS	10%	25%	50%	75%	90%
ln*mer*	－0.040 *** (－4.72)	－0.464 *** (－8.40)	－0.176 (－1.40)	－0.425 *** (－3.34)	－0.476 *** (－6.37)	－0.523 *** (－6.43)	－0.610 *** (－4.60)
ln*mer*^{2}		0.021 *** (7.63)	0.008 (1.32)	0.019 *** (3.10)	0.022 *** (5.53)	0.024 *** (6.13)	0.029 *** (4.56)
ln*pgdp*	0.147 *** (8.59)	0.137 *** (8.03)	0.135 *** (5.09)	0.119 *** (4.51)	0.111 *** (5.56)	0.143 *** (4.91)	0.166 *** (4.75)
ln*pgdp*^{2}	－0.021 (－1.09)	0.006 (0.33)	0.014 (0.29)	0.053 (1.31)	0.013 (0.46)	0.008 (0.27)	－0.051 (－1.36)
ln*fdi*	0.042 *** (5.40)	0.037 *** (5.18)	0.025 *** (2.95)	0.037 *** (3.60)	0.046 *** (6.08)	0.032 ** (2.40)	0.017 (1.36)
ln*ecs*	－0.129 *** (－5.35)	－0.122 *** (－5.49)	－0.063 * (－1.78)	－0.151 *** (－3.66)	－0.138 *** (－5.18)	－0.127 *** (－4.33)	－0.067 * (－1.91)
ln*is*	－0.062 ** (－2.56)	－0.074 *** (－3.42)	0.008 (0.21)	－0.114 ** (－2.22)	－0.078 ** (－2.10)	－0.064 ** (－2.12)	－0.086 *** (－3.48)
ln*ti*	0.009 (1.41)	0.013 ** (2.01)	0.012 * (1.73)	0.009 (1.06)	0.015 * (1.91)	0.013 (1.13)	0.005 (0.35)

续表

变量	OLS	OLS	10%	25%	50%	75%	90%
_cons	0.136* (1.68)	2.198*** (8.12)	0.593 (0.89)	1.951*** (2.97)	2.267*** (6.37)	2.509*** (6.35)	3.002*** (4.53)
R^2	0.6126	0.6663	0.3054	0.3411	0.4515	0.5129	0.3534

从表3-7的估计来看，无论是OLS估计还是各分位数估计，市场激励型规制工具的一次项和二次项均分别为负和为正，意味着市场激励型规制工具与节能减排效率之间存在非线性关系，即市场激励型规制工具与节能减排效率之间存在“U”形的事实。结合市场激励型规制工具的节能减排抑制效应，说明当前这类规制工具的节能减排效应仍处于“U”形的左侧。就市场激励型规制工具而言，其主要依靠市场规律来引导企业节能和减排，而环境规制实施成功与否的关键在于市场是否具有良好的交易秩序和交易环境，当市场机制不完善时，节能减排效率自然大打折扣。随着市场机制的不断完善，规制工具给予排污主体更多激励去选择更先进技术，使得其以最小成本实现最大节能减排。从规制工具的显著性来看，市场激励型规制工具的节能减排效率在高分位数上更为突出，且只在10%分位数上未通过显著性检验，其主要原因在于市场化程度、产业发展层次和节能减排效率较高的沿海省份更加倾向于使用市场激励型规制工具，但在西部地区，环境规制依然以命令控制型规制工具为主，从而佐证了命令控制型规制工具在节能减排效率较低的省份以及市场激励型规制工具在节能减排效率较高的省份更能发挥其节能减排效应。

表3-8　公众参与型规制工具的面板分位数模型的检验结果

变量	OLS	OLS	10%	25%	50%	75%	90%
ln*per*	-0.028*** (-5.24)	-0.115*** (-2.67)	-0.002 (-0.02)	-0.188** (-1.95)	-0.192*** (-3.03)	-0.106 (-1.33)	-0.096 (-0.60)
ln*per*²		0.006** (2.07)	-0.001 (-0.15)	0.012* (1.86)	0.012*** (2.68)	0.005 (0.93)	0.003 (0.25)

续表

变量	OLS	OLS	10%	25%	50%	75%	90%
ln*pgdp*	0.125*** (6.88)	0.130*** (7.28)	0.118*** (5.18)	0.106*** (4.54)	0.111*** (5.83)	0.101*** (3.47)	0.124** (2.51)
$\ln pgdp^2$	-0.008 (-0.42)	0.001 (0.07)	0.006 (0.13)	0.077** (2.32)	0.045 (1.53)	-0.017 (-0.59)	-0.071* (-1.93)
ln*fdi*	0.049*** (6.46)	0.048*** (6.31)	0.029*** (3.85)	0.044*** (3.69)	0.057*** (6.12)	0.064*** (4.61)	0.037* (1.71)
ln*ecs*	-0.153*** (-6.70)	-0.139*** (-5.63)	-0.077** (-2.27)	-0.110*** (-2.89)	-0.139*** (-4.48)	-0.134*** (-2.98)	-0.084* (-1.67)
ln*is*	-0.042* (-1.89)	-0.040* (-1.80)	0.054* (1.70)	-0.031 (-0.97)	-0.103*** (-3.72)	-0.067** (-2.36)	-0.003 (-0.06)
ln*ti*	-0.002 (-0.30)	-0.001 (-0.16)	0.008 (1.23)	-0.001 (-0.17)	0.002 (0.35)	-0.001 (-0.04)	0.009 (0.78)
_cons	-0.034 (-0.82)	0.248* (1.71)	-0.313 (-1.00)	0.385 (1.26)	0.479** (2.22)	0.314 (1.17)	0.438 (0.78)
R^2	0.6203	0.6241	0.3012	0.3375	0.4199	0.4617	0.2527

表3-8的计量结果显示，公众参与型规制工具的一次项和二次项的边际效应表现出与市场激励型规制工具基本一致的负向和正向，即公众参与型规制工具对节能减排效率的影响呈现“U”形结构，结合该类规制工具表现出的节能减排抑制效应，说明公众参与型规制工具的节能减排效应还处于“U”形的左侧。就公众参与型规制工具而言，关键在于公众对环境信息的知情权。在环境信息公开制度不完善时，公众对于环境质量信息的不对称可能会使得排污企业失去主动性与主导性，从而影响其节能减排效率。随着环境信息公开渠道的健全和公众环保意识的增强，公众具有更大的影响力与排污主体进行谈判、对排污主体的产品进行抵制、借助媒体或互联网曝光的方式来影响排污企业的品牌和形象，从而无形中推动节能减排效率的提高。从规制工具变量的系数显著性来看，公众参与型规制工具的分位数回归系数总体上呈现先升后降的趋势，这意味着公众参与型规制工具对节能减排效率的条件分布的两端之影响小于对其中间部分的影响。节能减排效率低下的省份往往经济水平较低，

居民收入水平低下且环保意识不强，容易引起公众对物质的需求胜过对生态环境的需求。而节能减排效率较高的省份由于污染产业转移，发生的各类污染事故屈指可数，其节能减排效率的提高主要基于市场需求。

二　基于企业个体努力

企业个体环保努力行为主要涉及绿色生产技术选择、绿色研究人员引进、污染治理设备购置和投资资本配置等，而这也直观地反映在环保支出项目上。环保支出作为经济主体支出账户中的一项，追求的是涵盖环境、经济与社会一体的综合效益。然而，企业环保投资面临投资效益低和投资周期长而挤占企业的生产性投资，使得多数企业在排污限额内并未拥有主动开展环保投资的主观愿望。显然，一个值得关注的问题是，企业环保投资是否真正实现节能减排效率提高，如若并未达到治理目的，那么政企之间的“共谋”和“寻租”空间将无限扩大。因此，研究企业个体努力的节能减排效率对于政府环境规制的有效落实和效果的实现具有重大参考价值。

在环保支出方面，中国财政环保支出账户缺乏，使得其度量问题成为当前研究的瓶颈。然而，环保支出与环保投资的关系虽模糊，但仔细斟酌，仍可以从环保投资账户中分离出环保支出。污染治理投资来源于企业自筹以满足规制需求，剩余少数也是通过排污费返还形式补贴企业，因此，本书拟采用单位污染治理投资来近似代替企业个体努力（*ex*）。具体检验结果如表 3－9 所示。

表 3－9　企业个体努力的面板分位数模型的检验结果

变量	OLS	10%	25%	50%	75%	90%
ln*ex*	－0.010 （－1.43）	－0.025* （－2.02）	－0.015* （－1.92）	－0.015 （－1.90）	0.007 （0.46）	0.022** （2.43）
ln*pgdp*	－0.985*** （－10.24）	－0.868*** （－5.21）	－1.191*** （－7.47）	－1.098*** （－12.44）	－0.845*** （－4.07）	－1.076*** （－8.01）
$\ln pgdp^2$	0.061*** （10.15）	0.057*** （5.58）	0.075*** （8.06）	0.069*** （11.85）	0.051*** （3.69）	0.066*** （8.24）

续表

变量	OLS	10%	25%	50%	75%	90%
ln*fdi*	0.060*** (8.49)	0.060*** (3.99)	0.044*** (5.37)	0.060*** (8.98)	0.089*** (7.59)	0.090*** (13.90)
ln*ecs*	-0.119*** (-5.40)	-0.008 (-0.18)	-0.084*** (-2.88)	-0.084*** (-3.99)	-0.119*** (-3.16)	-0.090*** (-2.68)
ln*is*	0.033* (1.79)	0.129*** (3.63)	0.079*** (3.39)	0.074*** (3.39)	-0.016 (-0.51)	0.044** (-2.33)
ln*ti*	0.029*** (4.41)	0.019 (1.49)	0.214** (2.54)	0.018*** (2.86)	0.026** (2.34)	0.033*** (3.77)
_cons	3.530*** (8.84)	2.784*** (4.09)	4.249*** (6.21)	3.963*** (11.11)	3.258*** (4.00)	4.267*** (7.62)
R^2	0.6706	0.2890	0.3844	0.4781	0.5045	0.3628

从表3-9的OLS估计结果可以看出，企业个体努力总体上对节能减排效率的作用并不突出，而分位数估计进一步检验出企业个体努力在不同节能减排效率背景下其效果存在明显差异。具体而言，企业个体努力在中低分位数表现出显著的节能减排抑制效应，而在高分位数，企业个体努力的节能减排促进效应开始呈现，并在节能减排效率较高的省份在统计意义上显著。究其原因，政府环境规制虽能激发企业环保投资的主观能动性，但环保投资挤占其他生产性投资同样不可避免，资金压力使得企业往往选择短期污染治理模式，即末端污染治理设备投资。那么，企业绿色研发资金将明显受到排挤，从而使得企业个体努力反而不利于节能减排效率的提高。不可否认，节能减排效率较高的省份大都处于东部经济发达地区，该地区企业资金规模、技术水平及发展理念均处于高地，环境规制下企业更会优先选择绿色创新以进一步在竞争者中脱颖而出，最终使得企业个体努力倒逼节能减排效率提高。

第六节 本章小结

本书结果证实，基于参数同质化假设下面板模型的估计是有偏的，这意味着在参数异质性假设下的估计更为有效。在各分位数上，环境规制对节能减排效率的正向促进作用得到了支持，环境规制强度每提高1%，节能减排效率的提升范围为0.126%～0.186%，但对于不同节能减排效率表现的省份而言，环境规制的节能减排促进效应存在明显的差异，环境规制对节能减排效率较高的省份具有更显著的推动效应。分区域、分时间段的样本为实证提供了进一步的结论，东部地区环境规制对节能减排效率的促进作用只在中低分位数上呈现，与此相反，中部地区环境规制的节能减排效率推动效应只发生在高分位数上，令人遗憾的是，西部地区的环境规制抑制了节能减排效率的提高，但只在高分位数上通过显著性检验；环境规制的回归系数在两个时间段各分位数上均为正值，且总体呈现上升趋势，对比发现，2007～2013年环境规制对节能减排效率的弹性要高于2001～2006年。此外，为考察不同经济主体节能减排效果的差异，在模型中分别引入政府层面环境规制工具和企业个体努力，结果发现命令控制型规制工具对节能减排效率的影响呈现倒“U”形结构；市场激励型和公众参与型规制工具对节能减排效率的影响呈现类似于“U”形结构；企业个体努力与节能减排效率之间并未呈现非线性关系。需要指出的是，命令控制型规制工具仅在低分位数上、市场激励型规制工具仅在中高分位数上以及公众参与型规制工具仅在中分位数上存在统计意义上的显著。除了环境规制及其规制工具对节能减排效率存在影响外，本书的经验证据还表明，经济发展水平较高、吸引外商直接投资较多、能源消费结构比重较低以及环境技术创新投资较多的地区对节能减排效率的助力作用也增强。

第四章　环境规制的经济增长效应

第一节　问题的提出

改革开放以来，中国式的经济增长奇迹引发了资源约束趋紧和环境质量恶化，现已到不得不回头来重新思考经济发展战略的时候。在理论上，环境产品的公共物品属性、环境问题的负外部性以及微观经济主体机会主义的存在，使得单靠市场难以实现污染减排的目标，从而需要环境规制来弥补“市场失灵”的缺陷。但是，在静态情景下，基于减排导向的环境规制虽能有效约束微观经济主体的污染排放行为，但也相应地会增加企业的生产成本，影响企业的生产率，从而束缚经济绩效的提升。Gray 和 Shadbegian（1995）的经验发现，环境规制与生产率之间呈现显著的负相关，意味着环境规制的创新补偿效应无法完全补偿其遵循成本效应。Conrad 和 Wastl（1995）进一步利用德国污染密集型产业的样本对环境规制与全要素生产率的关系进行检验，结果表明，环境规制降低了污染密集型产业的全要素生产率水平。与 Conrad 和 Wastl（1995）的观点类似，Chintrakarn（2008）通过构建 SFA 模型对环境规制与制造业生产效率的影响进行实证研究，认为环境规制是导致制造业技术无效率的最主要原因。

与片面强调环境规制经济增长负面效应的研究不同，Porter（1991）认为，产业竞争优势并非局限在静态标准下的最优化行为，而应建立在变动约束条件下企业的持续改进和创新。适度的环境规制有利于提高企业进行技术创新的积极性，从而部分弥补甚至超过企业的遵循成本，实现环境保护和经济增长共赢的局面。Lanjouw 和 Mody（1996）研究发现，受利润最大化驱动，在环境规制约束下企业会加大技术创新投入，进而得到创新红利，以此抵消环境规制的成本损失。然而，“双赢论”假设企业本身的“无效率”与假设传统企业追求利润最大化相冲突，致使该假设仍存在一定的局限性（Palmer et al.，2008）。Timo 等（2009）认为，若存在双赢的可能，逐利的企业为何还等环境规制来引导？蒋伏心等（2013）进一步指出，环境规制的经济增长效应实际上取决于“遵循成本效应”和“创新补偿效应”孰占主导。

具体到中国案例，分权治理结构导致的地方政府层面的环境规制未必以环境保护为唯一目标，可能受制于地方政府发展经济需要。由于政治激励和财政激励的存在，政府有动机通过弱化环境规制强度来降低企业的“合规成本”，各地区可能形成“为增长而竞争”的格局，即地方政府存在为追求短期经济增长的动机。王文普（2013）通过研究环境规制、空间溢出与地区产业竞争力的关系，证实了地方政府间为提高本地区产品竞争力而进行环境规制“逐底竞争”的事实。而赵霄伟（2014）指出环境分权对环境规制经济增长效应的影响具有显著的地区差异性，其中，东部地区的环境规制竞争表现出显著的正向作用；中部地区表现出显著的负向作用；西部地区的作用效果不明显，从而发现“标尺竞争”和“差别化竞争”的存在。以上研究观点表明，环境规制与经济增长的关系不应局限于“遵循成本”和“创新补偿”的权衡，环境分权体制下的规制竞争同样值得关注。此外，以往的研究多从人均国内生产总值、人均工业总产值和利润率等“量”的维度来衡量经济增长（宋马林、王舒鸿，2013；Rexhauser and Rammer，2014），而以“质”作为维度的文献相对较少（Conrad and Wastl，1995；蒋伏心等，2013）。事实上，环境规制对经济增长存在“量”和“质”的双重影响，传统简单的“遵循成本”和“创新补偿”的比较使得已有研究看待环境规制经济效应的视角存在一定的偏差。

本章的研究试图回答以下问题：环境规制会对经济增长数量和经济增长质量分别带来怎样的影响？环境分权是否影响环境规制的经济增长数量和质量效应？环境分权对环境规制经济增长数量和质量效应的影响是否存在地区差异性和阶段性特征？已有文献并未对上述问题进行全面的探讨，而对这些问题的回答将有助于政府制定合理和差异化的环境规制以实现可持续发展。鉴于此，本书尝试在以下几个方面有所推进。第一，对经济增长效应的区分。现有研究往往基于单一“量”或“质”的维度考察环境规制的经济效应，据此得出的结果并不能完全反映环境规制的双向经济增长效应，因此本书将同时从数量和质量两个视角来看待经济增长，在边际上增进了学术界对于环境规制与经济增长关系的研究。第二，基于环境分权视角下规制竞争的考虑。以往文献大都忽略环境分权的影响，仅有涉及的也只是将环境分权作为环境规制影响经济增长的内部条件，并通过设定空间面板模型探究规制工具的策略互动特征，而本书将其视为规制工具影响经济增长的外部条件。第三，考虑环境规制、经济增长数量和质量可能存在的联立内生性，本书拟通过联立方程组就环境分权对环境规制的经济增长数量和质量效应的影响进行梳理，并对分阶段和分地区的样本做进一步分析。

第二节　实证模型与数据

一　计量模型设计

以往关于环境规制与经济增长数量或质量关系的研究主要基于预设的理论模型采用普通的单方程方法进行检验，而变量间可能存在的内生性及双向因果关系会带来模型的误设或异方差问题。为此，本书构建包括环境规制、经济增长数量和经济增长质量在内的联立方程模型，同时考察环境分权对环境规制的经济增长数量效应和质量效应。

$$\ln eq_{it} = \alpha_0 + \alpha_1 \ln er_{it} + \alpha_2 \ln fdi_{it} + \alpha_3 \ln nr_{it} + \alpha_4 \ln is_{it} + \alpha_i + \varepsilon_{it}$$
$$\ln en_{it} = \beta_0 + \beta_1 \ln er_{it} + \beta_2 \ln cs_{it} + \beta_3 \ln to_{it} + \beta_4 \ln ti_{it} + \beta_i + \eta_{it}$$
$$\ln er_{it} = \chi_0 + \chi_1 \ln eq_{it} + \chi_2 \ln en_{it} + \chi_3 \ln os_{it} + \chi_i + \xi_{it} \quad (4-1)$$

经济增长质量决定方程参考 Barla 和 Perelman（2005）的模型框架，用于考察环境规制对经济增长质量的影响。*eq* 表示经济增长质量，*er* 表示环境规制，*fdi* 表示外商直接投资，*nr* 表示自然资源禀赋，*is* 表示产业结构。经济增长数量决定方程沿用原毅军和刘柳（2013）的思路，用于探讨环境规制如何作用于经济增长数量。*en* 为经济增长数量，*ti* 表示技术创新，*cs* 表示资本存量，*to* 表示贸易开放度。虑及环境规制同时内生于经济增长数量和经济增长质量，即经济增长数量和经济增长质量会对环境规制产生影响。这种影响表现在：一方面，经济数量增长会引发公众对优质环境质量的偏好，加强对环境规制制定和实施的关注；另一方面，伴随经济质量提高的产业结构优化升级也会倒逼严格的环境规制。因此，需要构建环境规制的决定方程，将环境规制与经济增长相联系，同时考虑了不同地区产业所有制结构（*os*）的影响。α_0、β_0和χ_0为截距项，ε_{it}、η_{it}和ξ_{it}为随机扰动项。α_i、β_i和χ_i为地区个体效应，用于消除不随时间变化但随地区变化的遗漏变量影响。

上述模型仅涉及环境规制对经济增长数量和经济增长质量的边际影响，忽略了环境分权和地方政府考核体制背景下环境规制竞争对实现政策目标的影响。循着 Konisky（2007）的基本思路，本章进一步刻画当地方政府面临来自中央节能减排的压力和地区经济增长诉求的双重约束时，其行为是否影响环境规制的经济增长数量效应和质量效应。为此，引入环境规制与环境分权的交乘项进行验证。

$$\ln eq_{it} = \alpha_0 + \alpha_{11} \ln er_{it} + \alpha_{12}(\ln er_{it} \times \ln ed_{it}) + \alpha_2 \ln fdi_{it} + \alpha_3 \ln nr_{it} + \alpha_4 \ln is_{it} + \alpha_i + \varepsilon_{it}$$
$$\ln en_{it} = \beta_0 + \beta_{11} \ln er_{it} + \beta_{12}(\ln er_{it} \times \ln ed_{it}) + \beta_2 \ln cs_{it} + \beta_3 \ln to_{it} + \beta_4 \ln ti_{it} + \beta_i + \eta_{it}$$
$$\ln er_{it} = \chi_0 + \chi_1 \ln eq_{it} + \chi_2 \ln en_{it} + \chi_3 \ln os_{it} + \chi_i + \xi_{it} \quad (4-2)$$

其中，*ed* 为环境分权，交乘项系数 α_{12} 和 β_{12} 分别考察环境规制对经济增长质量和经济增长数量的影响随环境分权程度的变化。

二　数据来源和变量说明

根据上述设定的实证框架，本书选取 2001 ~ 2013 年来自国内 30 个省份构成的面板数据进行实证研究。相关数据均来自历年《中国统计年鉴》、《中国工业经济统计年鉴》和《中国环境科学年鉴》，所有货币计量的变量均按 2001 年的不变价进行调整。

（1）内生变量。环境规制（*er*）：根据上章由工业废水排放达标率、工业二氧化硫去除率、工业烟（粉）尘去除率和工业固体废物综合利用率构成的指标体系计算得出。经济增长数量（*en*）：采用人均地区生产总值来度量。环境规制不仅会引致工业企业因遵循减排目标而影响绩效，而且会通过地区环境质量的高低影响公众对城市的偏好，因而以人均地区生产总值作为代理变量可以确保回归方程的一致性。经济增长质量（*eq*）：用产业升级近似代替，产业升级意味着整体产业（包括产业间和产业内）效率的提升和结构的优化。当前关于产业结构水平的测度主要基于以下三个方面：一是标准结构法，其基本思路是通过建立模型挖掘反映产业结构的影响因素，如霍夫曼系数、赛尔奎因标准等；二是单一或复合指标法，黄茂兴和李军军（2009）以第二产业增加值结构和第二产业就业结构反映产业结构变化，吴丰华和刘瑞明（2013）用第二、第三产业增加值占地区生产总值的比例描述产业升级过程，褚敏和靳涛（2013）选择高技术产业产值占地区生产总值作为产业结构调整的衡量指标；三是综合指数法，宋锦剑（2000）建立了包括 9 个维度的指标群来测度产业结构高度化，汪伟等（2015）通过构建多维产业升级指标以反映三次产业之间的升级状况。为了全面反映产业升级的内涵，本书借鉴周昌林和魏建良（2007）的方法，将三次产业均包含在内，构造产业升级指数：

$$indication = \sum_{i=1}^{3} \lambda_i h_i \quad i = 1,2,3 \qquad (4-3)$$

其中，λ_i表示第 i 产业产值占地区生产总值的比重，h_i表示第 i 产业的产业水平值，用第 i 产业产值除以第 i 产业从业人员衡量。为缓解不同产业高低生产率的差异引致变化迟钝，有必要对产业水平值进行开方处理，即：

$$indication = \sum_{i=1}^{3} \lambda_i \sqrt{h_i} \quad i = 1,2,3 \qquad (4-4)$$

（2）控制变量。外商直接投资（*fdi*）：用各地区实际利用外商投资额衡量。宋马林和王舒鸿（2013）证实外商直接投资能够通过资本效应、知识效应和贸易效应作用于东道主的经济增长质量。自然资源禀赋（*nr*）：用农林牧渔业和采矿业的固定资产投资之和与固定资产投资总额之比衡量。原毅军和刘柳（2013）指出自然资源禀赋既可能通过加快资金积累以扩展生产性边界，也可能体现资源诅咒。因此，资源禀赋对经济增长的作用方向待定。产业结构（*is*）：用第三产业产值占国内生产总值的比重衡量。产业结构升级是经济质量提升的核心驱动力，而升级背后的跨界人力资本流动是经济质量提高的重要源泉。资本存量（*cs*）：用永续盘存法来估算省级资本存量数据，计算公式为 $K_{it} = I_{it}/P_{it} + (1-\sigma_{it}) \times K_{i,t-1}$。贸易开放度（*to*）：用货物进出口总额占地区生产总值的比重衡量。要素的流动、市场中的竞争与互补、国际分工，即各种的外部经济联系均会对本地经济增长产生深远的影响。技术创新（*ti*）：用 R&D 内部支出总额占地区生产总值的比重衡量。所有制结构（*os*）：用城镇国有单位职工人数占城镇总职工人数的比重衡量。国有企业受到来自外界的更多关注和需要承担社会更大的责任，因此更倾向于严格的环境规制。环境分权（*ed*）：用不同级次政府环境保护部门的人员分布特征来刻画。①

---

① 具体测算公式为：$\left[\frac{(LEPP_{it})/POP_{it}}{(NEPP)/POP}\right] \times [1-(GDP_{it}/GDP_t)]$。其中 *LEPP* 代表地区环保系统人员数，*NEPP* 代表全国环保人员数，*POP* 代表人口规模。

第三节　环境规制双重经济效应的计量分析

一　环境分权对环境规制经济效应的影响

在分权治理结构和政绩考核体制下，地方政府层面环境规制的制定和实施会受到地方经济诉求、税收需要以及稳定就业的干扰，从而使得环境规制无法保证履行以提高环境质量为唯一职能。由于政治激励和财政激励的存在，政府有动机通过弱化环境规制强度来降低企业的“合规成本”，各地区为吸引外资而采取的规制策略竞争会使得地方政府过分追求短期经济增长数量，而忽视长期经济增长质量。为此，仅考虑环境规制对地区经济增长的边际影响将是有偏的，环境分权下地方政府环境规制政策决策同样值得关注。为此，本书在模型（4－1）考察环境规制与经济增长双重效应关系的基础上，在模型（4－2）中进一步引入环境分权与环境规制的交乘项检验环境分权对环境规制的经济增长数量和质量效应的影响。

根据联立方程模型的阶条件和秩条件，发现本书构建的联立方程模型是过度识别的，这就要求选择两阶段最小二乘法（2SLS）和三阶段最小二乘法（3SLS）进行总体参数估计。表4－1的估计结果显示2SLS的显著性整体上稍逊于3SLS，说明误差项之间的相关性确实影响了2SLS估计的有效性，从而选择3SLS进行联立方程估计。此外，考虑到面板数据在截面维度上异方差的存在，为此在联立方程中引入固定效应，以进一步消除遗漏变量对估计结果的影响。最后，对方程中所有变量进行了对数化处理，从而在一定程度上解决异方差和量纲问题。

表4－1　环境分权与环境规制的经济增长数量和质量效应的联立方程估计结果

变量	经济增长质量				经济增长数量			
	(1)－2SLS	(2)－2SLS	(3)－3SLS	(4)－3SLS	(5)－2SLS	(6)－2SLS	(7)－3SLS	(8)－3SLS
ln*er*	1.122**	0.736***	1.863***	1.247***	－2.309***	－1.258***	－3.833***	－2.391***
	(2.55)	(3.33)	(8.82)	(9.63)	(－3.18)	(－4.03)	(－13.38)	(－12.82)

续表

变量	经济增长质量				经济增长数量			
	(1) -2SLS	(2) -2SLS	(3) -3SLS	(4) -3SLS	(5) -2SLS	(6) -2SLS	(7) -3SLS	(8) -3SLS
ln*er* × ln*ed*		0.214 (1.48)		0.220** (2.52)		-0.531*** (-2.62)		-0.823*** (-6.10)
ln*fdi*	0.164*** (6.29)	0.155*** (8.55)	0.128*** (7.06)	0.119*** (8.67)				
ln*nr*	0.095*** (2.99)	0.110*** (4.16)	0.056*** (4.56)	0.035** (2.50)				
ln*is*	0.218 (1.09)	0.180 (1.26)	0.266*** (3.20)	0.250*** (3.42)				
ln*ti*					0.463*** (9.36)	0.470*** (15.62)	0.465*** (14.11)	0.469*** (20.77)
ln*cs*					-0.230** (-2.16)	-0.212*** (-3.19)	-0.062* (-1.83)	-0.099*** (-2.92)
ln*to*					0.300 (0.40)	0.064 (1.36)	0.110*** (4.57)	0.119*** (4.99)
_cons	5.792*** (18.41)	5.614*** (27.76)	6.313*** (47.65)	5.895*** (56.11)	4.506*** (7.78)	5.208*** (18.32)	3.954*** (13.61)	4.798*** (25.87)
N	390	390	390	390	390	390	390	390

注：括号内的数字为t统计量，***、**和*分别表示在1%、5%和10%的水平下变量显著，下同。

资料来源：笔者计算整理，以下各表同。

环境规制的经济增长质量效应方面。由表4-1的模型（3）可以看出，环境规制对经济增长质量的弹性系数显著为正，环境规制水平上涨1%将带来经济增长质量上升1.863%。与“波特假说”一致，即环境规制会刺激企业进行技术创新，并通过“创新补偿效应”和“学习效应”促进经济增长质量的提升。这也可以从中国环境规制的实践得到部分证据，即伴随经济发展基础的逐步积累，政府制定实施的环境规制也与企业承载力密切联系，加之环境法律法规体系和环境政策规章制度的日趋完善，环境规制作为有效政策工具的作用开始呈现，从而加快激发企业主动进行绿色创新的积极性，实现经济增长质量与环境绩效的双赢。模型（4）中环境分权与环境规制的交乘项对经济增长质量影响的系数为0.220，且在5%的水平下显著，表明环境分权有利于环境规制的经济增长质量效应，这一结论与赵霄伟（2014）认为当前环境政策发挥棘轮效应的结论不谋而合。环境问题开始明确进入地方官员晋升的考核体系，通过环境污染排放指标层层分解的行政包干制来激励环境规制强度的竞相向上，促使企业积极进行产业升级以优化经济增长质量。

环境规制的经济增长数量效应方面。由表4-1的模型（7）可以看出，环境规制对经济增长数量的弹性系数显著为负，环境规制水平上涨1%将带来经济增长数量下滑3.833%。这一结果得到以下两个假说的支持。其一，"遵循成本假说"。该假说认为，环境污染治理支出将挤占企业的其他生产性投资，在资源配置、技术创新和需求固定的前提下，环境规制的实施必然引起企业机会成本的增加，从而不可避免地削减经济增长数量。其二，"逐底竞争假说"。该假说认为，在"环境分权"和"为增长而竞争"的体系下，地方政府存在足够的激励采用变现降低环境规制强度以吸引其余地区企业进驻，从而增加本地区而降低其他地区的产出、利润和福利水平。因此，严格的环境规制反而成为地区经济增长数量增加的瓶颈，这显然是不符合可持续发展理念的，任其发展，必将导致地方政府环境规制的逐底竞争，那么环境规制作为处理环境负外部性的作用将失灵。模型（8）中环境分权与环境规制的交乘项对经济增长数量影响的系数为-0.823，且在1%的水平下显著，表明环境分权加重了环境规制的经济增长数量效应的抑制作用，从而再次印证了"逐底竞争"的存在。

控制变量方面。外商直接投资显著地促进了当地经济增长质量的提高，这与国家引进外资的初衷不谋而合，说明外商直接投资确实能够通过竞争效应、技术溢出以及联系效应直接或间接作用于本地经济增长质量的提升。自然资源禀赋有利于提高经济增长质量，这与当前研究普遍认为"两者之间总体上呈负相关"的结论存在差异。然而，不可否认，自然资源禀赋对经济增长质量扮演"财富"和"诅咒"的双重角色，刘长生等（2009）也曾指出，自然资源禀赋对经济增长质量的作用取决于上述两种效果孰优孰劣。产业结构是促进经济增长质量提升的重要诱因，与“结构红利假说”一致。伴随产业结构的改变，投入要素从低效率的部门向高效率的部门流动，从而使得整个社会生产率水平得到提高，由此带来的结构红利提高了经济增长质量。技术创新对经济增长数量表现出正向促进作用，这已经成为共识，即技术创新是经济长期稳定增长的核心动力。令人遗憾的是，资本存量成为经济增长数量下滑的主要因素，投资驱动型增长模式引致产能过剩、资源浪费和政企合谋等诸多问题，而相关政府出台的一系列关于“限制、禁止企业投资和抑制产能扩张等措施”也充分反映出当前市场和政府对投资驱动型发展模式可持续性的质疑。贸易开放度能够有效促进经济增长数量的增加，其主要原因在于贸易的发展可以促进地区先进技术的引进及产品要素的流动来推动经济增长数量的增加，同时贸易也可以通过拓展市场规模和专业化国际分工来带动经济增长数量的增加。

二　分组样本的估计结果

（1）按地区分组的子样本估计。考虑到中国区域在经济发展、技术水平、资源禀赋、制度安排和污染排放等方面存在的巨大差异，因此，有必要按照东中西部三大地理区位的划分来考察环境规制的经济增长数量效应和质量效应的地区异质性，估计结果如表 4 – 2 所示。

由表 4 – 2 的模型（1）~（3）可以看出，在东部地区，环境规制对经济增长质量的弹性系数为 1.3294，且在 1% 的水平下显著；环境分权与环境规制交乘项的系数为 0.4003，且在 10% 的水平下显著。这显然和现实情况在逻辑上是吻合的，高层次的产业发展和健全的环境规制体系促进环境规制的经济增长质量效应。而在中部地区，环境规制对经济增长质量的弹性系数为负，与江珂和卢现祥（2011）的研究结论一致。环境分权与环境规制交乘项的系数为 – 0.4777，且在 1% 的水平下显著，表明环境分权加重了中部地区环境规制的经济增长质量的抑制效应，其主要原因在于中部地区为了在东部产业转移过程中处于有利位置，存在通过变现降低环境规制强度的动机。令人意外的是，西部地区环境规制对经济增长质量的弹性系数显著为正，意味着西部大开发战略突破了“政策陷阱”，并通过“政策红利”优化地区软环境，实现环境规制诱导企业向高质量的发展模式转型。此外，环境分权与环境规制交乘项的系数在西部地区为0.1790，这表明环境分权在一定程度上强化了西部地区环境规制对经济增长质量的促进效应。

表4-2　分地区的联立方程估计结果

变量	经济增长质量			经济增长数量		
	(1)-东部	(2)-中部	(3)-西部	(4)-东部	(5)-中部	(6)-西部
ln*er*	1.3294*** (6.43)	-0.6302*** (-4.18)	0.8184*** (6.68)	0.3198** (2.11)	-0.1252 (-1.20)	-0.7394*** (-7.66)
ln*er*×ln*ed*	0.4003* (1.75)	-0.4777*** (-4.47)	0.1790* (1.72)	-0.3401** (-2.12)	-0.3253*** (-5.00)	-0.4358*** (-5.06)
ln*fdi*	0.1312*** (3.94)	0.1352*** (6.90)	0.1151*** (8.22)			
ln*nr*	0.0526*** (2.64)	0.1135*** (3.92)	0.3456*** (9.77)			
ln*is*	-0.0929 (-1.11)	-0.0361 (-0.21)	1.0536*** (5.06)			
ln*ti*				0.0683*** (6.08)	0.1274*** (8.95)	0.0350** (2.42)
ln*cs*				0.1270*** (4.18)	-0.0277 (-1.11)	0.0321 (1.39)
ln*to*				0.3270*** (11.73)	0.0601* (1.76)	0.1140*** (2.83)
_cons	5.7067*** (19.14)	4.5386*** (19.08)	0.1732 (0.21)	0.6266*** (4.75)	-0.7740*** (-5.21)	-0.5462*** (-4.26)
N	143	104	143	143	104	143

由表4-2的模型（4）~（6）可以看出，环境规制对经济增长数量的弹性系数在三大地区分别为0.3198、-0.1252、-0.7394，且在东西部地区显著；环境分权与环境规制交乘项的系数均为负，且都显著。可

以发现，东部地区经济起飞快、基础好，政府制定实施的环境规制也严格切合当地企业实际承载力，从而使得技术扩散和结构升级效应足以补偿遵循成本的损耗，环境规制经济增长数量的促进效应开始显现。此外，中西部地区环境规制对经济增长数量效应的影响表现出与全国基本一致的效果。

（2）按时间分组的子样本估计。为了缓解经济增长过程中能源和环境问题，实现经济增长方式的根本性转变，国家将节能减排作为落实科学发展观，促进经济社会与资源利用、环境保护相协调的重要战略措施，并于2006年强制实施节能减排政策，使得政府绩效体系发生改变。为了考察政策实施前后环境规制的经济增长数量和质量效应是否存在差异，本书选取2006年为间断点，将2001~2013年分为两个阶段进行比较分析，回归结果如表4-3所示。

表4-3　分阶段的联立方程估计结果

变量	经济增长质量		经济增长数量	
	（1）-2001~2006年	（2）-2007~2013年	（3）-2001~2006年	（4）-2007~2013年
ln*er*	-0.2974** (-2.10)	0.5168*** (4.67)	-0.9695*** (-4.29)	-1.5734*** (-9.05)
ln*er*×ln*ed*	-0.3224** (-2.37)	-0.2133*** (-2.75)	-0.3545 (-1.62)	-0.2929** (-2.31)
ln*fdi*	0.0676*** (4.76)	0.0741*** (5.06)		
ln*nr*	0.0024 (0.12)	0.0168 (0.84)		
ln*is*	0.1808* (1.82)	0.1012 (1.18)		
ln*ti*			0.5122*** (15.47)	0.5592*** (16.93)
ln*cs*			-0.1132** (-2.17)	-0.0959** (-2.23)
ln*to*			-0.0251 (-0.60)	0.1160*** (3.69)

续表

变量	经济增长质量		经济增长数量	
	(1) -2001~2006年	(2) -2007~2013年	(3) -2001~2006年	(4) -2007~2013年
_cons	4.8963*** (32.79)	5.6604*** (56.32)	5.4310*** (26.78)	4.6592*** (17.22)
N	180	210	180	210

从表4-3可以看出，在节能减排政策实施前（2001~2006年），环境规制对经济增长质量的弹性系数为-0.2974，在5%的水平下显著，环境规制对经济增长数量的弹性系数为-0.9695，在1%的水平下显著；在节能减排政策实施后（2007~2013年），环境规制对经济增长质量的弹性系数为0.5168，在1%的水平下显著，环境规制对经济增长数量的弹性系数为-1.5734，在1%的水平下显著。对比两阶段环境规制的估计系数，环境规制一改以往不利于经济增长质量的局面，开始呈现显著的促进效应，交乘项的估计结果进一步反映了环境分权从恶化环境规制的经济增长质量抑制效应向弱化环境规制的经济增长质量驱动效应转变，且不良效果有所改善。在经济增长数量方面，环境规制对其效应的影响并未发现明显差异，但交乘项的系数表明，环境分权使得环境规制对经济增长数量的不利影响得到缓和。造成这一现象的原因可能在于，国家节能减排政策的实施改变了以往“唯GDP论英雄”的政府治理模式，开始转为逐渐推进“绿色GDP”考核机制，形成环保与政绩的双向考核，即“为增长而竞争”开始让步于“为发展而竞争”。政府考核机制的转变改变了地方政府的环境规制竞争策略，增强了地方政府落实环境政策的激励，减少“逐底竞争”以吸引投资的机会，利于“竞相向上”策略的实施。

三 稳健性检验

为保证面板联立方程组估计结果的可靠性，提高研究结论的稳健性。本书进一步采用不同的度量指标衡量三个内生变量，并分别基于联立方程模型对是否考虑环境分权的两种情景进行估计。表 4 - 4 的模型（1）、（2）、（5）、（6）中，环境规制用单位工业产值的污染源治理投资来衡量，经济增长质量用第三产业产值占地区生产总值的比重来表示，经济增长数量用人均地区生产总值来反映。模型（3）、（4）、（7）、（8）中，用二氧化硫达标排放率表示环境规制，用第三产业产值占地区生产总值的比重表示经济增长质量，用人均地区生产总值表示经济增长数量。可以发现，各模型主要变量的估计系数、显著性和符号均无较大变化，说明本书结论基本稳健。

表 4 - 4　稳健性检验结果

变量	经济增长质量				经济增长数量			
	(1)	(2)	(3)	(4)	(5)	(6)	(7)	(8)
ln*er*	0.093** (2.54)	0.138*** (3.68)	0.114*** (7.69)	0.162*** (3.89)	-0.117*** (-3.00)	-0.235*** (-6.41)	-0.774*** (-6.73)	-0.186 (-1.33)
ln*er* × ln*ed*		0.019*** (4.27)		0.016 (0.50)		-0.065*** (-10.71)		-0.244*** (-2.67)
ln*fdi*	0.018** (2.17)	0.030*** (3.43)	0.012** (2.11)	0.002 (0.31)				
ln*nr*	-0.088*** (-13.15)	-0.078*** (-11.48)	0.010 (0.96)	0.050*** (3.05)				
ln*is*	0.322*** (6.75)	0.401*** (8.04)	-0.497*** (-19.27)	-0.449*** (-13.67)				
ln*ti*					0.073*** (7.01)	0.063*** (6.90)	0.477*** (15.20)	0.234*** (6.89)
ln*cs*					0.102*** (5.86)	0.046*** (2.86)	0.005 (0.21)	0.215*** (6.46)
ln*to*					0.280*** (21.75)	0.297*** (25.75)	0.378*** (14.95)	0.314*** (13.97)
_cons	-0.681*** (-4.06)	-0.436** (-2.50)	-1.219*** (-38.44)	-1.137*** (-17.36)	-0.410** (-1.93)	-1.054*** (-5.27)	3.516*** (12.69)	3.241*** (9.56)
R^2	0.2551	0.1535	0.5239	0.4386	0.7737	0.7889	0.7845	0.8530
N	390	390	390	390	390	390	390	390

第四节　基于规制工具视角的进一步考察

从规制工具的实践来看，其主要职能在于弥补环境问题中市场失灵的缺陷，并促进环境污染负外部性的成本内在化。虽然不同规制工具具备共同目标，但其又各自拥有独特性质。命令控制型规制工具大多基于政府强制性行政命令，具体措施包括环境标准、市场准入、配额、禁令等。命令控制型规制工具往往只要求排污者的排放水平低于特定临界值，并未规定超值完成的激励，为此该类工具无法给予污染者进一步削减污染物的动力。市场激励型规制工具则是通过市场经济规律来规范市场主体的排污行为，其具体种类包括排污收费、押金返还制度、可交易排污许可证、环境污染责任保险和补贴等。与命令控制型规制工具相比，市场激励型规制工具在成本有效性和污染减排方面具有明显的优势，其主要原因在于该类规制工具为排污者提供了努力减少污染排放的持续激励，从而提高排污者主动进行创新的积极性。此外，随着网络技术的普及以及公众环保意识的增强，公众舆论、媒体监督等隐性约束的力量同样不容小觑。Tietenberg（1990）就曾指出，当正式性环境规制执行不利时或政府监管不到位时，就会出现“信息披露”“社会公众评级”等非正式性环境规制工具，即公众参与型规制工具。然而，不同规制工具在不同政治、社会和经济条件下对节能减排效率的影响有所不同，为此，有必要分规制工具重新探讨其各自节能减排效果，从而根据当前实际情况对规制工具做出相应的选择、改善和配合，进而促进环境资源的有效配置和合理利用。

为考察不同规制工具长短期经济效应的差异，便于政府合理安排规制工具组合以实现环境保护与经济双赢，本节仍采用联立方程组模型进行考察。回归结果如表 4－5 所示。

表 4-5　不同规制工具的联立方程组估计结果

变量	经济增长质量				经济增长数量			
	cer	*mer*	*per*	*ex*	*cer*	*mer*	*per*	*ex*
ln*er*	-0.184*** (-7.20)	0.177*** (7.29)	-0.213*** (-7.37)	0.035 (0.50)	-0.040*** (-4.21)	0.048** (2.12)	-0.113*** (-5.00)	-0.335*** (-10.46)
ln*er* × ln*ed*	-0.069*** (-3.40)	0.008** (2.58)	0.017*** (2.65)	-0.045*** (-5.74)	-0.005 (-0.61)	0.022*** (7.71)	0.032*** (7.24)	-0.077*** (-12.81)
ln*fdi*	0.067*** (3.77)	0.040*** (3.54)	0.027* (1.78)	0.098*** (6.34)				
ln*nr*	0.021 (1.02)	-0.009 (-0.43)	-0.174*** (-7.19)	-0.031** (-2.45)				
ln*is*	-0.080 (-0.85)	-0.001 (-0.01)	0.608*** (6.89)	0.120* (1.73)				
ln*ti*					0.078*** (9.76)	0.075*** (4.93)	0.088*** (9.08)	0.041*** (4.79)
ln*cs*					0.083*** (5.35)	0.058*** (3.99)	0.066*** (4.32)	0.023 (1.56)
ln*to*					0.292*** (24.25)	0.296*** (23.86)	0.294*** (24.08)	0.291*** (24.84)
_cons	5.821*** (46.26)	3.386*** (12.53)	7.148*** (26.86)	5.156*** (16.99)	0.384*** (6.54)	-0.263 (-1.58)	1.004*** (7.66)	-1.564*** (-8.99)
N	390	390	390	390	390	390	390	390

从表 4-5 可以看出，命令控制型规制工具对长期经济增长质量和短期经济增长数量的回归系数均显著为负，规制工具强度提高 1% 将分别带来经济增长质量和数量下滑 0.184% 和 0.040%，意味着命令控制型规制工具不利于经济的长短期效益。究其原因，主要是规制工具本身的特点所导致的，命令控制型规制工具通过设定相同的执行和技术标准来实现环境保护的目标，从短期来看，末端污染控制支出某种程度上可以使得污染排放减少至政府环境规制的要求，然而末端污染控制支出不可避免地挤占企业生产性投资，从而短期内经济增长数量效益下滑在所难免。从长期来看，通过增加末端污染治理支出来控制污染排放显然并非长久之计，而“波特假说”的创新补偿效应可视为可持续发展的重

要渠道，但是命令控制型规制工具通常在不考虑污染治理成本情景下为所有企业设定相同的执行和技术标准，这也制约了企业在政策选择和治理方式上的灵活性，其最终结果并未提高企业进行绿色技术创新的积极性，因为遵循成本效应的路径依赖使得长期经济增长质量同样受挫。进一步，环境分权与环境规制的交乘项对经济增长质量和数量影响的系数分别为 -0.069 和 -0.005，且只在经济增长质量方程中满足在 1% 的水平下显著，表明环境分权加重了环境规制的经济增长质量和数量的抑制效应。在政治集权、财政和环境分权的体制下，这似乎不难理解，地方政府为实现在政治领域竞争优势增加的能动性，但要素的稀缺性必然会引起辖区间为争夺要素而展开的策略性竞争。此外，命令控制型规制工具以行政命令的“外部约束”为主，其更易受地方政府不当政绩观的干预，即政府在命令控制型规制工具方面更易操作，从而更会产生逐底竞争的可能。

与命令控制型规制工具截然相反，市场激励型规制工具对长期经济增长质量和短期经济增长数量的回归系数均显著为正，规制工具强度提高 1% 将分别带来经济增长质量和数量上涨 0.177% 和 0.048%，表明市场激励型规制工具促进经济的长短期效应，这也得到马富萍等（2011）研究的支持。市场激励型规制工具借助市场信号为排污企业提供经济激励，给予排污企业更大的灵活性和更多的激励去选择更先进的技术来实现产业优化升级，从而使得排污企业的创新补偿效应足以弥补遵循成本效应，最终实现环境规制的经济增长质量和数量的双重促进效应。进一步，环境分权与环境规制的交乘项对经济增长质量和数量影响的系数分别为 0.008 和 0.022，且均在统计意义上显著，表明环境分权提升了环境规制的经济增长质量和数量的促进效应。这似乎也能从规制工具自身特征寻找些许证据，市场激励型规制工具鼓励通过市场信号来影响排污者的行为决策，因此其目标的实现主要受制于环境政策执行过程经济、政治、社会和文化等背景条件，难以给予政府非完全执行的动机，而基于市场的规制工具在成本有效性和对减污技术激励这两个方面的优势使得当前环境政策发挥棘轮效应成为可能。

可以发现，命令控制型规制工具抑制经济的双重效应，环境分权则进一步加重了其抑制效应，而市场激励型规制工具鼓励企业更多地关注如何通过采纳成熟的绿色工艺、治污设备实现产业升级，这不仅使得其拥有经济双重促进效应，且建立在市场机制基础上的规制工具使得环境分权增加了其促进效应。故而应逐渐由命令控制型转为市场激励型环境规制工具，逐渐发挥市场机制本身在环境保护和经济增长方面的协调作用，通过开展环境财政、排污交易、环境税收、绿色资本市场和生态补偿等政策的试点工作，完善与市场经济体制相适应的环境经济政策体系，促进企业灵活进行环境技术创新以实现环境和经济协调发展。

令人遗憾的是，公众参与型规制工具显著抑制了经济的双重效应，其影响系数分别为 -0.213 和 -0.113。公众参与型规制工具不仅有利于通过缩小隐性经济[①]规模来降低环境污染，而且无形中也会给官方经济中违规排放带来警示，倒逼污染企业增加治理投资，为此，短期内无论是隐性经济还是官方经济都有导致经济增长数量的效益下滑。此外，公众参与型规制工具的长期经济增长质量效应与马富萍等（2011）得出志愿行动型规制工具对长期生产绩效存在促进效应的结论不一致。究其原因，可能是在环境意识不断增强的环境下，公众与企业之间存在社会收益和私人成本的权衡，随着公众参与型规制强度的提升，公众具有更大的影响力与排污主体进行谈判、对排污主体的产品进行抵制、借助媒体或互联网曝光的方式来影响排污企业的品牌和形象，然而公众对于环境质量若存在信息不对称，则必然使得排污企业失去主动性与主导性，从而影响其长期经营绩效。进一步，环境分权与环境规制的交乘项对经济增长质量和数量的回归系数分别为 0.017 和 0.032，且均显著，意味着环境分权提升了环境规制经济增长质量和数量的促进效应，即该规制工具竞争也符合市场激励型规制工具的“竞相向上”，本地区公众

① 隐性经济与官方经济相对应，是不受政府管制或观测的经济活动。

环保意识的增强可以带动相邻地区的公众绿色理念，从而促进各地区产业升级发展。

企业个体努力对长期经济增长质量和短期经济增长数量的回归系数分别为正和为负，企业绿色投资强度每提高 1% 将分别带来经济增长质量和数量上涨 0.035% 和下滑 0.335%，这意味着企业个体努力在短期内虽不利于经济增长数量的增加，但长期来讲仍有利于提高经济增长质量。企业污染治理投资可能会挤占企业的生产性成本，导致其利润率下降并影响经济绩效。然而，作为污染防治的重要责任人的企业，会提高污染治理投资强度以积极开展技术创新活动，通过新产品、新技术的发明和应用作用于生产系统、能源系统和排放系统，从本质上提高资源使用效率、降低污染排放程度、改善产品绿色功能和提高企业市场竞争力，并最终实现产业结构升级和经济增长质量提升。进一步，环境分权与企业个体努力的交乘项对经济增长质量和数量的回归系数分别为 -0.045 和 -0.077，且均显著，意味着环境分权降低了企业个体努力的经济增长质量的促进效应和恶化了企业个体努力的经济增长数量的抑制效应。

第五节　本章小结

目前中国面临经济增长诉求和生态环境改善的双重约束，如何协调以实现共赢已成为学术界关注的热点。环境规制的节能减排效果有目共睹，然而，其经济增长效应众说纷纭，加之环境分权和财政分权的体制，使得“逐底竞争”成为吸引投资的方式。因此，探讨环境规制对经济增长数量效应和质量效应的影响，以及环境分权如何影响环境规制对经济增长的双重效应就显得意义重大。本章的基本结论如下。①环境规制对经济增长存在两种相左的影响：一方面，环境规制通过“创新补偿效应”推动经济增长质量效应的提升；另一方面，环境规制通过“遵循成本效应”引致经济增长数量效应的下滑。②环境分权与环境规制的交互作用对经济增长质量方面存在显著正向作用，蕴含环境分权提升了环境规制经济增长质量的促进效应；环境分权与环境规制的交互作用对经济增长数量方面存在显著负向作用，说明环境分权恶化了环境规制对经济增长数量的抑制效应。③分地区和分阶段的环境规制对经济增长的数量效应相差无几，但是，环境规制对经济增长的质量效应存在显著的地区异质性和阶段性特征。④分规制工具表明当前命令控制型和公众参与型规制工具遵循成本效应明显，但创新补偿效应并未体现，甚至遵循成本路径依赖使得规制工具抑制经济增长质量的提升；市场激励型规制工具具有良好的经济增长数量和质量的促进效应；企业个体努力短期内不利于经济增长数量的增加，但长期来讲有利于经济增长质量的提高。进一步引入规制工具和环境分权的交乘项，环境分权加重了命令控制型规制的抑制效应，提升了市场激励型规制工具的促进效应，缓解了公众参与型规制工具的不利影响，恶化了企业个体努力的整体效应。

第五章　环境规制下节能减排与经济增长的双赢

第一节　问题的提出

当前中国经济跨入以“三期叠加”为特征的经济发展新常态，更加强调由高生态环境代价的粗放型发展模式向绿色发展模式转变。从“用绿水青山去换金山银山”到“既要金山银山，但是也要保证绿水青山”再到“认识到绿水青山可以源源不断地带来金山银山，绿水青山就是金山银山”，这三个阶段反映出经济增长模式转变的过程，也凸显出中央政府对保护生态环境的决心。然而实际上，近来舆论关于“癌症村”、水体污染事件、大范围区域灰霾污染事件的报道频繁见于报端。严峻的环境现实使中国不允许等待环境库兹涅兹曲线中未知拐点的出现，环境产品的公共物品属性、环境问题的负外部性以及微观经济主体机会主义的存在，使得单靠市场难以实现节能减排的目标，从而需要政府环境规制的适当干预来实现绿色增长模式。环境规制作为处理环境问题负外部性的有效手段，已得到世界各国政府实践的认可。中国作为转型国家，经济与环境的协调问题是转型过程中不可回避的难题，即在如何发挥环境规制节能减排效果的同时，维持良好的经济增长态势。

自 Aghion 和 Howitt（1998）提出人力资本、知识资本有助于解决节能减排与经济增长矛盾这一著名推论以来，基于内生增长理论讨论技术进步与人力资本如何促进经济增长与环境保护双赢的研究取得了很好的进展（Valente，2005；Regan and Moles，2006；Gupta and Barman，2009）。万建香和梅国平（2012）进一步从社会资本角度检验了公众参与是环境保护与经济发展双赢的动力。尽管如此，节能减排与经济增长的矛盾仍突出而尖锐。与此同时，环境规制参与缓解这一矛盾的角色逐渐受到国内外政府、学界和非政府组织的重视。然而，现有文献并未将环境规制置于节能减排与经济增长这一系统框架，更多的研究主要集中于对其中"两两"关系做深入探讨。对于环境规制与节能减排，存在"倒逼减排"和"绿色悖论"两种观点，持"倒逼减排"观点的学者认为，政府实施环境规制的初衷在于节能减排，部分学者的实证研究也得到了支持（Susmita et al.，2001；Wang and Wheeler，2005；徐圆，2014；黄清煌、高明，2016b）。具体而言，一方面，政府对能源的生产者和使用者征收能源税，对污染排放者征收排污费，从而使得企业生产成本和环境成本增加，进而有利于减少能源消费和污染排放。另一方面，政府通过补贴清洁能源，鼓励企业使用替代能源，同样会减少对化石能源的消费量。然而，Sinn（2008）的"绿色悖论"假说却发现，伴随政府环境规制强度的提高，能源生产者也会相应提高能源开采速度，希冀在新环境标准实施前售罄能源资产，结果反而加快能源消费，并导致污染排放快速扩张。自此，涌现出大量关于"绿色悖论"的经验检验的文献，虽争议很多，但也为环境规制节能减排的作用机制提供了新思路。

目前国内外学者对于环境规制与经济增长的关系存在较大分歧，主流的思想主要沿袭以下两大假说。"遵循成本假说"指出，在技术资源基础不变的前提下，为履行环境效益的环境规制，将不可避免地增加企业的生产成本，从而影响企业的市场竞争能力（Wagner，2007；Cole et al.，2010；许松涛、肖序，2011）。"创新补偿假说"在上述静态分析框架的基础上，进一步引入动态创新机制，该假说认为，适度的环境规制可以提升企业进行技术创新的积极性，从而足以补偿企业的遵循成本，达到环境保护和经济增长双赢的局面（Porter and Van der Linde，1995；Horbach，2008；Lanoie et al.，2011）。然而，Palmer 等（2008）指出，“双赢论”假设企业本身的“无效率”与传统企业追求利润最大化的假设相冲突，致使该假说仍存在一定的局限性。为此，蒋伏心等（2013）进一步指出，环境规制与经济增长的关系实际上取决于“遵循成本效应”和“创新补偿效应”的权衡。随着研究的演进和深入，环境规制对经济增长的线性影响受到部分学者的重新审视，李平和慕绣如（2013）检验出环境规制与技术创新存在三重门槛效应；钱争鸣和刘晓晨（2015）研究发现环境规制与绿色经济效率之间存在“非线性”关系；杜威剑和李梦洁（2016）认为环境规制对于经济增长的影响依赖于环境规制本身的累积程度，会表现出非线性的“U”形关系。

可以发现，当前国内外相关研究主要集中于探讨环境规制与节能减排、环境规制与经济增长或节能减排与经济增长之间的关系，少有文献考虑环境规制是如何影响节能减排与经济增长的。其中，Munasinghe（1995）和 Panayotou（1997）发现，实施严格有效的环境规制有助于EKC 趋于平稳，从而降低经济增长的成本。在此基础上，张卫东和汪海（2007）将环境规制纳入节能减排与经济增长的分析框架，研究环境规制的实施对节能减排与经济增长总体关系的影响，但在方法上仍存在不足，他们仅在环境污染决定方程中引入环境规制，通过考察经济增长冲击对环境污染影响的变化情况来反映环境规制对节能减排和经济增长双赢的作用效果，并未考虑双向因果关系。[①] 此外，第三章和第四章的经验检验表明，环境规制对节能减排效应和经济增长效应的影响分别为正向和负向，这为本章探讨环境规制是否实现节能减排与经济增长双赢提供了现实意义。因此，本书从节能减排与经济增长这一矛盾统一体出发，运用系统经济学的耦合协调分析方法，具体测算现阶段省际节能

① 张卫东和汪海（2007）只是设立环境污染的决定方程，事实上，环境规制可能同时内生于节能减排与经济增长及经济增长会引发公众对环境质量的偏好，加强对环境规制制度和实施的监督；而节能减排也会诱发新一轮环境规制。

减排与经济增长协调发展的水平及区域差异，此后利用系统GMM模型揭示环境规制服务节能减排与经济增长系统耦合度的作用效果及其地区异质性，并基于不同规制工具和企业个体努力做进一步考察。这不仅有助于理解节能减排与经济增长的协调发展程度、环境规制及其规制工具的重要性，而且为政府部门如何进行环境规制实施、规制工具组合和激励企业进行环保投资，促进节能减排与经济增长提供了新的理论依据。

第二节　节能减排与经济增长耦合关系分析

一　节能减排与经济增长的系统耦合度评价模型

节能减排是一个需要社会各子系统配合运作的系统工程，实质上也是需要以长效机制为保障的长期战略任务。随着资源环境问题的不断凸显，节能减排已成为能源经济、环境问题和经济转型发展的客观需求。一方面，节能减排目标使得经济主体的能耗和污染排放受到限制，从而激励经济主体主动进行绿色创新的积极性，实现节能减排对经济增长的促进作用。另一方面，节能减排可以倒逼劳动力、资本的重新配置和提高产出质量，优化投入产出结构，实现对经济增长的改善。然而，不可否认，节能减排必然会挤占经济主体其他生产性投资，在资源配置、技术创新和需求固定的前提下，节能减排目标的实施将引起经济主体机会成本的增加，从而可能削弱经济增长的动力。以上说明节能减排过程中的各个方面都会对经济增长带来一定的影响和压力，而同时经济增长本身对优质节能减排效率的内在诉求以及经济增长到一定程度引致的公众环保意识增强都会对节能减排产生约束作用。因此，节能减排和经济增长之间客观存在影响因素的相对运动，由此表现为两系统间复杂的交互耦合关系。通过对“节能减排 - 经济增长”系统耦合度的测量，有利于掌握这一系统的交互关系和动态变化。

（1）系统发展度函数。本书设定的系统发展度函数具有以下两种特性：其一，假定函数是规模报酬不变的；其二，函数是严格拟凹的。用 $f(x)$ 反映节能减排子系统的发展水平，用 $g(y)$ 反映经济增长子系统的发展水平，用 T 表示节能减排与经济增长协同效应的综合评价指数，即为系统发展度。本书系统发展度函数遵循 Cobb-Douglas 形式：

$$T = \sigma f(x)^{\alpha} g(x)^{1-\alpha} \tag{5-1}$$

其中，σ 为外生变量，α、$1-\alpha$ 分别表示节能减排和经济增长子系统对总系统协同运行的弹性系数。

为便于分析，将节能减排子系统的发展水平 $f(x)$ 与经济增长子系统的发展水平 $g(y)$ 在坐标上体现，如图 5-1 所示。T_1，T_2，T_3，…分别反映出系统发展水平不断提高的过程。对于每一条等发展线，表明系统发展处于同等水平，节能减排子系统的发展水平与经济增长子系统的发展水平之间存在替代关系。

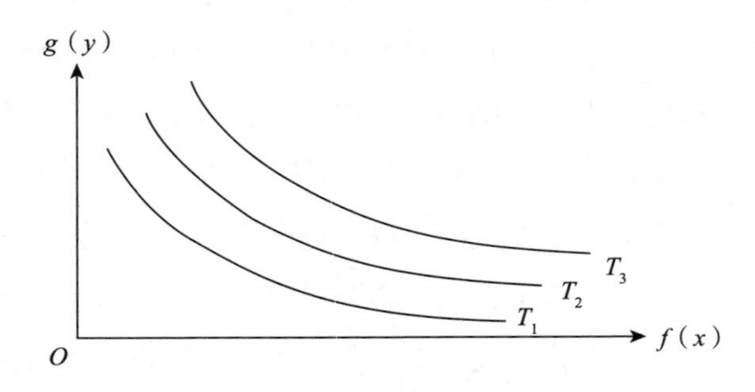

图 5-1　发展度图形解析

（2）系统协调度函数。系统协调度体现了各子系统间和系统各要素间的协调发展水平。易于发现，系统协调度不仅要求节能减排子系统与经济增长子系统的发展水平偏大，而且需要两个子系统的发展水平离差系数偏小，故本书使用以下偏离差系数来代表系统协调度的负向指标：

$$C_v = \frac{\sqrt{\frac{[f(x) - g(y)]^2}{2}}}{0.5 \times [f(x) + g(y)]} \tag{5-2}$$

其中，C_v表示节能减排子系统与经济增长子系统的偏离差系数，即反映两个子系统发展水平的偏离度，其值越小说明子系统间偏离差也越小，意味着节能减排子系统与经济增长子系统的协调性越强。由图5－2（a）可以看出，当$C_v=0$时，即$f(x)=g(y)$，表明节能减排子系统与经济增长子系统发展水平相当，两系统之间无偏差。当$C_v\neq0$时，可以分为两种情况，其一，$f(x)>g(y)$，意味着相较于经济增长子系统的发展水平，节能减排子系统的发展水平存在偏差；其二，$f(x)<g(y)$，意味着相较于节能减排子系统的发展水平，经济增长子系统的发展水平存在偏差。接下来以*A*、*B*、*C*三点做进一步解释，其中*B*点的偏离差系数为0，说明该点的系统协调度最高；*C*点在*B*点之下，说明相较于经济增长子系统的发展水平，节能减排子系统的发展水平存在偏差，其值可以用*BC*表示；*A*点在*B*点之上，说明相较于节能减排子系统的发展水平，经济增长子系统的发展水平存在偏差，其值可以用*AB*表示。

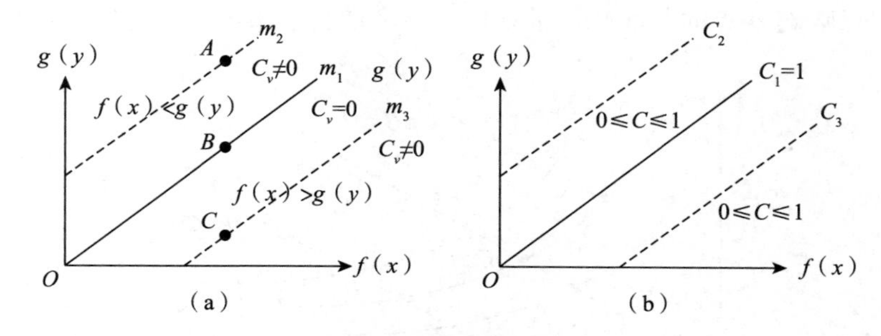

图5－2　协调度图形解析

为更直接地反映节能减排与经济增长子系统发展水平的协调度，进一步将公式（5－2）转化为：

$$C_v=\sqrt{2(1-C)} \tag{5-3}$$

其中，$C=\dfrac{4f(x)g(y)}{[f(x)+g(y)]^2}$。可以发现，公式（5－3）作为衡量系统协调度的正向指数。

由图 5 - 2（b）可以看出，C_1、C_2、C_3分别代表处于不同系统协调度水平下点的集合。其中，$C_1=1$，意味着两个子系统无偏差，总系统处于最优协调状态，而 C_2、C_3 偏离 C_1，意味着节能减排子系统或经济增长子系统的发展水平存在偏差。

（3）耦合函数。上述等发展线和系统协调线反映了不同出发点下的耦合度（为方便分析，后文也称之为系统耦合度）。然而，只考虑其中一方面下的耦合度，必然无法准确反映总系统的耦合度。一方面，仅仅考虑发展下的耦合可能会产生低水平的系统协调度。由图 5 - 3 可以发现，T_2的发展度虽高于 T_1，但并不意味着 T_2 上的点都处于最优协调度下。以 A、C 点为例，两点同处于等发展线上，但 A 点系统协调度并非处于最优水平，即 A 点的节能减排与经济增长子系统间存在偏差。另一方面，仅仅考虑协调下的耦合可能会陷入低发展水平。由图 5 - 3 可以看出，m_1线上的点虽同处于最优协调度上，但并不意味着 m_1上的点都处于最优发展水平。以 B、C 点为例，C 点的发展水平明显高于 B 点，意味着 B 点的节能减排子系统与经济增长子系统处于低发展水平。

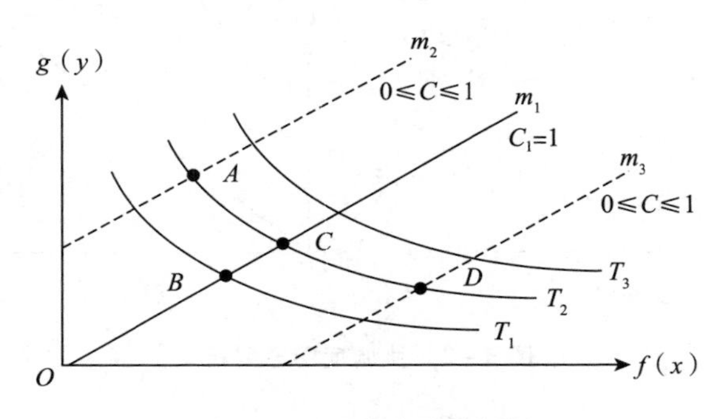

图 5 - 3　耦合度图形解析

综上，度量耦合度应从发展和协调双向维度展开，缺少任一方面的考量均无法实现最优耦合度。因此，等发展线与协调线的交点才能准确反映系统耦合度。进一步由图 5 - 3 发现，C 点的耦合度高于 A 点和 D 点。同理，C 点的耦合度高于 B 点。由此，本书将定义以下衡量耦合度的公式：

$$D = \sqrt{C \cdot T} \tag{5-4}$$

其中 D 为耦合度，其判别标准如表 5-1 所示。发展度 T 与协调度 C 如前文式（5-1）、式（5-3）所示。

表 5-1　耦合度判别标准及层级

协调程度		耦合度	耦合层级
协调	高度协调	0.90～1.00	优质协调发展层级
		0.80～0.90	良好协调发展层级
		0.70～0.80	中级协调发展层级
	基本协调	0.60～0.70	初级协调发展层级
		0.50～0.60	勉强协调发展层级
失调	濒临失调	0.40～0.50	濒临失调衰退层级
		0.30～0.40	轻度失调衰退层级
	失调衰退	0.20～0.30	中度失调衰退层级
		0.10～0.20	严重失调衰退层级
		0.00～0.10	极度失调衰退层级

二　节能减排与经济增长耦合特征

运用式（5-1）、式（5-3）计算出省级节能减排和经济增长的发展度和协调度，并进一步利用式（5-4）测度出省级节能减排与经济增长的系统耦合度。此外，本章对节能减排与经济增长两个系统同等看待，故将 α 设为 0.5。据此求得 2001～2013 年省级系统耦合度，如表 5-2 所示。

表 5-2　节能减排与经济增长的系统耦合度

地区	2001 年	2002 年	2003 年	2004 年	2005 年	2006 年	2007 年	2008 年	2009 年	2010 年	2011 年	2012 年	2013 年
京	0.73	0.73	0.81	0.81	0.83	0.83	0.83	0.84	0.83	0.83	0.84	0.84	0.84
津	0.64	0.64	0.66	0.66	0.65	0.67	0.64	0.65	0.66	0.66	0.66	0.65	0.64
冀	0.41	0.44	0.41	0.41	0.43	0.44	0.45	0.47	0.47	0.47	0.48	0.47	0.46

续表

地区	2001 年	2002 年	2003 年	2004 年	2005 年	2006 年	2007 年	2008 年	2009 年	2010 年	2011 年	2012 年	2013 年
晋	0. 40	0. 41	0. 39	0. 39	0. 43	0. 42	0. 43	0. 46	0. 49	0. 47	0. 48	0. 49	0. 49
内蒙古	0. 39	0. 43	0. 41	0. 40	0. 46	0. 45	0. 45	0. 48	0. 49	0. 49	0. 50	0. 50	0. 50
辽	0. 52	0. 52	0. 53	0. 53	0. 54	0. 53	0. 53	0. 54	0. 56	0. 56	0. 57	0. 58	0. 59
吉	0. 42	0. 44	0. 41	0. 41	0. 45	0. 46	0. 48	0. 49	0. 49	0. 49	0. 50	0. 48	0. 48
黑	0. 40	0. 40	0. 38	0. 38	0. 42	0. 43	0. 45	0. 48	0. 49	0. 49	0. 51	0. 52	0. 52
沪	0. 80	0. 79	0. 80	0. 80	0. 81	0. 79	0. 80	0. 80	0. 81	0. 80	0. 81	0. 80	0. 80
苏	0. 48	0. 48	0. 51	0. 51	0. 53	0. 54	0. 55	0. 57	0. 56	0. 59	0. 61	0. 61	0. 62
浙	0. 52	0. 55	0. 57	0. 58	0. 58	0. 58	0. 60	0. 61	0. 61	0. 62	0. 64	0. 64	0. 64
皖	0. 33	0. 36	0. 34	0. 34	0. 39	0. 38	0. 40	0. 40	0. 40	0. 40	0. 39	0. 38	0. 38
闽	0. 54	0. 54	0. 52	0. 52	0. 53	0. 52	0. 52	0. 52	0. 53	0. 53	0. 53	0. 53	0. 52
赣	0. 37	0. 38	0. 34	0. 34	0. 35	0. 33	0. 34	0. 36	0. 38	0. 38	0. 40	0. 40	0. 39
鲁	0. 42	0. 47	0. 45	0. 45	0. 43	0. 44	0. 45	0. 47	0. 47	0. 48	0. 50	0. 51	0. 52
豫	0. 31	0. 34	0. 32	0. 32	0. 34	0. 34	0. 37	0. 37	0. 37	0. 38	0. 39	0. 40	0. 40
鄂	0. 41	0. 44	0. 40	0. 41	0. 43	0. 44	0. 48	0. 49	0. 48	0. 47	0. 48	0. 48	0. 48
湘	0. 38	0. 42	0. 40	0. 40	0. 42	0. 43	0. 45	0. 45	0. 47	0. 46	0. 46	0. 45	0. 44
粤	0. 49	0. 48	0. 51	0. 51	0. 55	0. 55	0. 55	0. 57	0. 57	0. 57	0. 58	0. 58	0. 59
桂	0. 35	0. 39	0. 35	0. 35	0. 39	0. 39	0. 40	0. 40	0. 40	0. 40	0. 41	0. 40	0. 40
琼	0. 38	0. 37	0. 37	0. 37	0. 38	0. 37	0. 38	0. 40	0. 43	0. 45	0. 46	0. 47	0. 48
渝	0. 42	0. 44	0. 41	0. 42	0. 46	0. 45	0. 46	0. 48	0. 46	0. 45	0. 47	0. 48	0. 48
川	0. 37	0. 40	0. 36	0. 37	0. 37	0. 38	0. 39	0. 39	0. 40	0. 40	0. 40	0. 39	0. 39
黔	0. 29	0. 33	0. 29	0. 28	0. 34	0. 34	0. 37	0. 39	0. 44	0. 44	0. 47	0. 45	0. 44
滇	0. 33	0. 36	0. 33	0. 33	0. 37	0. 37	0. 40	0. 41	0. 42	0. 42	0. 43	0. 43	0. 43
陕	0. 38	0. 40	0. 38	0. 39	0. 39	0. 38	0. 41	0. 42	0. 45	0. 46	0. 46	0. 47	0. 47
甘	0. 31	0. 34	0. 32	0. 31	0. 38	0. 37	0. 38	0. 40	0. 40	0. 39	0. 43	0. 43	0. 43
青	0. 34	0. 34	0. 34	0. 33	0. 34	0. 33	0. 33	0. 34	0. 36	0. 36	0. 36	0. 37	0. 36
宁	0. 36	0. 35	0. 38	0. 36	0. 43	0. 43	0. 42	0. 43	0. 47	0. 48	0. 51	0. 46	0. 45
新	0. 45	0. 45	0. 41	0. 42	0. 44	0. 44	0. 45	0. 46	0. 47	0. 46	0. 49	0. 50	0. 51
东部	0. 46	0. 48	0. 47	0. 47	0. 49	0. 49	0. 50	0. 52	0. 52	0. 52	0. 53	0. 53	0. 53
中部	0. 45	0. 46	0. 45	0. 45	0. 47	0. 47	0. 49	0. 50	0. 51	0. 51	0. 52	0. 52	0. 52
西部	0. 41	0. 43	0. 42	0. 42	0. 44	0. 44	0. 45	0. 47	0. 48	0. 48	0. 49	0. 49	0. 49
均值	0. 43	0. 45	0. 44	0. 44	0. 46	0. 46	0. 47	0. 48	0. 49	0. 50	0. 51	0. 51	0. 50

（1）从整体上看，节能减排与经济增长的耦合度均值从 2001 年的 0.4315 上升到 2013 年的 0.5047，增幅为 16.96%，这表明节能减排与经济增长总体上呈逐步协调发展的态势。但从系统耦合度的绝对水平看，节能减排与经济增长的耦合层级仅仅从濒临失调衰退层级向勉强协调发展层级过渡，其耦合发展程度还处于较低层级。从历年变化中可以发现，节能减排与经济增长的耦合度大致经历了 2001～2004 年的波动下降、2004～2011 年的总体增长以及 2011～2013 年的稳定发展三个阶段。

（2）从区域维度看，东中西部地区的节能减排与经济增长耦合度分别从 2001 年的 0.4612、0.4460、0.4143 上升到 2013 年的 0.5324、0.5177、0.4887，增幅分别为 15.44%、16.08%、17.96%，西部增幅最大、中部次之、东部最小。从系统耦合度的绝对水平看，东中西部地区耦合度的年均值分别为 0.5019、0.4857 和 0.4541，东部最大、中部次之、西部最小，其中东中部地区的耦合度均位于全国水平之上。不难发现，东部耦合度最大，增幅却最小，而西部耦合度最小，增幅却最大，由此可以预见，未来将可能出现三大地区耦合的趋同。从耦合发展层次看，东部地区于 2007 年实现了由濒临失调衰退层级向勉强协调发展层级跨越，中部地区由濒临失调衰退层级向勉强协调发展层级过渡相比东部推迟一年，而西部地区在整个样本区间内始终停留在濒临失调衰退层级。

（3）从省域角度看，除福建外，所有省份整体上实现了节能减排与经济增长耦合度的改善，其中贵州、甘肃、云南的增幅处于前列，分别达到 51.72%、38.71% 和 30.30%，这进一步说明西部地区节能减排与经济增长的耦合度起点较低，但保持较快的增长速度。天津、上海、福建的增幅则明显处于弱势，其中天津和上海零增幅，福建甚至出现倒退。从系统耦合度的绝对水平看，北京和上海的节能减排与经济增长耦合度处于绝对优势，其中，北京于 2003 年由中级协调发展层级向良好协调发展层级跨越，上海也于 2004 年实现这一任务。天津的节能减排与经济增长耦合度处于第二档次，由于增幅微弱，其一直处于初级协调发展层级，其他不同省份的耦合层级见表5－3。东部地区除河北、山东和海南位于濒临失调衰退层级外，其他均位于勉强协调发展层级及以上；中部地区除安徽、江西和河南位于轻度失调衰退层级外，其他均位于濒临失调衰退层级；西部地区分布在轻度失调衰退层级和濒临失调衰退层级的省份相差无几。不难发现，中西部地区已成为节能减排与经济增长失调衰退的主战场。

表5－3　平均耦合度处于不同层级的省份

耦合层级	省份
轻度失调衰退层级	安徽、江西、河南、广西、四川、贵州、云南、甘肃、青海
濒临失调衰退层级	河北、山西、内蒙古、吉林、黑龙江、山东、湖北、湖南、海南、重庆、陕西、宁夏、新疆
勉强协调发展层级	辽宁、江苏、浙江、福建、广东
初级协调发展层级	天津
良好协调发展层级	北京、上海

然而，值得庆幸的是，伴随经济发展方式的转变和地方政府对能源环境的重视，节能减排与经济增长的耦合度朝着良性方向转变。从表5－4和表5－5可以发现，2001年，位于轻度失调衰退层级及以下的省份16个，位于勉强协调发展层级及以上的省份6个；到2013年，位于轻度失调衰退层级的省份仅剩4个，而位于勉强协调发展层级及以上的省份达到11个。在样本区间内，19个省份实现了跨越，其中贵州、黑龙江和江苏3个省份甚至实现了两级跨越，剩余的省份保持原有的层级，并未出现退化。

表5－4　2001年耦合度处于不同层级的省份

耦合层级	省份
中度失调衰退层级	贵州
轻度失调衰退层级	山西、内蒙古、黑龙江、安徽、江西、河南、湖南、广西、海南、四川、云南、陕西、甘肃、青海、宁夏

续表

耦合层级	省份
濒临失调衰退层级	河北、吉林、江苏、山东、湖北、广东、重庆、新疆
勉强协调发展层级	辽宁、浙江、福建
初级协调发展层级	天津
中级协调发展层级	北京、上海

表 5-5　2013 年耦合度处于不同层级的省份

耦合层级	省份
轻度失调衰退层级	安徽、江西、四川、青海
濒临失调衰退层级	河北、山西、内蒙古、吉林、河南、湖北、甘肃、湖南、广西、海南、重庆、贵州、云南、陕西、宁夏
勉强协调发展层级	辽宁、黑龙江、福建、山东、广东、新疆
初级协调发展层级	天津、江苏、浙江
良好协调发展层级	北京、上海

第三节　传导机制、计量模型及变量说明

一　传导机制

当前国内外学者针对环境规制与节能减排、环境规制与经济增长的关系进行了大量探讨，并分别得出两种不同的观点，即“倒逼减排假说”、“绿色悖论假说”和“遵循成本说”、“创新补偿说”。然而并未出现关于环境规制与节能减排－经济增长系统耦合度影响的文献，环境规制对系统耦合度的影响取决于两种效应及其相互作用的结果。那么环境规制对系统耦合度的传导机制是怎样的？为了回答上述问题，分析环境规制对系统耦合度的作用机制显得意义重大，这将有助于掌握环境规制对系统耦合度影响的传导路径，有助于从环境规制视角提出实现可持续发展的对策建议。

环境规制对系统耦合度的作用包括正向、负向和不显著。

在正向情况下，最佳情景便是环境规制在提高节能减排效率的基础上倒逼经济质量提高，这种影响至少通过两种途径作用于系统耦合度：其一，政府对能源生产者、能源消费者和排污企业征收一定比例的排污费，受利润最大化和竞争力优先的驱动，在环境规制约束下的排污企业会加大技术创新投入，以得到创新红利，以此抵消环境规制成本的损失，从而有利于减少能源消费和污染排放以及促进经济发展；其二，政府通过补贴清洁能源，鼓励企业使用替代能源，减少对化石能源的消费量，从而不仅提高节能减排效率，而且排污企业采用绿色能源导致的环境成本负担减轻，甚至企业通过采用绿色能源而提高市场抗风险能力和市场竞争力。另外一种情景则是环境规制在提高节能减排效率的同时，不可避免地阻碍经济增长，但其前者效应更为显著。对于高污染、高排放的企业而言，严格的环境规制虽能够倒逼污染型企业转型，对于污染未实现转型的企业实施停产，这种做法显然有利于环境治理的改善，但不可避免地导致短期经济增长下滑。然而对于这类企业实施的策略产生的环境效应显然优于短期经济增长的负向效应。

在负向情况下，也存在两种情景。第一，环境规制虽实现了节能减排效率的提高，但导致的经济负向效应超过环境规制的节能减排效应。造成这一路径的主要原因在于，环境规制的实施严格程度超过了企业的承载能力，此外，企业只希望通过缴纳环境成本来满足政府环境规制的要求，而无法提高主动进行创新的积极性，从而使得遵循成本效应突出。第二，环境规制并未发挥节能减排效率的作用，却成为地方政府为吸引外资进驻的竞争工具。由于政治激励和财政激励的存在，政府有动机通过弱化环境规制强度来降低企业的“合规成本”，各地区可能形成“为增长而竞争”的格局，从而可能导致“逐底竞争”的存在。

在不显著情况下也存在两种情况。第一，环境规制并未成为节能减排与经济增长的影响因素，说明环境规制的失效。第二，环境规制的节能减排效应和经济增长效应相互抵消，使得整体效应并未显现。

二　模型设计

从上述实证描述中可以发现，中国节能减排与经济增长耦合度虽得到提高，但仍处于较低层级，即仅仅由濒临失调衰退层级向勉强协调发展层级过渡。那么在此过程中，环境规制是否发挥作用，不同政策的作用效果是否一致。本节的目的是建立一个实证框架，以观察环境规制及其规制工具是如何影响各地区节能减排与经济增长的耦合度的。在参考 Rubashkina 等（2015）、Sohn 等（2015）关于环境规制与经济增长的关系模型以及借鉴 Langpap 和 Shimshack（2010）、张华（2014）、Reshetnyak（2016）关于环境规制能源、减排效应的基础上，建立节能减排与经济增长耦合度的反应函数。考虑到耦合度在一段时间内往往具有累积效应，当期的耦合度对后期的耦合度可能会产生影响，而且在影响耦合度的各因素中，存在许多难以定量的省域特征。因此，可以通过引入耦合度的滞后项来综合权衡这些因素及效应，以消除未考虑滞后项时解释变量与误差项的相关性。此外，为消除异方差，变量均采用对数形式，而命令控制型规制工具由于存在零值不取对数。动态实证模型设定如下：

$$\ln d_{it} = \alpha_0 + \alpha_1 \ln d_{i,t-1} + \alpha_2 \ln er_{it} + \beta X_{it} + \mu_i + \lambda_t + \nu_{it} \tag{5-5}$$

其中，i 表示省份，t 表示时间；d_{it}表示第 i 个省份在 t 年的节能减排与经济增长的耦合度；er_{it}代表第 i 个省份在 t 年的环境规制；X_{it}指的是影响耦合度的其他控制变量，包括各地区的技术创新、产业结构、外商直接投资、能源消费结构、市场化程度、所有制结构、贸易开放度和自然资源禀赋；μ_i和 λ_t分别表示地区效应和时间效应的虚拟变量；ν_{it}为干扰项。

三　变量说明及数据来源

根据上述设定的实证框架，本书选取 2001～2013 年来自全国 30 个省份构成的面板数据进行实证检验，西藏地区由于数据缺失严重而未纳入模型。相关数据均来自历年《中国统计年鉴》、《中国环境科学年鉴》、《中国工业经济统计年鉴》和《中国科技统计年鉴》，所有货币计量的变量均按 2001 年的物价指数进行调整。

（1）核心变量。节能减排与经济增长的耦合度（*d*）：其值根据上节基于系统耦合原理，通过构建系统耦合模型计算得出。环境规制（*er*）：其值来源于第三章以工业废水排放达标率、工业二氧化硫去除率、工业烟（粉）尘去除率和工业固体废物综合利用率组成的指标体系计算得出，环境规制强度的技术数据来源于《中国环境统计年鉴》和《中国环境科学年鉴》。

（2）控制变量。为尽可能保持估计结果的稳健性，本章还纳入了如下控制变量。①技术创新（*ti*）。技术创新对耦合度产生的影响：一方面，技术创新有利于提高能源效率，从而降低单位产出的能耗和污染排放（余长林、高宏建，2015）；另一方面，技术创新有助于提高生产要素的边际生产率和劳动生产率，从而带动产业结构升级和新兴产业形成，进而促进经济增长（Iyiguna，2006）。本章采用单位工业产值的 R&D 内部支出总额来表示技术创新，本书预期技术创新对耦合度的影响为正。②产业结构（*is*）。不同产业结构对耦合度产生不同的影响，比较一致的观点是，技术密集型产业和清洁型服务业带来较轻的环境污染的同时对经济增长贡献较大，而重工业带动经济增长的同时严重污染环境。本书选取重工业产值占工业总产值的比重来反映产业结构对耦合度的影响，预期结果为负。③外商直接投资（*fdi*）。外商直接投资环境效应的主流思想主要基于"污染避难所"和"污染光环"两种对立的假说，同时外商直接投资的经济效应也不是绝对的，外商直接投资的经济增长促进效应只发生在具有较快人力资本积累的地区。因此本书预期外商直接投资对耦合度的影响是不确定的，其结果需要借助经验检验判断。本书选取实际利用外商直接投资额来度量外商直接投资。④能源消费结构（*ecs*）。以煤炭为主的能源消费结构是中国节能减排效率低下的重要原因（魏巍贤、马喜立，2015），此外，虽然能源作为经济发展的重要动力源泉，但当前中国经济发展具有明显的能源依赖特征，能源供应紧张将成为未来中国经济增长的桎梏。本书采用煤炭消费量与能源消费总量的比值作为能源消费结构的评定标准，预期结果为负。⑤市场化程度（*md*）。市场化有利于促进地方政府公开环境信息以减少利益主体之间的信息不对称，从而充分发挥公众参与型规制工具的监督效果以避免机会主义存在，进而提高节能减排效率。同时，市场化改革释放的政策红利有益于促进经济增长，因此本书预期利用规模以上非国有工业产值占工业总产值比重表示的市场化程度对耦合度的影响为正。⑥所有制结构（*os*）。Lee（2009）认为国有企业既具有追逐利润的经济责任，也具有非营利性的社会责任，这意味着国有企业在提升经济效益的同时，还需要承担提高能源使用效率、削减污染排放的社会责任。本书采用国有投资占总投资的比重来衡量所有制结构，预期结果为正。⑦贸易开放度（*to*）。贸易开放可以有效推动环境资源在全球范围内的有效配置，从而加快清洁生产技术升级以保证生产能按最有效的方式开展；Badi 等（2009）认为贸易开放主要通过资源配置效应、规模经济效应和资本形成效应来促进经济增长。本书采用单位产出总值的进出口总额来表示贸易开放度，预期结果为正。⑧自然资源禀赋（*nr*）。传统经济学理论认为资源禀赋对拉动地区发展贡献较大，然而，“资源诅咒”假说认为资源上的富集可能会给地区带来“诅咒”，比如投机主义和寻租活动猖獗、人力资本投资缺乏、生态环境的严重恶化、科技创新能力不足等。本书采用采掘业和农林牧渔业固定资产投资所占比重来反映自然资源禀赋，预期结果为负。表 5－6 为所有变量的描述性统计。

表 5－6　变量的描述性统计

变量名称	符号	样本数	平均值	标准差	最小值	最大值
耦合度	*d*	390	0.4722	0.1197	0.2836	0.8424
环境规制	*er*	390	0.7165	0.1193	0.3507	0.9137

续表

变量名称	符号	样本数	平均值	标准差	最小值	最大值
技术创新	*ti*	390	0.0340	0.0461	0.0066	0.3351
产业结构	*is*	390	0.7371	0.1077	0.3982	0.9543
外商直接投资	*fdi*	390	43.9618	60.0471	0.1534	357.5956
能源消费结构	*ecs*	390	0.6905	0.2439	0.2059	1.4388
市场化程度	*md*	390	0.5415	0.2033	0.1272	0.8927
所有制结构	*os*	390	0.3580	0.1157	0.1145	0.6585
贸易开放度	*to*	390	0.3362	0.4212	0.0357	1.7637
自然资源禀赋	*nr*	390	0.0637	0.0567	0.0005	0.3188
命令控制型规制工具	*cer*	390	0.6179	1.4483	0.0000	9.0000
市场激励型规制工具	*mer*	390	48144.0000	45989.9530	865.5000	287343.5000
公众参与型规制工具	*per*	390	2151.1949	1753.2360	13.0000	9896.0000
企业个体努力	*ex*	390	0.0044	0.0035	0.0004	0.0284

第四节　环境规制对系统耦合度的贡献

模型（5－5）中的解释变量涵盖了被解释变量的滞后项，因此需要通过一阶差分或组内去心来消除个体效应，而节能减排效率差分后的滞后一期与差分的干扰项仍可能存在内生性问题，此时采用最小二乘估计量将是有偏的，而普遍的处理方法是选用合适的工具变量以降低干扰项与内生解释变量之间的相关性。为解决内生解释变量所带来的估计偏误，Arellano 和 Bond（1991）设立了一阶差分 GMM 估计法，其基本思路是在对水平方程进行差分的基础上，采用水平值的滞后项作为差分方程的工具变量。一阶差分 GMM 估计法虽有利于缓解解释变量的内生性问题，但相应有可能产生工具变量较弱所带来的问题，为此，Blundell 和 Bond（1998）构建系统 GMM 估计法来弥补上述缺陷，这种方法是通过引入新的有效工具变量来解决弱工具变量问题，其基本思路是将差分方程变量的滞后项设为水平值的工具变量。此外，Blundell 和 Bond

（1998）还得出在有限样本下系统 GMM 估计法比一阶差分 GMM 估计法有更好效果的结论。因此，本书运用的系统广义矩估计将有利于实现无偏估计。

一　全样本估计结果

表 5－7 报告了环境规制影响节能减排与经济增长系统耦合度的回归结果。A 栏静态情景中的模型（1）为基于个体异质性下固定效应模型的估计结果；模型（2）为随机效应模型估计结果；模型（3）和模型（4）分别为系统 GMM 设定下的估计结果，其中前者假定除被解释变量滞后一期外所有解释变量均为外生变量，而后者假定除被解释变量滞后一期外还有部分解释变量为内生变量。B 栏动态情景中的模型（5）、模型（6）为系统 GMM 中被解释变量在外生和内生设定两种情景下的估计。之所以这样区分，是因为对耦合度影响的随机干扰项也会同时影响其他变量，例如产业结构、能源消费结构、外商直接投资等，因此内生设定下的参数估计更有效（Pankova，2007）。Sargan 检验统计量不能拒绝“所有变量均有效的原假设”，说明模型中工具变量不存在过度识别问题；由 AR（1）和 AR（2）的 P 值可知，随机扰动项只存在一阶序列相关但不存在二阶序列相关，表明工具变量的选取是合理的。

对比静态模型和动态模型两种情景下的估计结果，多数变量呈现较为一致的效果，比如环境规制（*er*）、技术创新（*ti*）、外商直接投资（*fdi*）、市场化程度（*md*）在各模型中大都与耦合度正相关，而产业结构（*is*）和能源消费结构（ecs）均与耦合度负相关。然而，静态模型下产业结构（*is*）、市场化程度（*md*）、贸易开放度（*to*）和自然资源禀赋（*nr*）的系数显著性大都明显较动态模型下低。这主要是在静态模型下缺乏考虑系统耦合度的动态特征引致的内生性，使得得到的结果是有偏的，而系统 GMM 模型由于使用系统耦合度的滞后一期和产业结构作为工具变量，可以有效避免上述内生性问题。估计结果也进一步表明系统耦合度具有动态性，滞后一期的系统耦合度对当期系统耦合度的作用系数为0.6739～0.6845，说明系统耦合度在时间上具有惯性。此外，假定所有解释变量为外生的模型（3）与假定部分解释变量为内生的模型（4）在系数显著性和方向上存在一定的差异，产业结构在部分解释变量内生设定下显著性明显提升了，表明部分解释变量内生设定的模型更为合理。

表5-7　全样本估计结果

变量	A 静态模型				B 动态模型	
	(1)FE	(2)RE	(3)GMM 外生	(4)GMM 内生	(5)GMM 外生	(6)GMM 内生
L. ln*d*					0.6739*** (10.44)	0.6845*** (10.71)
ln*er*	0.2301*** (6.76)	0.2631*** (7.59)	0.3660*** (8.33)	0.3631*** (12.55)	0.0908** (2.24)	0.0872* (1.91)
ln*ti*	0.0560*** (4.54)	0.0719*** (5.80)	0.1425*** (9.30)	0.0973*** (6.89)	0.0235*** (2.91)	0.0175** (2.18)
ln*is*	-0.0035 (-0.09)	-0.0158 (-0.40)	-0.1320*** (-4.94)	-0.2279*** (-5.39)	-0.1447 (-0.34)	-0.1145*** (-2.80)
ln*fdi*	0.0182*** (3.36)	0.0200*** (3.55)	0.0210*** (5.01)	0.0221*** (4.68)	0.0109*** (2.71)	0.0124*** (3.49)
ln*ecs*	-0.0234*** (-3.73)	-0.0199*** (-3.02)	-0.0165*** (-5.94)	-0.0215*** (-5.85)	-0.0236*** (-5.44)	-0.0268*** (-5.69)
ln*md*	0.0259 (1.61)	0.0247 (1.45)	-0.0098 (-1.18)	0.0288*** (2.67)	0.0514*** (5.21)	0.0547*** (3.78)
ln*os*	-0.0485*** (-2.84)	-0.0241 (-1.36)	0.0563*** (3.20)	0.0521*** (4.07)	0.0585*** (3.14)	0.0637*** (5.56)
ln*to*	-0.0131 (-1.16)	0.0250** (2.47)	0.1024*** (17.83)	0.0902*** (10.36)	0.0571*** (7.23)	0.0539*** (4.86)
ln*nr*	0.0030 (0.52)	-0.0054 (-0.94)	0.0290*** (4.88)	0.0203*** (5.79)	0.0273*** (4.12)	0.0253*** (4.81)
_cons	-0.6159*** (-9.11)	-0.4880*** (-6.90)	0.0809 (1.08)	-0.1610*** (-2.63)	0.0886 (0.98)	0.0356 (0.73)
R^2	0.7803	0.6400	—	—	—	—

续表

变量	A 静态模型				B 动态模型	
	(1)FE	(2)RE	(3)GMM 外生	(4)GMM 内生	(5)GMM 外生	(6)GMM 内生
AR（1）	—	—	-2.5351 (0.0112)	-2.6569 (0.0079)	-3.5910 (0.0003)	-3.5392 (0.0004)
AR（2）	—	—	-1.1647 (0.2441)	-1.1668 (0.2433)	-1.4841 (0.1378)	-1.5425 (0.1230)
Sargan 检验	—	—	24.7096 (1.0000)	25.2703 (1.0000)	24.2459 (1.0000)	23.1570 (1.0000)
N	390	390	360	330	360	360

注：①*、**和***分别表示在10%、5%和1%的水平下显著；②AR（1）、AR（2）分别代表一阶差分和二阶差分残差序列的自相关检验，Sargan 检验代表过度识别检验，其中上面为相应的 Z 值和卡方值，下面为 P 值；③L. ln*d* 表示 ln*d* 滞后一期的值。

部分解释变量内生设定的系统 GMM 回归显示［见模型（6）］，在10%显著性水平下，环境规制的系数显著为正，环境规制强度每提高10%将带动节能减排与经济增长系统耦合度提升0.872%，这反映了环境规制确实能通过创新补偿效应实现节能减排与经济增长协调发展。这一结论虽与张卫东和汪海（2007）认为“以治理为主的环境规制仍然无法从本质上改变地方政府为单纯追求 GDP 增长而牺牲环境质量”存在差异，但与张彩云和郭艳青（2015）认为“科学合理设定的环境规制，既能有效减少污染排放，也可以促进产业转型升级，从而有利于实现节能减排和经济增长的双赢”的结论不谋而合。事实上，环境规制能否促进节能减排与经济增长双赢，关键在于以下两点：环境规制是否真正履行提高节能减排效率的职能，环境规制如何影响经济增长。第三章关于环境规制对节能减排效率的促进作用得到支持，但问题在于，地方政府是否会出于政治目的，是否会出于对环境规制“遵循成本效应”的担忧而不作为甚至变现降低规制强度。第四章进一步阐明环境规制短期内确实引致经济增长数量下滑，这也为地方政府实施规制竞争的动机提供了经验证据。然而，伴随科学发展观政绩评价的出现，地方政府开始重新审视自身的目标函数，在环境政绩和经济政绩之间做出权衡以实现自身效用最大化。值得庆幸的是，第四章联立方程检验出环境规制长期内会倒逼经济增长质量的提升，促进产业结构优化升级，这也为地方政府提供新的思路，环境规制确实能够在提高节能减排效率的同时，倒逼经济增长质量的提升，实现可持续发展。

控制变量中［见模型（6）］，技术创新（*ti*）的估计系数为正，并且在5%的水平下显著，说明R&D内部支出总额的增加确实有利于提高节能减排效率和促进经济增长，从而提升系统耦合度以实现双赢。以重工业产值占工业总产值的比重衡量的产业结构（*is*）的估计系数在1%的水平下显著为负，说明当前重工业虽在地区经济发展中起到关键作用，但同时加剧了经济与环境之间的矛盾，导致环境污染加重，资源消耗过度等重生态化问题。外商直接投资（*fdi*）对系统耦合度的影响在1%的水平下显著，说明外商直接投资的竞争效应、技术溢出以及联系效应作用于系统耦合度更为明显。作为能源消费结构（*ecs*）替代变量的煤炭消费量占能源消费总量的比重对系统耦合度的影响在1%的水平下显著为负，这也得到了邹庆等（2014）研究的支持，中国能源禀赋结构决定了长期能源消费结构的不合理，而煤炭消费比例的提升是抑制节能减排与经济协调发展的主要因素。市场化程度（*md*）和贸易开放度（*to*）的估计系数均为正，并且均在1%的水平下对系统耦合度具有显著影响，说明市场化程度和贸易开放度均能有效改善系统耦合度，符合本书的理论预期。所有制结构（*os*）的弹性系数在1%的水平下显著为正，意味着国有企业不仅承担着地区经济发展的责任，而且也在节能减排领域起到表率的作用，这与本书的理论预期相吻合。自然资源禀赋（*nr*）显著有利于改善系统耦合度，意味着自然资源禀赋扮演的“财富”角色胜过“诅咒”角色，虽与预期假说不一致，但也得到Christa（2008）研究的支持。

二　分组样本估计结果

首先，按三大地理区位划分，将总体样本分为东部地区、中部地区和西部地区三组样本。其次，基于阶段性和地区异质性的考量，考虑到2006年国家强制实施节能减排政策，则以2006年为间断点将2001～2013年分为两个阶段进行比较，考察政策实施前后环境规制在服务节能减排与经济增长协调发展上是否存在差异。最后，利用部分解释变量内生设定的系统GMM模型分别对分组样本做进一步检验。由表5－8可以发现，系统耦合度的滞后一期在不同样本组均保持与整体样本一致的正向影响估计结果，东部和西部的系数虽未通过统计意义上的显著，但总体上仍反映出系统耦合度的正向累积效应。

分地区回归结果表明，不同地区的系统耦合度对于环境规制的反应存在明显差异。对于东部地区，环境规制对系统耦合度产生显著正向影响，环境规制强度每提高1%，系统耦合度提升2.1584%；对于中西部地区，环境规制强度对系统耦合度均产生负向影响，且分别通过10%和5%的显著性检验，环境规制强度每提高1%，系统耦合度分别下降0.1600%和1.3525%。这表明东部地区的环境规制有利于促进节能减排与经济增长的双赢，而中西部地区的环境规制则增加了节能减排与经济增长的矛盾。这一结论不难理解，中西部地区仍处于工业化进程中，伴随“中部崛起”和“西部大开发”等国家战略，产业承接的比重不断增加，但进一步比较易于发现，中西部承接的产业主要集中于污染密集型和劳动密集型产业。为使在产业转移过程中分一杯羹，辖区间竞争必不可免，而为使在竞争中脱颖而出，环境政策优惠符合产业转移初衷[①]，从而使得变现降低环境规制强度逐渐成为地方政府吸引产业转移的主要手段。单就污染密集型产业而言，产业转移的承接地区有明显的经济增长效应，但不可否认，污染产业的流入也给承接地区的节能减排带来负向影响，因此，当前中西部地方政府出于过度追求经济绩效制定实施的环境规制显然不利于节能减排与经济增长共同发展。东部地区率

① 污染型产业转移主要迫于东部地区传统制造业市场已接近饱和以及严格的环境规制而选择迁入中西部地区，因此，环境规制成为产业转移首要考虑条件。

先实现了工业化，传统制造业市场已接近饱和以及环境规制日益严格等诸多原因，使得传统制造业，特别是高能耗、高污染产业举步维艰，为避免淘汰出局，部分企业通过绿色技术创新以提升产业竞争力，部分企业选择转移至中西部地区以降低环境成本。可以看出，环境规制倒逼下东部地区制造业的发展目标也从原先重视“量”到当前重视“质”的转变，高端制造业发展有利于实现东部地区可持续发展。

表 5－8　分组样本的系统 GMM 估计结果

	分区域			分时段	
	东部	中部	西部	2001～2006 年	2007～2013 年
L. ln*d*	1.4343 (1.46)	0.6561 *** (9.86)	0.0377 (0.20)	0.6307 *** (8.54)	0.4439 *** (10.37)
ln*er*	2.1584 ** (2.54)	－0.1600 * (－1.68)	－1.3525 ** (－2.21)	－0.3601 *** (－4.13)	0.0431 ** (2.20)
ln*ti*	0.5786 (1.61)	0.0701 ** (2.46)	－0.9062 ** (－2.52)	0.1050 *** (4.04)	0.0563 *** (6.71)
ln*is*	0.4193 (0.75)	－0.2342 ** (－2.43)	－3.7675 ** (－2.59)	－0.2669 *** (－3.99)	－0.0185 (－0.28)
ln*fdi*	0.1605 ** (2.30)	－0.0013 (－0.13)	0.0169 (1.61)	0.0238 ** (2.22)	0.0085 * (1.69)
ln*ecs*	－0.6056 ** (－2.04)	－0.0166 (－1.62)	－0.1816 ** (－2.04)	－0.0178 ** (－2.18)	－0.0126 *** (－2.64)
ln*md*	－1.0437 *** (2.68)	0.1052 *** (4.16)	0.3268 * (1.88)	0.0773 *** (2.64)	－0.0594 *** (7.57)
ln*os*	0.7101 ** (2.49)	0.1081 *** (2.87)	－0.4591 ** (－2.23)	0.1025 *** (3.78)	－0.0004 (－0.05)
ln*to*	1.1873 ** (2.27)	0.0606 *** (3.37)	0.5165 * (1.87)	0.0738 *** (3.87)	0.0218 *** (3.11)
ln*nr*	0.0650 *** (2.81)	0.0850 *** (5.38)	0.0301 (0.70)	0.0412 *** (4.61)	0.0024 (1.27)
_cons	3.1806 ** (2.35)	0.4071 *** (3.34)	－5.1271 *** (－2.87)	0.2188 * (1.67)	－0.2207 *** (－3.92)
AR（1）P 值	0.0799	0.0000	0.0804	0.0018	0.0031
AR（2）P 值	0.1083	0.2070	0.9145	0.5305	0.7557

续表

	分区域			分时段	
	东部	中部	西部	2001～2006年	2007～2013年
Sargan P 值	1.0000	0.0940	1.0000	0.9979	0.6827
N	132	96	132	150	180

对比两阶段影响系统耦合度的主要因素，环境规制的估计系数在不同时期的回归结果是迥然不同的。在2001～2006年，环境规制的系数显著为负，环境规制强度每提高10%将使系统耦合度下降3.601%，说明当期环境规制不利于实现节能减排与经济增长协调发展。在2007～2013年，环境规制对系统耦合度的影响显著为正，环境规制强度每提升10%将带动系统耦合度提升0.431%，意味着此时的环境规制实现了节能减排与经济增长双赢。在初期，环境规制的实施必然挤占企业的生产成本，地方政府为保持本地区企业竞争力和吸引其他地区企业进驻，在唯GDP绩效考核背景下，负责具体实施的地方政府倾向于通过弱化环境规制强度来降低企业的“合规成本”，从而引致更多的资本等流动性要素流入。易于发现，这种以牺牲地区生态环境谋求短期经济增长的做法显然是不可持续的，环境规制的作用受到扭曲，那么，此时环境规制必然会加剧节能减排与经济增长之间的矛盾。伴随节能减排政策引入政府绩效考核机制，环境绩效开始成为官员晋升的筹码之一，在现行强调铁腕治理环境污染的背景下，环境规制对节能减排的促进效应得到落实，而环境规制内在的创新补偿效应也使得经济增长质量的提高得到保证，从而最终实现两者的共同发展。

三　稳健性检验

环境规制作为本书的关键核心变量，其度量指标选取的科学性对研究结论的有效性至关重要。为了进一步考察估计结果的可靠性，本章采用单位工业产值的工业废水排放量（*pww*）、单位工业产值的污染源治理投资（*pci*）、单位工业产值的环保投资（*ei*）、单位工业产值的二氧化硫排放量（pso_2）和单位工业产值的废气排放量（*pwg*）做环境规制的代理指标，对模型的估计结果进行稳健性检验。从表 5－9 的所有模型中可以看出，环境规制至少在 10% 的水平下显著有利于提升系统耦合度①，意味着环境规制确实能促进节能减排与经济增长的双赢，这些估计结果进一步验证了前文实证检验的稳健性。

表 5－9　稳健性估计结果

变量	*pci*	*ei*	*pww*	pso_2	*pwg*
L. ln*d*	0.7713*** (22.40)	0.7411*** (25.35)	0.6815*** (17.08)	0.6566*** (9.86)	0.8196*** (32.48)
ln*er*	0.0038** (2.15)	0.0101*** (2.42)	－0.0143** (－1.99)	－0.2193*** (－3.17)	－0.0123* (－1.74)
ln*ti*	0.0166 (1.58)	0.0199** (2.31)	0.0412*** (5.67)	0.0140 (1.27)	－0.0133 (－1.08)
ln*is*	－0.0238 (－0.66)	－0.1157** (－2.41)	－0.0454 (－1.23)	－0.1858* (－1.93)	－0.0848 (－1.63)
ln*fdi*	0.0146*** (4.24)	0.0149** (2.49)	0.0024 (0.70)	0.0043*** (3.47)	0.0050* (1.73)
ln*ecs*	－0.0283*** (－7.54)	－0.0305*** (－6.55)	－0.0198*** (－5.63)	－0.0219*** (－3.17)	－0.0031 (－1.13)
ln*md*	0.0669*** (6.67)	0.0564*** (3.65)	0.0497*** (5.62)	0.0446*** (3.47)	0.0618*** (5.84)
ln*os*	0.0864*** (5.96)	0.1029*** (5.53)	0.0776*** (4.13)	0.0568*** (2.95)	0.0473*** (4.27)
ln*to*	0.0501*** (8.99)	0.0651*** (4.65)	0.0577*** (8.66)	0.0361*** (3.33)	0.0210*** (3.03)
ln*nr*	0.0271*** (4.37)	0.0252*** (4.23)	0.0220*** (4.13)	0.0169*** (2.95)	0.0256*** (3.68)
_cons	0.1112 (0.37)	0.1491*** (3.13)	0.1861*** (4.66)	0.0281 (0.25)	－0.0060 (－0.12)
AR（1）P 值	0.0002	0.0001	0.0001	0.0004	0.0003
AR（2）P 值	0.1718	0.0993	0.1114	0.0801	0.3532

① *pww*、pso_2、*pwg* 为负向指标，即污染排放强度越大，环境规制强度越低，反之亦然。

续表

变量	*pci*	*ei*	*pww*	pso_2	*pwg*
Sargan χ^2 (*d*)	23.8375	26.5424	25.4765	21.3197	24.9116
Sargan P 值	1.0000	1.0000	1.0000	1.0000	1.0000
N	360	360	360	360	360

第五节　基于不同经济主体的进一步考察

环境规制整体上能够实现节能减排与经济增长的双赢已得到上节实证检验的印证，那么，不同经济主体的环境规制是否产生与整体一致的积极效果。本小节将基于政府层面（命令控制型规制工具、市场激励型规制工具和公众参与型规制工具）和企业个体努力层面做进一步探讨，以考察不同规制工具对于实现可持续发展的差异，以期优化规制工具组合。对四类环境规制工具子样本的系统 GMM 估计结果如表 5-10 所示。

表 5-10　不同经济主体的系统 GMM 估计结果

变量	命令控制型规制工具	市场激励型规制工具	公众参与型规制工具	企业个体努力
L. ln*d*	0.6684*** (19.01)	0.6578*** (25.95)	0.7705*** (23.80)	0.7419*** (16.44)
ln*er*	-0.0027* (-1.74)	0.0107** (2.26)	-0.0114*** (-3.52)	0.0047*** (3.22)
ln*ti*	0.0077 (0.55)	0.0089 (0.64)	0.0247*** (2.74)	-0.0053 (-0.40)
ln*is*	-0.0948** (-2.01)	-0.0805*** (-3.14)	-0.0047 (-0.13)	-0.0646** (-2.30)
ln*fdi*	0.0096* (1.94)	0.0107** (2.17)	0.0088** (2.52)	0.0210*** (5.93)
ln*ecs*	-0.0115* (-1.81)	-0.0149*** (-4.81)	-0.0231*** (-6.51)	-0.0193*** (-5.64)
ln*md*	0.0502*** (4.66)	0.0459*** (3.59)	0.0645*** (7.79)	0.0477*** (4.70)

续表

变量	命令控制型规制工具	市场激励型规制工具	公众参与型规制工具	企业个体努力
ln*os*	0.0100 (0.67)	0.0211 (1.03)	0.0590 *** (3.80)	0.0613 *** (5.99)
ln*to*	0.0314 *** (4.40)	0.0152 * (1.73)	0.0471 *** (8.53)	0.0239 *** (4.24)
ln*nr*	0.0179 *** (3.37)	0.0117 ** (2.36)	0.0261 *** (4.56)	0.0153 *** (2.72)
_cons	-0.1305 * (-1.94)	-0.2899 *** (-3.21)	0.2244 *** (4.07)	-0.0905 ** (-2.30)
AR(1)P值	0.0003	0.0001	0.0001	0.0001
AR(2)P值	0.1280	0.0658	0.1044	0.1069
Sargan χ^2 (*d*)	24.2711	27.4078	25.9434	22.7754
Sargan P值	1.0000	1.0000	1.0000	1.0000
N	360	360	360	360

回归结果显示，在1%的显著性水平下，系统耦合度的滞后一期均显著为正，说明在各规制工具模型中滞后一期的系统耦合度对当期的系统耦合度具有相似的影响。命令控制型规制工具与系统耦合度负相关，且通过10%的显著性检验，意味着命令控制型规制工具对系统耦合度产生了显著的抑制效应，规制强度每提升10%，系统耦合度下降0.027%。这与前文结论相吻合，第三章验证了命令控制型规制工具与节能减排效率之间存在的倒"U"形关系，而第四章检验出命令控制型规制工具不利于长短期经济增长。不难看出，合理的规制强度虽有利于促进节能减排效应，但命令控制型规制工具往往要求排污者采用特殊的技术或限定污染排放水平，本质上并未给予企业进行绿色创新的动力，规制的创新补偿效应无法体现，而遵循成本效应不可避免地影响经济增长，从而使得节能减排与经济增长之间的矛盾加剧；当政府过度干预时，命令控制型规制工具不仅无法实现节能减排职能，而且不利于经济增长，两者之间的矛盾更为突出。市场激励型规制工具对系统耦合度产生了有效的驱动效应，规制强度每提升1%，系统耦合度提升0.0107%，

意味着市场激励型规制工具能够提供给排污者努力减少污染排放的持续激励，提高企业进行绿色技术投入的积极性，在达成节能减排作用的基础上促进经济增长。这似乎也能从前文推导得出，第三章得出市场激励型规制工具与节能减排效率呈现“U”形结构，第四章考证了市场激励型规制工具的长短期经济增长促进效应。易于发现，市场激励型规制工具只有在适度规制强度下才有利于实现节能减排与经济增长双赢，从侧面反映出当前市场激励型规制工具强度整体已越过“U”形底端。令人遗憾的是，公众参与型规制工具阻碍了系统耦合度的提升，规制强度每提升 1%，系统耦合度下降 0.0114%。公众参与型规制工具对于提升节能减排效率的作用值得肯定，但其长短期经济增长的抑制效应在第四章已得到检验。值得庆幸的是，企业个体努力对于系统耦合度产生显著的促进效应，企业投入每增加 10%，系统耦合度上升 0.047%，这与 Ahmet（2013）得出“污染源治理投资在提升节能减排效率的同时，也促进工业内比较优势产业的发展”的结论一致，高明和黄清煌（2015）得出关于“污染源治理投资导致其生产成本的增加，这种要素的变化将刺激企业主动进行创新，实现可持续发展”的观点也支持上述结论。

第六节　本章小结

从环境规制是否引致节能减排与经济增长双赢这一基本问题着手。首先，基于系统耦合原理，构建节能减排与经济增长交互作用的系统耦合模型，从理论上分析两者的耦合优化原理，并实证测算了省级节能减排与经济增长的系统耦合度及其动态特征。其次，利用 2001 ~ 2013 年中国 30 个省份的面板数据，运用系统广义矩估计方法实证检验了环境规制对节能减排与经济增长系统耦合度的影响及考察其阶段性特征和地区异质性。最后，为对比不同经济主体对实现可持续发展作用的差异，本章将基于政府层面和企业个体努力层面做进一步探讨，其中，政府层面包括命令控制型、市场激励型和公众参与型规制工具。实证结果表明以下方面。

（1）中国节能减排与经济增长的系统耦合度大体上呈现增加的趋势，但耦合协调水平处于较低水准，发展层级仅仅从濒临失调衰退层级向勉强协调发展层级过渡，且空间角度存在东中西部梯度递减的分布特征。分区域情况也不容乐观，耦合度最高的东部地区位于勉强协调发展层级，而中西部地区更是位于濒临失调衰退层级。但仍有可喜的地方，在2001～2013年，19个省份实现了层级跨越，其中贵州、黑龙江和江苏3个省份甚至实现了两级跨越。

（2）环境规制有利于提高节能减排与经济增长的系统耦合度，意味着当前环境规制在履行节能减排职能的基础上，创新补偿效应也倒逼经济增长。分阶段来看，环境规制在第一阶段阻碍了系统耦合度的提升，而在第二阶段成为系统耦合度提升的关键因素。分地区来看，东部地区的环境规制显著正向作用于系统耦合度，而中西部地区的环境规制却明显抑制了系统耦合度。

（3）从政府层面出发，当前的环境规制工具中只有市场激励型规制工具实现了节能减排与经济增长共同发展，而命令控制型和公众参与型规制工具均加剧了节能减排与经济增长之间的矛盾，使之更为失调，主要原因在于其促进节能减排的同时，阻碍了经济增长。从企业个体努力层面出发，可知污染治理投资对系统耦合度呈现积极的促进作用，这也反映出当前企业的环保投入对可持续发展的重要性。

第六章 实现绿色发展的最优规制强度

第一节 问题的提出

改革开放以来，中国二元经济结构向一元经济结构的过渡，以及工业化和城市化的爆发式发展，催发了诸多环境问题，尤其是近来舆论关于“癌症村”、水体污染事件、大范围区域灰霾污染事件、启东事件的报道更是接连见于报端。《全国环境统计公报》（2013 年）显示，尽管二氧化硫、氨氮、氮氧化物、化学需氧量等指标的排放量均有所下降（二氧化硫排放量下降 3.48%、氨氮排放量下降 3.12%、氮氧化物排放量下降 4.72%、化学需氧量排放量下降 2.93%），但是环境形势依旧严峻，环境风险不断凸显，污染治理任务仍然艰巨。严峻的环境现实使我们不得不回头思考中国的经济发展战略和国家环境政策。但问题的关键是，中国作为转型国家，经济与资源环境的协调问题是转型过程中不可回避的难题。自 Aghion 和 Howitt（1998）提出人力资本、知识资本有助于使节能减排与经济增长效应在此消彼长中达到某种均衡这一著名论断以来，学者们不断从社会资本、制度安排做进一步探讨。然而，不可否认，作为处理环境污染负外部性的环境规制在实现可持续发展方面所拥有的优势（Zaim and Taskin，2000）。

第五章的实证检验提供了环境规制对于促进节能减排与经济增长协

调发展的经验证据，意味着环境规制在履行倒逼节能减排职能的基础上，通过创新补偿效应促进绿色技术创新、产业优化升级和发展方式转变。然而，线性关系的假设前提使得结论仍存在局限性，如若存在非线性特征，线性估计将是有偏的。考虑到地区间环境规制强度的迥异及不同区域内企业对规制强度的承受和反应存在差异，环境规制与系统耦合度之间非线性关系的可能性是存在的。这似乎也能从现有实证检验中得到若干证据。一方面，“波特假说”的前提是合理设置环境规制强度（Porter，1991；Ambec and Barla，2002），李平和慕绣如（2013）也指出，适度的规制强度才能够刺激企业进行技术创新，产生创新补偿效应，同时环境规制的创新补偿效应是促进环境保护与经济增长协调发展的关键。此外，沈能（2012）、韩晶等（2014）分别基于行业和制造业数据确定了保增长和减排放双重约束下的最优规制强度。这意味着，适度的环境规制强度才能实现帕累托最优。另一方面，部分学者发现环境规制与节能减排或经济增长的非线性关系。对于环境规制与节能减排，部分学者发现环境规制与节能减排之间呈倒“U”形关系（高明、黄清煌，2015），高明和黄清煌（2015）基于分规制工具做进一步分析的研究表明，命令控制型和公众参与型环境规制与节能减排效率之间表现出类似于倒“U”形的关系，市场激励型正好相反，呈现“U”形关系。对于环境规制与经济增长，部分研究倾向于认为环境规制与经济增长之间呈倒“U”形假说，即只有放松环境规制才有利于吸引投资，过严的环境规制反而会抑制经济的聚集与增长（Antweiler et al.，2001；Copeland，2012）；还有部分学者发现，经济增长与环境规制之间呈现“U”形曲线结构（赵霄伟，2014）。

那么，环境规制与系统耦合度的关系真正如何？环境规制强度门槛效应是否存在？现有文献还未有关于环境规制与系统耦合度内在逻辑关系的经验检验。因此，本书试图填补这一理论空白。在研究这一问题的过程中，如何划分环境规制强度或规制区间将对研究结果产生直接的影响。因此，为避免传统主观判定环境规制强度或规制区间导致估计结果的偏误，本书采用 Hansen 构建的面板门槛模型，根据数据自身的特征内生地确定门槛值，以期提供实现最优可持续发展的规制强度或规制区间。

第二节　环境规制与系统耦合度的门槛面板模型设定

本书第五章得出了环境规制对于实现节能减排与经济增长双赢的经验证据，因此政府可以通过环境规制趋紧，在解决资源环境问题的同时加快经济发展。不可否认，上述结论的政策启示倾向于呼吁严格的规制强度以推动节能减排与经济增长的共同发展。但“波特假说”提出的创新补偿效应是建立在合理规制强度基础上，意味着环境规制与系统耦合度存在非线性的可能，而以往研究往往忽略了两者非线性关系的存在（梁俊，2014；Rassier and Earnhart，2015；Wang and Shen，2016），大部分文献均采用线性估计的方法就两者的关系进行检验，其结论的可信度自然大打折扣。如果两者存在非线性关系，线性估计将是有偏的（Hansen，2011）。部分学者虽考虑到非线性问题，但仍采用传统加入解释变量的二次项（李玲、陶锋，2012；王杰、刘斌，2014）、加入虚拟变量和交乘项（张华，2014）或分组检验（刘金林、冉茂盛，2015）的方法。显然，这种方式难以准确挖掘到环境规制对节能减排与经济增长系统耦合度影响的具体门槛水平，如若将基于某个指标对数据进行人为的分类作为处理非线性问题的手段，以此将数据的非线性转化为线性，很可能会导致模型设定偏误（李平、慕绣如，2013）。事实上，Caneral 和 Hansen（1991）构建的门槛模型就可以有效处理上述问题。因此，为了验证上述关系，本章利用 Hansen（1999）提出的面板门槛回归模型，依照数据自有的特性来内生地判定区间，进而检验不同区间内环境规制与系统耦合度之间的关系，以期获得实现可持续发展的最优规制强度，为政府决策提供经验性的理论支持。

单一门槛模型下的门槛值 γ，对于 $er_{it} < \gamma$ 和 $er_{it} \geqslant \gamma$ 两种情况，环境规制与系统耦合度表现出显著的差异，因此建立以规制强度为门槛变量的单一门槛模型：

$$\ln d_{it} = \mu_i + a_1 \ln er_{it} I(M_{it} < \gamma) + a_2 \ln er_{it} I(M_{it} \geqslant \gamma) + \beta X_{it} + \varepsilon_{it} \tag{6-1}$$

其中，i 表示省份，t 表示年份，$\ln d_{it}$和 $\ln er_{it}$分别为被解释变量（节能减排与经济增长系统耦合度）和解释变量（环境规制）。[①] X_{it}为一组可能对系统耦合度产生影响的控制变量，包括技术创新（ti）、产业结构（is）、外商直接投资（fdi）、能源消费结构（ecs）、市场化程度（md）、所有制结构（os）、自然资源禀赋（nr）和贸易开放度（to），[②] β 为相应的系数向量。本书选取环境规制强度作为门槛变量（M_{it}），γ 为特定的门槛值。I（·）为指示函数，相应的条件成立时取为 1，否则为 0。$\varepsilon_{it} \sim$ i. i. d. N（0，σ^2）为随机干扰项。

进行模型估计时，首先需要采用去除组内平均值的方法来消除个体效应 μ_i，并将式（6－1）用矩阵的形式表示为：

$$\ln d_{it} = x(\gamma)\beta + \varepsilon \tag{6-2}$$

对于给定的 γ 值，利用普通最小二乘法计算出参数 β 的一致估计量：

$$\hat{\beta}(\gamma) = [X(\gamma)'X(\gamma)]^{-1}X(\gamma)'Y \tag{6-3}$$

对应的残差向量为 $\hat{e}(\gamma)$ 以及残差平方和 $S_1(\gamma)$ 为：

$$\hat{e}(\gamma) = Y - X(\gamma)\beta(\gamma) \tag{6-4}$$

$$S_1(\gamma) = \hat{e}(\gamma)'\hat{e}(\gamma) \tag{6-5}$$

接下来，可以通过最小化式（6－5）对应的 S_1（γ）来获得 γ 的估

① 由于本章的被解释变量和主要解释变量（环境规制）与第五章完全一致，为避免重复，本章将不进行变量说明和数据来源分析，如若想掌握变量的测算过程或代理变量的度量方程，可以参照第五章的做法。

② 控制变量中，所有解释变量保持与第五章一致的数据。

计值：

$$\hat{\gamma} = \arg\min_{\gamma} S_1(\gamma) \tag{6-6}$$

一旦得到了 $\hat{\gamma}$，便可得出 $\hat{\beta}=\hat{\beta}(\hat{\gamma})$、残差向量 $\hat{e}=\hat{e}(\hat{\gamma})$ 及残差的方差：

$$\hat{\sigma}^2=\hat{\sigma}^2(\hat{\gamma})=\frac{1}{n(T-1)}\hat{e}'\hat{e}=\frac{1}{n(T-1)}S_1(\hat{\sigma}) \tag{6-7}$$

在计算出参数估计值之后，还需对模型的两个假设进行检验。第一是检验模型是否具有门槛效应，其原假设为 H_0：$\beta_1=\beta_2$。同时构建 F_1 统计量进行似然比检验：

$$F_1=\frac{S_0-S_1(\hat{\gamma})}{S_1(\hat{\gamma})/n(T-1)} \tag{6-8}$$

其中，门槛值 γ 在原假设下是无法识别的，导致检验 F_1 的分布是非标准的。Hansen（1996）指出可以利用“自抽样法”来获得一阶渐近分布，从而计算出 P 值。第二是检验模型门槛值是否与真实值一致。在已经确认存在门槛值的前提下（$\beta_1\neq\beta_2$），同时 $\hat{\gamma}$ 作为 γ_0 的一致估计量，然而渐近分布是非标准的。Hansen 提出通过构造“非拒绝域”，即当满足 $LR_1(\gamma_0)\leqslant c(\alpha)$ 时，不能拒绝原假设，其中 $c(\alpha)=-2\ln(1-\sqrt{1-\alpha})$。而对于原假设 H_0：$\lambda=\lambda_0$ 而言，似然比统计量为：

$$LR_1(\gamma)=\frac{S_1(\gamma)-S_1(\hat{\gamma})}{\hat{\sigma}^2} \tag{6-9}$$

上述模型中假设仅有一个门槛，但在多数情况下，门槛的个数不止一个。下面将进一步对双重门槛模型做简单分析。

$$\begin{aligned}\ln d_{it} = {} & \mu_i + a_1\ln er_{it}I(M_{it}<\gamma_1) + a_2\ln er_{it}I(\gamma_1\leqslant M_{it}<\gamma_2) + \\ & a_3\ln er_{it}I(M_{it}\geqslant\gamma_2) + \beta X_{it} + \varepsilon_{it}\end{aligned} \tag{6-10}$$

进行估计时，首先设 $S_1(\gamma)$ 为单一门槛下的残差平方和，求出使

S_1（γ）最小的相应门槛值 γ_1。而无论是 γ_1 还是 γ_2，$\hat{\gamma}_1$ 都是 γ_1 的一致估计量固定第一步得到的。其次按照以下筛选标准得出第二个门槛值 $\hat{\gamma}_2$。

$$S_2^{\gamma}(\gamma_2) = \begin{cases} S(\hat{\gamma}_1, \gamma_2), 若\ \hat{\gamma}_1 < \gamma_2 \\ S(\gamma_2, \hat{\gamma}_1), 若\ \hat{\gamma}_1 > \gamma_2 \end{cases} \quad \hat{\gamma}_2^{\gamma} = \arg\min_{\gamma_2} S_2^{\gamma}(\gamma_2) \tag{6-11}$$

Bai（1997）指出 $\hat{\gamma}_2^{\gamma}$ 是渐进有效的，而 $\hat{\gamma}_1$ 却不具有此性质。因为在估计 $\hat{\gamma}_1$ 时，残差平方和中囊括了所忽略区间造成的影响。但由于 $\hat{\gamma}_2^{\gamma}$ 是渐进有效的，所以可以固定 $\hat{\gamma}_2^{\gamma}$ 进行重新估计。此外，多重门槛模型的构建可以按照上述思路进行扩展，其假设检验也与上述两种情况下相似，此处就不再叙述。

第三节　实证结果与分类讨论

一　整体样本门槛检验结果

（一）门槛值的检验与确定

基于上述对门槛模型估计的探讨，本书采用 Stata 13.0 软件进行自抽样门槛检验。在模型检验前，首先，需要确定模型中的门槛个数，以便选用具体的模型形式；其次，通过使用 Bootstrap 方法，获得 F 统计量的渐进分布，并最终得出接受原假设的概率 P 值。表6－1 的结果显示，单一、双重门槛效应均显著，对应的自抽样 P 值分别为 0.020、0.000。

表 6－1　全样本的门槛效果检验

模型	F 值	P 值	1%	5%	10%
单一门槛	15.463***	0.020	16.111	9.765	7.827
双重门槛	6.446***	0.000	5.788	5.250	4.433
三重门槛	2.730	0.233	16.361	9.195	4.823

表6－2列出了门槛值 $\hat{\gamma}_1$ 和 $\hat{\gamma}_2$ 的估计值以及95%的置信区间，图6－1、图6－2提供的似然比函数使得门槛估计值和置信区间的形成过程更具直观性。门槛估计值是LR统计量为0时的取值，而置信区间是LR统计量小于5%显著性水平下的临界值所构成的区间，临界值参照Hansen提出的在95%置信水平下，$c(\alpha)=7.35$。本节双重门槛模型中，较小的门槛值为－0.452（见图6－2），较大的门槛值为－0.354（见图6－1）。据此，将环境规制强度分成低规制强度组（$M<0.636$）、中规制强度组（$0.636\leqslant M<0.702$）和高规制强度组（$M\geqslant 0.702$）三种类型。

表6－2　全样本门槛估计值和置信区间

模型	门槛估计值	转换后的门槛值	95%置信区间	转换后的置信区间
单一门槛	－0.452	0.636	[－0.468，－0.353]	[0.626，0.703]
双重门槛：				
$\hat{\gamma}_1$	－0.354	0.702	[－0.646，－0.124]	[0.524，0.883]
$\hat{\gamma}_2$	－0.452	0.636	[－0.482，－0.397]	[0.618，0.672]
三重门槛	－0.272	0.762	[－0.647，－0.124]	[0.524，0.883]

注：为避免存在异方差和多重共线性问题，本书对门槛变量取对数，环境规制取值范围为0～1，从而使得门槛值为负数。为能够直观掌握门槛值反映出的规制强度突变点，本书进一步提供转换后的门槛值。

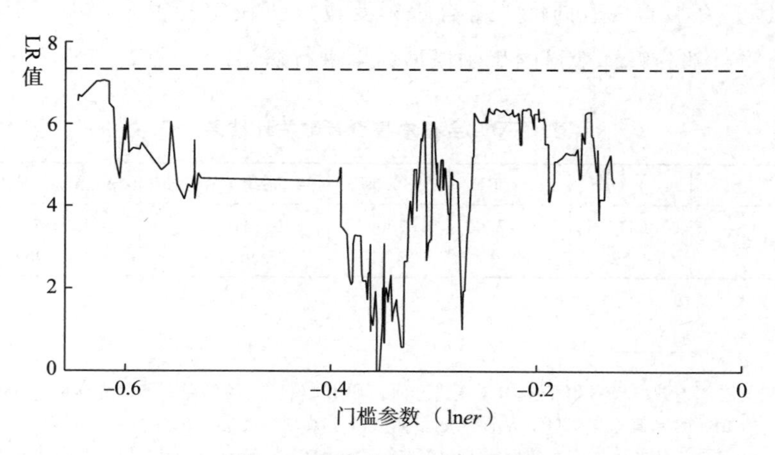

图6－1　搜索第一个门槛值

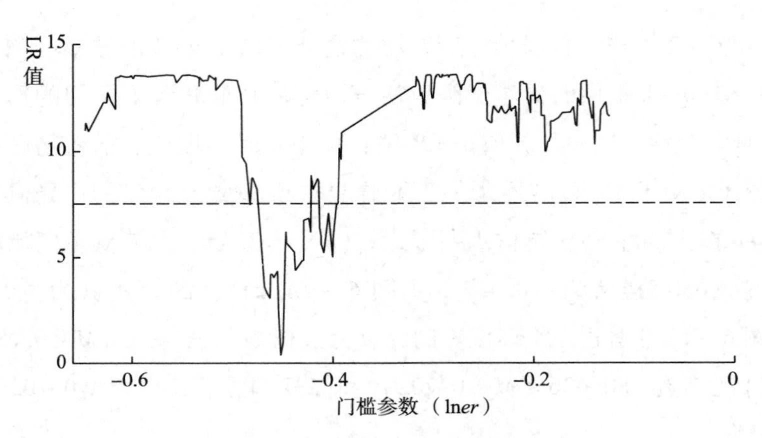

图 6-2　搜索第二个门槛值

（二）门槛模型的估计

从表 6-3 的结果看，不考虑个体效应的混合 OLS 回归在系数显著性方面低于系统 GMM 估计。[①] 利用 Hausman 检验来甄别固定效应模型和随机效应模型，检验结果说明模型拒绝“固定效应和随机效应的系数不存在统计上显著差异”的原假设，此时随机效应模型将是有偏的，而固定效应模型仍然有效。为了克服异方差、序列相关以及截面相关对统计推断的影响，本节继续遵循第五章采用系统 GMM 克服内生性问题的方法。对比模型（4）和模型（5）可以发现，部分解释变量内生的模型（5）在显著性方面优于所有解释变量外生设定的模型（4），因此，本节将以部分解释变量内生的模型为主进行探讨。

表 6-3　全样本模型参数估计结果

变量	（1）OLS	（2）RE	（3）FE	（4）系统 GMM 外生	（5）系统 GMM 内生
ln*ti*	0.0537*** (4.52)	0.0877*** (6.30)	0.0750*** (5.31)	0.1410*** (9.50)	0.1035*** (5.96)

① 在固定效应模型和混合 OLS 筛选方面使用 LR 检验，检验结果 LR 统计量为 556.30，相应的 P 值为 0.0000，从而拒绝个体效应干扰项方差为零的原假设，说明个体特质显著，从而选择固定效应模型；类似的，在随机效应模型和 OLS 筛选方面使用 LM 检验，检验结果 LM 统计量为 942.11，相应的 P 值为 0.0000，从而选择随机效应模型。

续表

变量	(1) OLS	(2) RE	(3) FE	(4) 系统 GMM 外生	(5) 系统 GMM 内生
ln*is*	0.3464*** (7.42)	0.0016 (0.04)	0.0121 (0.30)	-0.1287*** (-4.09)	-0.2181*** (-5.07)
ln*fdi*	0.0140** (2.25)	0.0178*** (3.04)	0.0175*** (3.14)	0.0164*** (2.88)	0.0190*** (3.35)
ln*ecs*	-0.0117 (-1.52)	-0.0221*** (-3.35)	-0.0274*** (-4.38)	-0.0172*** (-4.00)	-0.0189*** (-4.63)
ln*md*	-0.0069 (-0.30)	0.0301* (1.84)	0.0386** (2.52)	-0.0047 (-0.44)	0.0266** (2.45)
ln*os*	-0.0993*** (-4.03)	-0.0247 (-1.22)	-0.0298 (-1.54)	-0.0223* (-1.69)	-0.0074 (-0.54)
ln*to*	0.1322*** (16.26)	0.0285*** (2.91)	-0.0121 (-1.10)	0.0891*** (9.83)	0.0838*** (10.90)
ln*nr*	-0.0135** (-1.98)	-0.0092 (-1.60)	-0.0015 (-0.25)	0.0275*** (4.49)	0.0181*** (4.14)
ln*er*_*x*_ln*er*1	0.1507*** (3.39)	0.0824*** (3.25)	0.0791*** (3.40)	0.0574*** (3.67)	0.1027*** (6.18)
ln*er*_*x*_ln*er*2	-0.2267*** (-3.00)	0.1072** (2.01)	0.0831* (1.65)	0.1992*** (3.75)	0.1371*** (3.01)
ln*er*_*x*_ln*er*3	-0.1901*** (-3.58)	-0.0646** (-2.26)	-0.0632** (-2.40)	-0.0615** (-2.40)	-0.0863*** (-4.55)
_cons	-0.5366*** (-6.30)	-0.4744*** (-5.89)	-0.5748*** (-7.38)	-0.0697 (-0.90)	-0.2851*** (-3.59)
R^2	0.7901	0.6492	0.6658	—	—
AR (1)	—	—	—	-2.7634 (0.0057)	-2.9770 (0.0029)
AR (2)	—	—	—	-1.1933 (0.2308)	-1.1054 (0.2690)
Sargan 检验	—	—	—	24.7134 (1.0000)	25.1793 (1.0000)
F 值/Wald 值	134.15 (0.000)	663.97 (0.000)	63.21 (0.000)	3433.73 (0.000)	1889.42 (0.000)

注：①ln*er*_*x*_ln*er*1、ln*er*_*x*_ln*er*2 和 ln*er*_*x*_ln*er*3 是由双重门槛划分的三个区间，ln*er*_*x*_ln*er*1 表示小于较小门槛值所构成的区间，ln*er*_*x*_ln*er*2 表示大于等于较小门槛值且小于较大门槛值所构成的区间，ln*er*_*x*_ln*er*3 表示大于等于较大门槛值所构成的区间；②OLS、FE 模型提供的是 F 值，RE 则提供的是 Wald 值。

门槛回归结果显示，环境规制对节能减排与经济增长系统耦合度的影响并非简单的线性关系，其影响效果在不同规制强度或规制区间上各不相同，即伴随环境规制强度的不断提高，环境规制对系统耦合度产生先提升后降低的影响。也就是说，环境规制与系统耦合度之间存在倒“U”形关系，这与宋文飞等（2014）、高明和黄清煌（2015）的研究结论具有一定的相似性，他们分别得出环境规制与创新效率、环保投资与工业污染减排之间存在倒“U”形关系的结论。当环境规制强度低于0.636时，$\ln er_x_\ln er1$的系数值为0.1027，且达到1%的显著性水平，即环境规制强度每提高1%，系统耦合度将提高0.1027%。随着环境规制强度提高到大于等于0.636且小于0.702时，环境规制对系统耦合度的弹性提升到0.1371。然而，随着环境规制强度大于等于0.702时，环境规制反而抑制系统耦合度，其系数为-0.0863，且满足统计意义上的显著。易于发现，环境规制对系统耦合度的倒逼效应并非简单的递增或递减，其影响的弹性系数在不同区间截然不同，说明两者具有明显的非线性关系。环境规制强度的逐渐提高，会对系统耦合度产生先促进后抑制的影响，因此环境规制与系统耦合度之间呈现倒“U”形结构。也就是说，当环境规制强度较低时，环境规制有利于促进节能减排与经济增长的协调发展；随着规制强度提高至适宜强度时，环境规制进一步推动系统耦合度提高，并达到顶峰；当环境规制强度继续提高，直至跨过特定的门槛值时，其对系统耦合度的促进作用开始消失，相反，环境规制成为阻碍节能减排与经济增长协调发展的重要原因。

具体而言，适度的环境规制强度才能引致最优的节能减排与经济增长的协调发展，较低的规制强度虽也能促进经济可持续发展，但并未达到帕累托最优，这与“波特假说”的前提条件“适度的规制强度”相吻合，同时第五章也得出环境规制对实现节能减排与经济增长双赢的经验证据。较高的规制强度显著抑制了系统耦合度，这显然也可从实践和学者观点中得到认可，资源环境成本的大幅度提升将不可避免地大范围淘汰无力承受成本上涨的企业（金碚，2009），而在一定时期内，一个地区能够承受企业被淘汰多寡的冲击是有限度的，如果超出特定的范围，这样的环境规制就是不可行的（原毅军、谢荣辉，2014）。为此，若盲目提高环境规制强度将导致大量企业特别是中小企业的过度淘汰，反而会损害经济的健康发展，从而使得节能减排与经济增长脱节。此外，在以 GDP 为主的绩效考核体制下，地方政府不会对企业的淘汰视而不见，为保持地方经济竞争力以突出政治地位，他们可能更倾向于牺牲非经济职能目标（环境保护）以实现短期的经济利益，同样使得节能减排与经济增长的矛盾加剧。

二　分组样本门槛检验结果

第五章分地区样本证明了环境规制对环境友好与经济良好发展的影响存在显著的地区异质性，而分阶段样本也已检验出 2006 年强制执行节能减排政策并纳入政府绩效考核体系对系统耦合度产生了关键性的影响。整体样本门槛模型虽考察了环境规制与系统耦合度的非线性关系，但其门槛值是否存在地区差异性和阶段性特征，这对于政府制定和实施环境规制具有重要的参考意义。因此，有必要分区域和分时段做进一步门槛效应检验，以辨别不同地区和不同时间段环境规制对系统耦合度的门槛特征。

（一）分地区对比门槛检验结果

进行门槛回归分析前，首先需要确定样本数据是否存在门槛效应，以便相应设定模型的具体形式。其次利用 Stata 13.0 软件依次估计单一门槛、双重门槛和三重门槛效应，并利用自抽样方法获取 F 统计量的渐进分布和接受原假设的概率 P 值。表 6－4 估计结果显示，东部地区的单一门槛显著，对应的自抽样 P 值为 0.000，而双重和三重门槛效果无法满足统计意义上的显著。中部地区和西部地区单一门槛和双重门槛均显著，相应的自抽样 P 值分别为 0.030、0.060 和 0.000、0.040，但三重门槛未能通过显著性检验。

表 6－4　分地区样本的门槛效果检验

地区	模型	F 值	P 值	1%	5%	10%
东部	单一门槛	13.419***	0.000	12.962	10.631	8.294
	双重门槛	8.258	0.120	26.554	12.235	9.779
	三重门槛	3.114	0.200	6.060	5.246	4.749

续表

地区	模型	F值	P值	1%	5%	10%
中部	单一门槛	10.321**	0.030	13.193	8.310	6.128
	双重门槛	6.148*	0.060	9.400	6.544	4.756
	三重门槛	2.140	0.220	11.920	5.756	4.024
西部	单一门槛	15.889***	0.000	8.078	5.509	4.403
	双重门槛	8.011**	0.040	9.219	7.287	2.909
	三重门槛	3.575	0.367	9.103	8.554	8.054

表6-5列出了各门槛估计值以及置信区间，为便于分析，图6-3到图6-7进一步展示了似然比值与门槛参数。门槛估计值的95%置信区间是似然比统计量小于5%显著性水平下的临界值7.35（即各图中的虚线）所划分的区间。而LR检验曲线与水平虚线的交点构成表中的置信区间，当门槛估计值位于该区间，同时LR值位于临界值之下时，估计出的门槛值才是有效的。因此，可以判定东部地区的单一门槛模型中，门槛值为-0.285（见图6-3）；中部地区的双重门槛模型中，较小的门槛值为-0.355（见图6-4），较大的门槛值为-0.241（见图6-5）；西部地区的双重门槛模型中，较小的门槛值为-0.423（见图6-7），较大的门槛值为-0.334（见图6-6）。

表6-5　分地区样本门槛估计值和置信区间

地区	模型	门槛估计值	转换后的门槛值	95%置信区间	转换后的置信区间
东部	单一门槛	-0.285	0.752	[-0.411, -0.273]	[0.663, 0.761]
	双重门槛：				
	$\hat{\gamma}_1$	-0.403	0.854	[-0.411, -0.127]	[0.663, 0.881]
	$\hat{\gamma}_2$	-0.285	0.752	[-0.310, -0.273]	[0.733, 0.761]
	三重门槛	-0.183	0.833	[-0.217, -0.120]	[0.805, 0.887]
中部	单一门槛	-0.240	0.787	[-0.307, -0.198]	[0.736, 0.820]
	双重门槛：				
	$\hat{\gamma}_1$	-0.355	0.701	[-0.382, -0.099]	[0.682, 0.906]

续表

地区	模型	门槛估计值	转换后的门槛值	95%置信区间	转换后的置信区间
中部	$\hat{\gamma}_2$	-0.241	0.786	[-0.291, -0.199]	[0.748, 0.820]
	三重门槛	-0.186	0.830	[-0.304, -0.099]	[0.738, 0.906]
西部	单一门槛	-0.423	0.655	[-0.462, -0.400]	[0.630, 0.670]
	双重门槛：				
	$\hat{\gamma}_1$	-0.334	0.716	[-0.702, -0.283]	[0.496, 0.754]
	$\hat{\gamma}_2$	-0.423	0.655	[-0.462, -0.405]	[0.630, 0.667]
	三重门槛	-0.565	0.568	[-0.711, -0.521]	[0.491, 0.594]

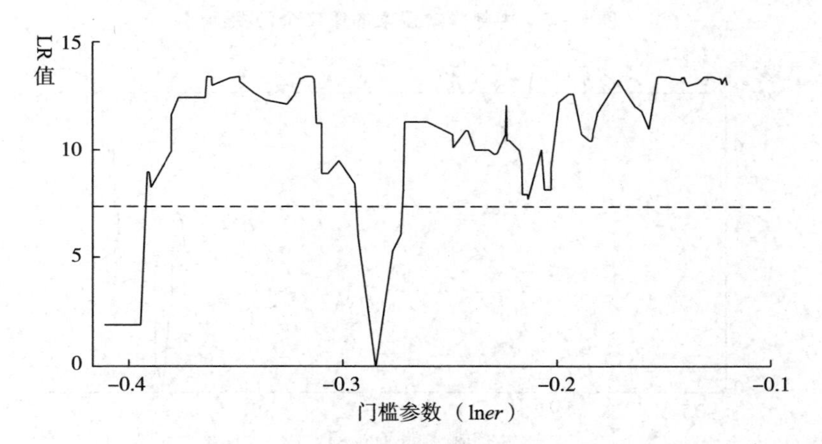

图6-3　东部样本搜索的门槛值

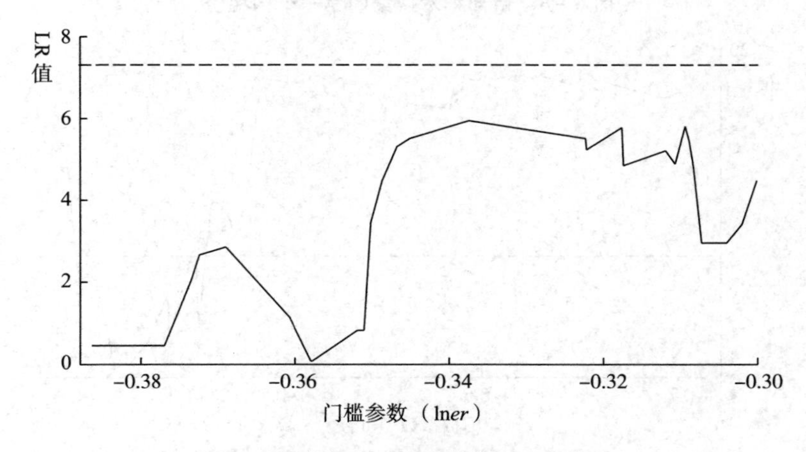

图6-4　中部样本搜索的第一个门槛值

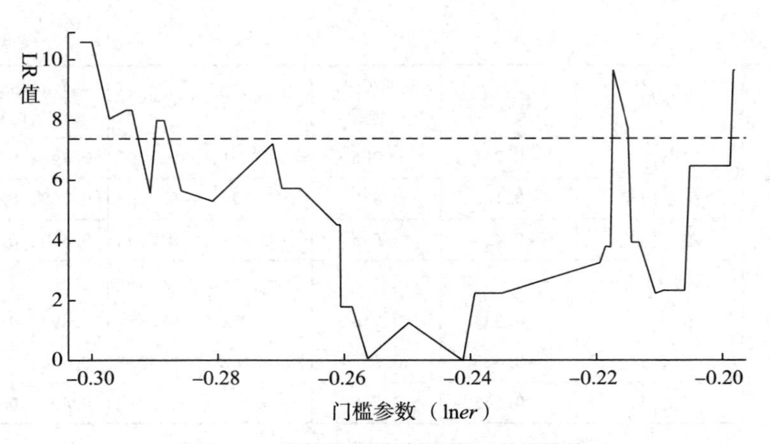

图 6－5　中部样本搜索的第二个门槛值

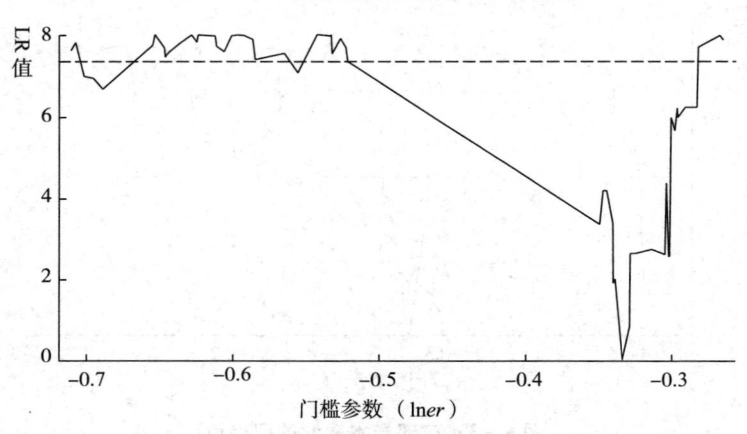

图 6－6　西部样本搜索的第一个门槛值

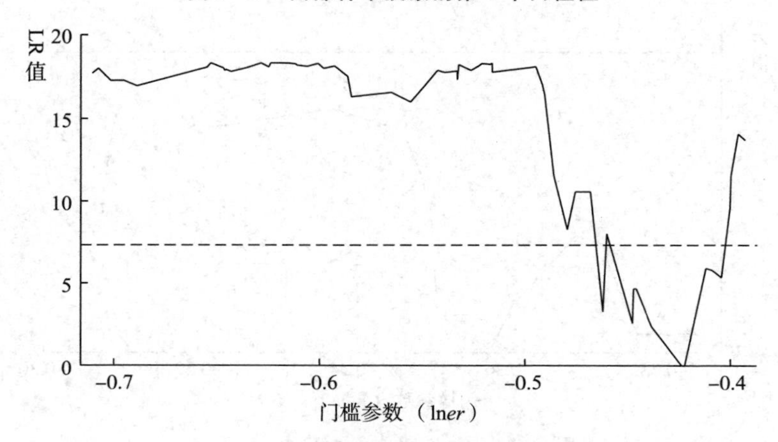

图 6－7　西部样本搜索的第二个门槛值

分地区使得样本变为小 N 大 T 型，Kiviet（1995）指出，当 N 较小时，采用系统 GMM 效果往往欠佳，因为系统 GMM 是基于大样本的。Wooldridge（2002）认为，在异方差、序列相关和截面相关方面，对于小 N 大 T 型的样本更应关注序列相关。因此，本节将采用 GLS 进行序列相关检验[①]。

估计结果如表 6－6 所示，东部地区存在单一门槛效应，当规制强度小于 0.752 的门槛值时，环境规制与系统耦合度虽然正相关，但不显著，估计系数是 0.0901；当规制强度大于等于 0.752 的门槛值时，提高规制强度对系统耦合度的影响显著且是有意义的，系数估计值为 0.2346。中西部地区环境规制对系统耦合度的影响呈倒“U”形结构，其中，中部地区在规制强度小于 0.701 的门槛值时，环境规制与系统耦合度虽然呈正相关，但不显著，估计系数分别为 0.0517 和 0.0562；当规制强度大于等于 0.786 的门槛值时，环境规制与系统耦合度呈负相关，规制强度的提高阻碍了系统耦合度。与中部地区类似，西部地区在规制强度小于 0.655 的门槛值时，环境规制与系统耦合度显著呈正相关，估计系数为 0.1588；当规制强度大于等于 0.655 但小于 0.716 的门槛值时，环境规制与系统耦合度虽然呈负相关，但不显著，估计系数是 －0.0021；但当规制强度大于等于 0.716 的门槛值时，环境规制反而扮演阻碍系统耦合度的角色，其系数为 －0.1075。不难发现，环境规制对系统耦合度的门槛效应存在明显的地区异质性，东部地区在高规制强度下才能发挥环境规制倒逼节能减排与经济增长协调发展的作用，而中西部地区只在低规制强度下才能实现环境规制的正向作用，并且在高规制强度作用下反而成为系统耦合度低下的元凶。东部地区经济起飞快、产业基础好、环境法律法规完善，使得其具备施行严格环境规

① Hausman 检验结果：东部地区为 11.71（0.3049）和 12.51（0.2523）、中部地区为 252.74（0.0000）和 －31.15（0.1816）、西部地区为 277.44（0.0000）和 －47.16（0.2132）。其中，各地区 Hausman 结果前面为固定效应和随机效应的筛选，后面为 GLS 估计下固定效应和随机效应的筛选。

制的激励，从而不断刺激企业实现技术创新和产业完成优化升级，进而带来经济与环境绩效的双赢。欠发达的中西部地区经济发展水平落后、产业基础薄弱、技术储备不足，使得只有适度的规制强度才能刺激企业创新、技术扩散和结构升级效应以弥补甚至超过遵循成本效应，由此既可提高节能减排效率，又能促进经济健康发展。在此基础上，表 6 - 7 到表 6 - 9 利用门槛临界值将 2001 ~ 2013 年分区域环境规制强度进行分类。

表 6 - 6　分区域样本模型参数估计结果

变量	东部地区		中部地区		西部地区	
	RE	RE GLS	FE	FE GLS	FE	FE GLS
ln*ti*	0.2043*** (9.60)	0.0639*** (3.34)	0.1214*** (4.66)	0.0972*** (3.36)	0.0765*** (3.45)	0.0680*** (2.66)
ln*is*	-0.1834*** (-4.16)	0.0050 (0.10)	-0.3388*** (-2.88)	-0.5401*** (-3.98)	-0.2120** (-2.21)	-0.3228*** (-2.66)
ln*fdi*	-0.0318* (-1.89)	0.0194 (1.49)	0.0311*** (2.72)	0.0144 (1.15)	0.0058 (0.75)	0.0104 (1.22)
ln*ecs*	0.0850** (2.36)	0.0515** (2.34)	-0.0350** (-2.54)	-0.0210 (-1.60)	-0.0230*** (-2.98)	-0.0176** (-2.18)
ln*md*	-0.0945* (-1.65)	-0.0746*** (-2.87)	0.0299 (0.89)	0.0410 (1.26)	0.0048 (0.19)	0.0020 (0.07)
ln*os*	-0.0753* (-1.84)	-0.0541** (-2.24)	0.0710 (1.52)	0.0822* (1.67)	-0.0322 (-0.88)	-0.0702* (-1.83)
ln*nr*	-0.0224*** (-2.91)	0.0051 (0.95)	0.0282 (1.47)	0.0522** (2.47)	0.0478*** (3.46)	0.0436*** (2.67)
ln*to*	0.0619*** (3.50)	0.0415** (2.26)	0.0056 (0.22)	0.0118 (0.45)	-0.0132 (-0.75)	-0.0702 (-1.05)
ln*er*_*x*_ln*er*1	0.0901 (0.79)	0.0472 (0.71)	0.1179** (2.12)	0.0517 (0.99)	0.1626*** (3.94)	0.1588*** (3.68)
ln*er*_*x*_ln*er*2	0.2346** (2.22)	0.0961*** (2.57)	-0.1399 (-0.95)	0.0562 (0.37)	0.0290 (0.35)	-0.0021 (-0.03)
ln*er*_*x*_ln*er*3	—	—	-0.2466*** (-3.22)	-0.1572** (-2.03)	-0.1352** (-2.60)	-0.1075** (-2.01)

续表

变量	东部地区		中部地区		西部地区	
	RE	RE GLS	FE	FE GLS	FE	FE GLS
_cons	0.1576 (1.02)	-0.4279*** (-4.11)	-0.5226*** (-3.87)	-0.4453*** (-4.41)	-0.5684*** (-4.32)	0.7080*** (-5.96)
R^2	0.3363	0.5242	0.7328	0.5726	0.7912	0.7059
AR (1) /LM	0.0321	0.0321	0.0052			
F值/Wald值	726.63 (0.0000)	92.94 (0.0000)	21.29 (0.0000)	9.38 (0.0000)	41.67 (0.0000)	24.67 (0.0000)

注：①序列相关检验方面，固定效应模型采用 Arellano - Bond Test for AR (1)；随机效应模型采用原始拉格朗日 LM 统计量进行检定；②FE 和 FE GLS 模型提供的是 F 值，RE 和 RE GLS 模型则提供的是 Wald 值；③FE GLS 即序列相关检验，选择一阶相关系数的计算方法，为此 FE GLS 的样本数会相应减少 N 个。

表 6-7 显示，在 2001~2013 年，东部地区的省份中，有京、津、沪、苏、闽、鲁、粤和琼 8 个地区分别实现了不同水平的门槛跨越，从而为各自地区节能减排效率的提高做出积极贡献。截至 2013 年，在所考察的 11 个省份中，环境规制强度低于 0.752 的只有冀和辽，意味着环境规制并未对这两个地区的系统耦合度产生明显的影响。

表 6-7 东部地区 2001~2013 年不同规制强度的省份划分

	不同门槛水平所对应的地区			
门槛水平	2001 年	2002 年	2003 年	2005 年
$M<0.752$	京、津、冀、辽、沪、苏、闽、鲁、粤、琼	京、津、冀、辽、沪、闽、鲁、粤	京、津、冀、辽、沪、鲁、粤	京、冀、辽、沪
$M\geq0.752$	浙	苏、浙、琼	苏、浙、闽、琼	津、苏、浙、闽、鲁、粤、琼
门槛水平	2006 年	2008 年	2009 年	2013 年
$M<0.752$	冀、辽、沪	冀、辽	辽	冀、辽
$M\geq0.752$	京、津、苏、浙、闽、鲁、粤、琼	京、津、沪、苏、浙、闽、鲁、粤、琼	冀、京、津、沪、苏、浙、闽、鲁、粤、琼	京、津、沪、苏、浙、闽、鲁、粤、琼

表 6-8 显示，中部地区 2001~2013 年，晋、吉、黑、赣、豫、鄂和湘 7 个地区分别实现了不同水平的门槛跨越。其中，尤以赣、豫、鄂

和湘4个省份跨过第二个门槛值0.786，加之皖一直维持在此区间，表明这5个地区的环境规制强度超过最优规制区间。进一步说明当前的环境规制强度虽有利于节能减排目标的实现，但也使得企业发展受到束缚，不利于可持续发展的实现。此外，从时间序列来看，大多数省份并未出现“逐底竞争”现象，相反，更多的是采用“标尺竞争”策略。

表6-8　中部地区2001~2013年不同规制强度的省份划分

	不同门槛水平所对应的地区			
门槛水平	2001年	2002年	2005年	2006年
$M<0.701$	晋、吉、赣、豫、湘	晋、吉、赣	晋、吉、赣、豫	晋、吉、黑、赣
$0.701\leqslant M<0.786$	黑、鄂	黑、豫、鄂、湘	黑、鄂、湘	豫、鄂、湘
$M\geqslant0.786$	皖	皖	皖	皖
门槛水平	2007年	2008年	2009年	2013年
$M<0.701$	晋、黑、赣	黑	—	—
$0.701\leqslant M<0.786$	吉、豫	晋、吉、赣	晋、吉、黑、赣	晋、吉、黑
$M\geqslant0.786$	皖、鄂、湘	皖、豫、鄂、湘	皖、豫、鄂、湘	皖、赣、豫、鄂、湘

表6-9显示，西部地区2001~2013年，内蒙古、渝、黔、滇、陕、甘、宁和桂8个地区分别实现了不同水平的门槛跨越，表明这些省份均超过最优规制区间，环境规制对系统耦合度的作用也由正转负。截至2013年，在所考察的11个省份中，规制强度低于0.655的只有青、新和川，意味着适度的规制强度促进了这3个地区系统耦合度的改善。

表6-9　西部地区2001~2013年不同规制强度的省份划分

	不同门槛水平所对应的地区			
门槛水平	2001年	2003年	2007年	2008年
$M<0.655$	内蒙古、川、渝、黔、滇、陕、甘、青、宁、新	内蒙古、川、黔、滇、陕、甘、青、宁、新	内蒙古、黔、陕、青、宁、新	黔、陕、青、宁、新

续表

	不同门槛水平所对应的地区			
门槛水平	2001 年	2003 年	2007 年	2008 年
$0.655 \leqslant M < 0.716$	桂	桂、渝	川、滇、甘	内蒙古、川、滇、甘
$M \geqslant 0.716$	—	桂	桂、渝	桂、渝
门槛水平	2009 年	2010 年	2011 年	2013 年
$M < 0.655$	青、新	青、新	青、新	青、新、川
$0.655 \leqslant M < 0.716$	内蒙古、川、黔、滇、陕	内蒙古	内蒙古、川	内蒙古
$M \geqslant 0.716$	桂、渝、甘、宁	桂、渝、川、黔、滇、陕、甘、宁	桂、渝、黔、滇、陕、甘、宁	桂、渝、黔、滇、陕、甘、宁

（二）分时段比较门槛检验结果

遵循前文的思路，以 2006 年为间断点将 2001 ~ 2013 年分为两个阶段，并分别对其进行门槛分析。首先需要确定模型的门槛特征，即门槛个数和门槛值，本书借鉴 Hansen（1999）提出的 Bootstrap 模型来模拟其渐进分布，进而构造经验 P 值，并分别对不存在门槛值（原假设）或存在一个门槛值（备选假设）、只存在一个门槛值（原假设）或存在两个门槛值（备选假设）、只存在两个门槛值（原假设）或存在三个门槛值（备选假设）三种情况进行检验。如表 6－10 所示，2006 年前后两个阶段的双重门槛效应分别在 10% 和 1% 的水平下显著，2001 ~ 2006 年，相应的 F 值和 P 值分别为 5.168 和 0.060；2007 ~ 2013 年，相应的 F 值和 P 值分别为 6.715 和 0.000。因此，本节将采用双重门槛对两个阶段的环境规制与系统耦合度关系进行探讨。

表 6－10　分时段样本的门槛效果检验

样本	模型	F 值	P 值	1%	5%	10%
2001 ~ 2006 年	单一门槛	3.716*	0.098	15.329	6.286	3.622
	双重门槛	5.168*	0.060	10.573	5.703	4.390
	三重门槛	2.654	0.250	10.564	9.835	8.978

续表

样本	模型	F值	P值	1%	5%	10%
2007～2013年	单一门槛	24.986***	0.000	15.938	7.984	5.623
	双重门槛	6.715***	0.000	5.667	4.845	2.775
	三重门槛	5.913	0.133	27.120	16.853	7.069

两个模型的门槛值和相应的95%置信区间展示于表6－11中，2001～2006年的两个门槛值分别为－0.521（0.594）与－0.312（0.732）；2007～2013年的两个门槛值分别为－0.400（0.670）与－0.311（0.733）。

表6－11 分时段样本门槛估计值和置信区间

样本	模型	门槛估计值	转换后的门槛值	95%置信区间	转换后的置信区间
2001～2006年	单一门槛	－0.316	0.729	[－0.635，－0.273]	[0.530，0.761]
	双重门槛：				
	$\hat{\gamma}_1$	－0.521	0.594	[－0.635，－0.382]	[0.530，0.682]
	$\hat{\gamma}_2$	－0.312	0.732	[－0.415，－0.273]	[0.660，0.761]
	三重门槛	－0.415	0.660	[－0.415，－0.373]	[0.660，0.689]
2007～2013年	单一门槛	－0.310	0.733	[－0.345，－0.302]	[0.708，0.739]
	双重门槛：				
	$\hat{\gamma}_1$	－0.400	0.670	[－0.400，－0.123]	[0.670，0.884]
	$\hat{\gamma}_2$	－0.311	0.733	[－0.317，－0.302]	[0.728，0.739]
	三重门槛	－0.128	0.880	[－0.261，－0.124]	[0.770，0.883]

图6－8到图6－11描绘了双重门槛模型的似然比函数，门槛参数的估计值是似然比统计量LR为0时γ的取值。图6－8和图6－9分别为2001～2006年搜索到的两个门槛值，分别为－0.521和－0.312；图6－10和图6－11分别为2007～2013年搜索到的两个门槛值，分别为－0.400和－0.311。

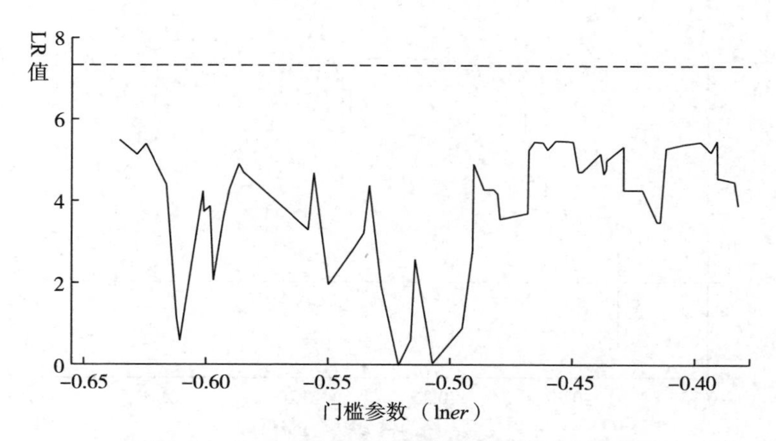

图 6－8　2001～2006 年样本搜索的第一个门槛值

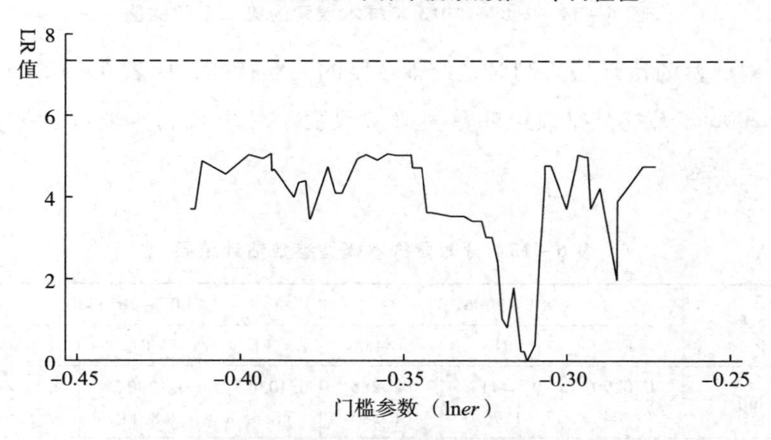

图 6－9　2001～2006 年样本搜索的第二个门槛值

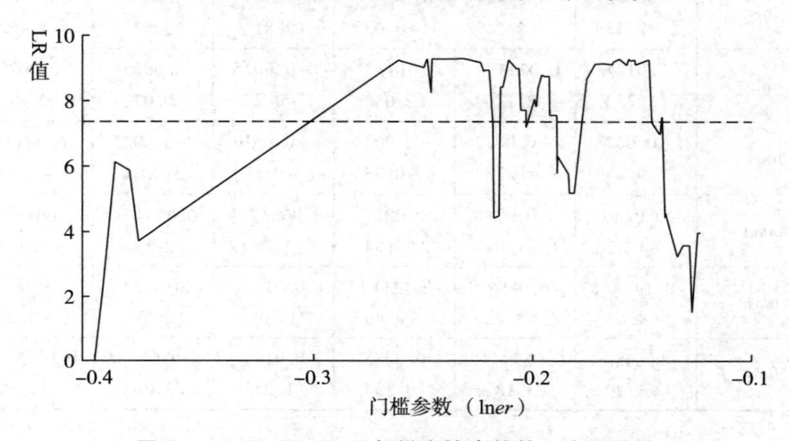

图 6－10　2007～2013 年样本搜索的第一个门槛值

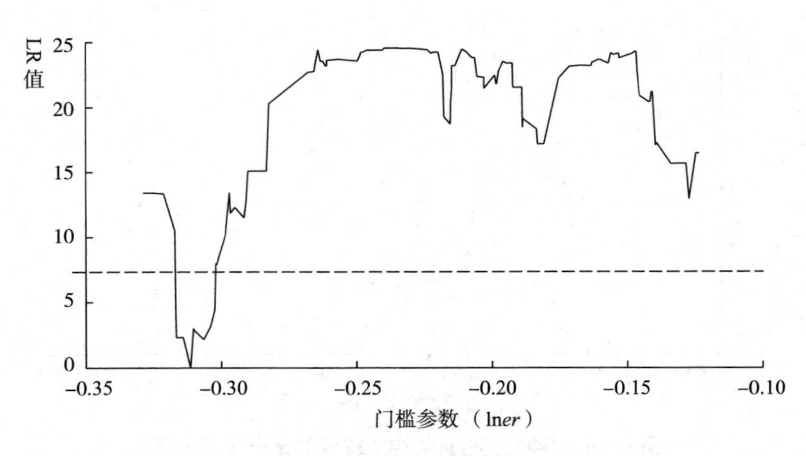

图 6-11　2007~2013 年样本搜索的第二个门槛值

对比两阶段环境规制对系统耦合度的门槛特征，由表 6-12 可以发现，2006 年节能减排政策的落实确实改变了环境规制实现可持续发展的整体形态。

表 6-12　分时段样本模型参数估计结果

变量	2001~2006 年			2007~2013 年		
	FE	RE	GMM	FE	RE	GMM
ln*ti*	0.0290 (1.04)	0.0441* (1.76)	0.0286 (1.58)	0.1030*** (6.55)	0.1200*** (8.11)	0.1064*** (5.58)
ln*is*	-0.0224 (-0.33)	-0.1383** (-2.24)	-0.2705*** (-6.03)	0.2800*** (2.81)	0.2450*** (2.67)	0.1955 (1.45)
ln*fdi*	0.0124 (1.25)	0.0223** (2.17)	0.0147** (2.05)	-0.0015 (-0.22)	0.0005 (0.07)	0.0023 (0.49)
ln*ecs*	-0.0078 (-0.68)	-0.0022 (-0.18)	-0.0034 (-0.33)	-0.0016 (-0.29)	-0.0023 (-0.41)	-0.0242*** (-3.62)
ln*md*	-0.0480* (-1.77)	-0.0288 (-1.00)	0.0029 (0.18)	0.0683*** (2.66)	0.0544** (2.12)	0.0648*** (3.36)
ln*os*	-0.1488*** (-4.04)	-0.0888** (-2.22)	-0.1211*** (-9.45)	0.0113 (0.59)	0.0123 (0.63)	-0.0030 (-0.28)
ln*to*	-0.0488* (-1.89)	0.0679*** (3.18)	0.0035 (0.13)	0.0139 (1.25)	0.0385*** (3.89)	0.0632*** (5.80)

续表

变量	2001～2006 年			2007～2013 年		
	FE	RE	GMM	FE	RE	GMM
ln*nr*	0.0367*** (3.65)	0.0105 (1.08)	0.0158** (2.20)	0.0081 (1.26)	0.0023 (0.36)	-0.0062 (-1.40)
ln*er*_*x*_ln*er*1	-0.0601* (-1.85)	-0.0416 (-1.13)	-0.1258** (-2.40)	0.0698*** (2.76)	0.0766*** (2.91)	0.0474* (1.87)
ln*er*_*x*_ln*er*2	0.1095 (1.38)	0.1176 (1.34)	0.5203*** (4.37)	0.1320** (2.28)	0.1440** (2.42)	0.2366*** (3.75)
ln*er*_*x*_ln*er*3	0.1043** (1.98)	0.1129* (1.86)	0.0800* (1.85)	-0.1240*** (-4.45)	-0.1200*** (-4.18)	-0.0510*** (-3.26)
_cons	-0.8460*** (-6.50)	-0.6602*** (-5.05)	-0.6940*** (-9.64)	-0.1510* (-1.84)	-0.0848*** (-3.72)	-0.1539 (-1.24)
R^2	0.3180	0.1842	—	0.6104	0.6242	—
AR（1）	—	—	-2.9424 (0.0033)	—	—	-1.8691 (0.0616)
AR（2）	—	—	-0.4310 (0.6664)	—	—	-1.4277 (0.1534)
Sargan 检验	—	—	24.1647 (0.3387)	—	—	24.6082 (0.9971)
N	180	180	180	210	210	210
F 值/Wald 值	5.89 (0.0000)	89.88 (0.0000)	648.56 (0.0000)	25.51 (0.0000)	308.54 (0.0000)	2385.73 (0.0000)

2001～2006 年，环境规制对系统耦合度的影响呈现“U”形结构，当规制强度低于 0.594 时，环境规制不利于节能减排与经济增长的协调发展；当规制强度提升到 0.594～0.732 时，环境规制促进系统耦合度改善的效果开始显现，但不显著；当规制强度跨过门槛值 0.732 时，环境规制成为地区实现节能减排与经济增长协调发展的重要手段。然而，从第五章的估计结果显示，环境规制在 2001～2006 年显著抑制系统耦合度，结合门槛参数估计结果，易于发现，当前规制强度仍处于抑制效应的第一区间，说明当前环境规制偏弱，无法实现在促进经济增长的同时提高节能减排效率。究其原因，一方面既有粗放型经济增长方式使得资源环境问题更为突出，另一方面在任期有限、事后责任制度缺失和经

济政绩考核机制的影响下，地方政府对短期经济绩效的偏好将使得负责具体实施的地方政府倾向于通过弱化规制强度来降低企业的“合规成本”，以吸引更多的资本等流动性要素流入，从而加剧节能减排与经济增长之间的矛盾。值得注意的是，当规制强度越过 0.732 时，环境规制不仅能够实现经济绩效，而且能够兼顾环境绩效。为此，在无政府过度干预状态下，伴随规制强度的提高，污染治理支出的边际效应随之递减，从而转为开始重视绿色技术创新投入，持续的创新行为必然会给企业带来创新补偿效应，最终实现节能减排与经济增长的双赢。

2007～2013 年，环境规制与系统耦合度符合倒“U”形关系，当规制强度跨过 0.670 时，作用系数从 0.0474 增至 0.2366；而跨过 0.733 时，作用系数由正转负，为 -0.0510。这表明环境规制对系统耦合度产生先促进后抑制的作用。伴随节能减排政策落入地方政府绩效考核体系，地方政府一改以往唯经济绩效的观念，虽然经济绩效仍为地方政府首要考虑目标，但环境绩效也开始进入它们关注的领域，因此，冀望通过环境规制的逐底竞争以提升引资竞争力往往成为不明之举。那么，在无政府过度干预状态下，环境规制作为有限解决资源环境问题的政策工具和产生的效果显得无可置疑，而环境规制激励绿色技术创新投入、倒逼产业结构优化升级和转变经济发展模式都将使得经济持续发展，可以看出，这与 2001 年“U”形线右端呈现一致的效果。然而，试图通过不断提高规制强度来实现最大化的系统耦合度并不现实，当规制强度跨过 0.733 这一门槛值时，环境规制抑制了系统耦合度，这也得到沈能（2012）研究的支持。一方面，规制强度的设定应以市场为主体，紧密结合企业最大承载力，当规制强度过高时，不仅会损害企业的积极性，而且会扩大隐性经济的规模（余长林、高宏建，2015）；另一方面，不同地区的经济、技术、产业和制度等存在较大差异，环境规制作用效果和企业承载力也会有所不同，因此，这一门槛值可能使环境规制产生负向效果的所有地区在整体效应上超过产生正向效果的所有地区，而这也会在下一节做详细的检验。此外，控制变量均保持与第五章系统 GMM 估计一致的效果，只有所有制结构存在差异，从而反映出本书模型的稳健性。

三　稳健性检验

通过对门槛模型估计结果的分析，得到环境规制与系统耦合度呈现倒“U”形关系。为了进一步印证上述结论是否受到变量选择的影响，本章进一步采用单位工业产值的废水排放量、单位工业产值的二氧化硫排放量和单位工业产值的工业烟（粉）尘排放量来作为环境规制的代理指标，对模型进行稳健性检验。表6－13的稳健性检验与表6－3的回归结果基本一致。首先，技术创新、产业结构、能源消费结构、贸易开放度和自然资源禀赋的系数依然显著，且符号保持与整体样本一致，外商直接投资和市场化程度只在烟（粉）尘模型中存在差异，而所有制结构在GMM模型中均达到统计意义上的显著。其次，三个模型均具备与整体样本一致的双重门槛效应。最后，三种不同的环境规制代理指标对系统耦合度的影响均为先负后正，即环境规制对系统耦合度的影响呈现“U”形结构。[①] 稳健性检验表明，适度的规制强度确实能够促进系统耦合度的提升，而当规制强度跨过倒“U”形顶端时，环境规制反而不利于节能减排与经济增长的协调发展。

表6－13　不同污染物样本模型参数估计结果

变量	废水（*pww*）		二氧化硫（pso_2）		烟（粉）尘（*pyfc*）	
	FE	GMM	FE	GMM	FE	GMM
ln*ti*	0.0563*** (3.96)	0.0123*** (4.01)	0.0671*** (4.64)	0.1109*** (9.63)	0.0787** (2.10)	0.1453*** (8.33)
ln*is*	0.0653 (1.61)	−0.2044*** (−9.66)	0.0169 (0.41)	−0.2305*** (−5.78)	0.0463 (1.20)	−0.1284*** (−3.07)
ln*fdi*	0.0200*** (3.23)	0.0093 (1.56)	0.0197*** (3.32)	0.0145** (2.23)	0.0131** (2.30)	−0.0077 (−1.07)

① *pww*、pso_2 和 *pyfc* 均为负向指标，即污染排放强度越大，环境规制强度越低，反之亦然。

续表

变量	废水（*pww*）		二氧化硫（pso_2）		烟（粉）尘（*pyfc*）	
	FE	GMM	FE	GMM	FE	GMM
ln*ecs*	-0.0061*** (-4.10)	-0.0081** (-2.40)	-0.0301*** (-4.64)	-0.0268*** (-6.80)	-0.0267*** (-4.39)	-0.0115*** (-3.71)
ln*md*	0.0177 (1.06)	0.0023 (0.24)	0.0395*** (2.46)	0.0166* (1.73)	0.0054 (0.34)	-0.0092 (-0.78)
ln*os*	-0.0114 (-0.46)	0.0498*** (3.34)	-0.0218 (-0.88)	0.0714*** (6.00)	-0.0063 (-0.28)	0.0598*** (5.07)
ln*to*	-0.0406*** (-3.83)	0.0928*** (11.72)	-0.0228** (-2.12)	0.0727*** (8.62)	-0.0274*** (-2.66)	0.0658*** (6.60)
ln*nr*	0.0123** (2.03)	0.0178*** (5.80)	-0.0077 (-1.19)	0.0067** (2.31)	0.0013 (0.22)	0.0077* (1.76)
ln*er*_*x*_ln*er*1	-0.0285*** (-4.90)	-0.0123*** (-4.01)	-0.0082*** (-4.09)	-0.0056*** (-4.02)	-0.0094*** (4.23)	-0.0050*** (-3.19)
ln*er*_*x*_ln*er*2	-0.0031 (-0.27)	0.0340*** (3.14)	0.0256*** (2.92)	0.0698*** (13.76)	0.0491*** (7.34)	0.0803*** (13.01)
ln*er*_*x*_ln*er*3	0.0150*** (3.67)	0.0144*** (6.74)	0.0070** (2.31)	0.0019 (0.78)	0.0099*** (5.37)	0.0087*** (5.65)
_cons	-0.6610*** (-7.69)	0.1049 (1.09)	-0.5929*** (-6.30)	-0.0128 (-0.15)	-0.8226*** (-10.76)	-0.4410*** (-4.91)
R^2	0.6487	—	0.6394	—	0.6749	—
AR（1）	—	-2.9705 (0.0030)	—	-3.2165 (0.0013)	—	-3.2086 (0.0013)
AR（2）	—	-0.0655 (0.9478)	—	-1.3405 (0.1801)	—	-1.5690 (0.1167)
Sargan 检验	—	24.0886 (1.0000)	—	24.3804 (1.0000)	—	22.8789 (1.0000)
N	390	390	390	390	390	390
F值/Wald值	58.60 (0.0000)	1478.93 (0.0000)	56.25 (0.0000)	1428.98 (0.0000)	65.85 (0.0000)	2195.65 (0.0000)
门槛估计值	2.134，1.552		6.360，5.554		-6.489，-5.139	
置信区间	[1.898，2.307] [1.432，1.601]		[2.607，6.360] [5.124，5.781]		[-6.944，-6.255] [-5.264，-4.894]	
门槛检验F值	30.280***，16.889*		23.962***，5.943**		28.317***，21.668***	
门槛检验P值	0.000，0.040		0.000，0.020		0.000，0.000	

第四节　基于不同经济主体门槛效应的进一步讨论

不同类型规制工具的执行效果存在差异（Stadler，2008；Wirl，2013），命令控制型规制工具的“标准强制性”、市场激励型规制工具的“市场灵活性”、公众参与型规制工具的“自愿主动性”和企业个体努力的“个体创造性”对节能减排与经济增长的双重效应存在明显区别，这已得到第五章实证检验的支持。同时，本章第三节已论证了环境规制与系统耦合度之间存在非线性关系，即环境规制对系统耦合度产生先促进后抑制的影响。那么，不同经济主体是否存在门槛效应？其门槛效应是否存在差异？为挖掘实现最大化节能减排与经济增长协调发展的环境规制强度最优区间，避免不作为或过度实施环境规制，对不同经济主体的非线性分析就显得意义重大。因此，本节将基于不同经济主体进一步进行门槛效应检验，为政府和企业实施规制工具提供经验证据。

由表6－14可以看出，命令控制型和市场激励型规制工具的单一、双重和三重门槛效应均不显著，表明这两类规制工具并不存在门槛效应，非线性假说不成立，这与彭星和李斌（2016）得出的“命令控制型规制工具的非线性影响效应并不存在”相似，但同时与黄清煌和高明（2016b）认为市场激励型规制工具的“U”形影响效应存在分歧，主要原因在于黄清煌和高明（2016b）的研究只关注节能减排效应维度，并未考虑经济效应维度。此外，公众参与型规制工具的单一门槛效应显著，对应的自抽样P值为0.000，而双重和三重门槛效应不显著。企业个体努力则在单一、双重和三重门槛效应均显著，对应的自抽样P值为0.000、0.000和0.033。根据Barnett和Sakellaris（1998）的观点，即使三重门槛效应在自抽样300次后仍显著，但还需要借助置信区间、显著性和回归曲线判断。

表 6-14　分规制工具样本的门槛效果检验

样本	模型	F 值	P 值	1%	5%	10%
命令控制型规制工具	单一门槛	0.572	0.540	3.489	3.184	3.040
	双重门槛	1.754	0.240	7.064	3.610	2.569
	三重门槛	0.011	0.967	5.605	4.464	3.596
市场激励型规制工具	单一门槛	7.243	0.200	23.132	18.816	14.526
	双重门槛	10.959	0.120	19.413	17.425	12.539
	三重门槛	6.337	0.167	16.844	11.261	8.943
公众参与型规制工具	单一门槛	13.682***	0.000	13.503	7.663	5.117
	双重门槛	3.120	0.300	11.819	8.339	5.767
	三重门槛	2.920	0.133	10.433	8.209	5.192
企业个体努力	单一门槛	16.716***	0.000	8.292	5.178	4.392
	双重门槛	6.869***	0.000	6.016	4.342	3.722
	三重门槛	5.562**	0.033	7.245	4.354	3.285

从表 6-15 的置信区间看，三重门槛的置信区间几乎已经包含在双重门槛里。从模型参数估计结果看[①]，*lner_x_lner*1 到 *lner_x_lner*4 的系数均为正，说明三重门槛并未产生实质的变化。连玉君（2006）认为，除非三重门槛确实存在分析的意义，否则可以根据回归系数的显著性和方向将其退化为双重门槛。因此，本节将采用单一和双重门槛对公众参与型规制工具和企业个体努力做检验。

表 6-15　分规制工具样本门槛估计值和置信区间

样本	模型	门槛估计值	转换后的门槛值	95% 置信区间	转换后的置信区间
公众参与型规制工具	单一门槛	5.984	397.025	[5.733, 7.818]	[308.895, 2484.931]
	双重门槛：				
	$\hat{\gamma}_1$	7.796	2430.859	[6.592, 8.433]	[729.238, 4596.268]
	$\hat{\gamma}_2$	5.984	397.025	[5.700, 7.280]	[298.867, 1450.988]
	三重门槛	7.209	1351.540	[6.592, 8.444]	[729.238, 4647.106]

① 三重门槛参数估计结果中，*lner_x_lner*1、*lner_x_lner*2、*lner_x_lner*3 和 *lner_x_lner*4 的系数和显著性分别为 0.0072*、0.0114***、0.0031 和 0.0078。

续表

样本	模型	门槛估计值	转换后的门槛值	95%置信区间	转换后的置信区间
企业个体努力	单一门槛	-5.278	0.005	[-7.154, -5.189]	[0.001, 0.006]
	双重门槛：				
	$\hat{\gamma}_1$	-6.542	0.001	[-7.579, -4.496]	[0.001, 0.011]
	$\hat{\gamma}_2$	-5.279	0.005	[-7.579, -4.704]	[0.001, 0.009]
	三重门槛	-5.009	0.007	[-7.611, -4.496]	[0.000, 0.011]

图6-12到图6-14的似然比函数便于读者直观看出表6-15中门

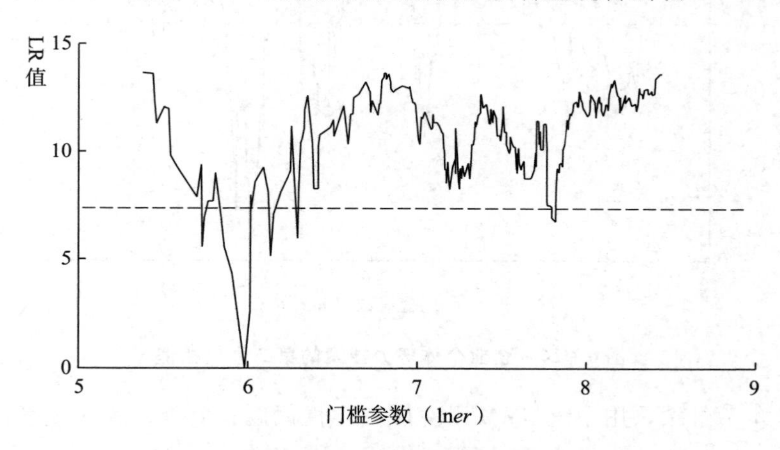

图6-12　公众参与型规制工具搜索的门槛值

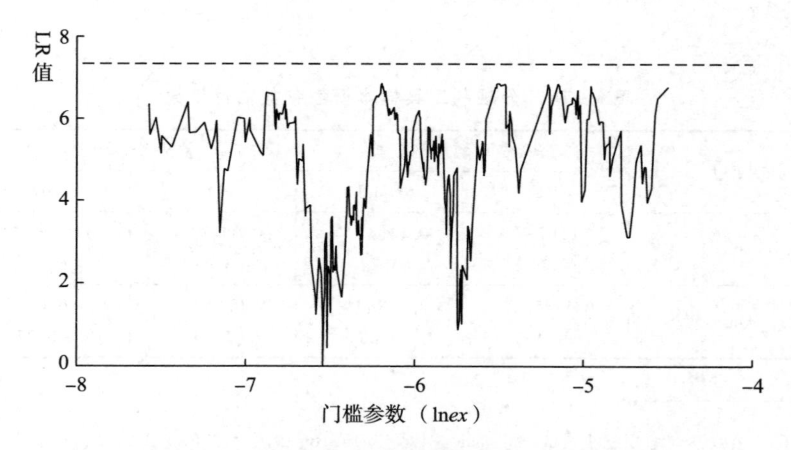

图6-13　企业个体努力搜索的第一个门槛值

槛估计值和置信区间的形成过程。图 6-12 表示公众参与型规制工具的门槛估计值为 5.984，相应的置信区间为规制工具单个门槛值的构造过程，当 LR 为 0 时，门槛估计值为 5.984，相应的置信区间为 [5.733, 7.818]；企业个体努力的第一、第二门槛估计值分别为 -6.542 和 -5.279，对应的置信区间为 [-7.579, -4.496] 和 [-7.579, -4.704]，具体见图 6-13 和图 6-14。

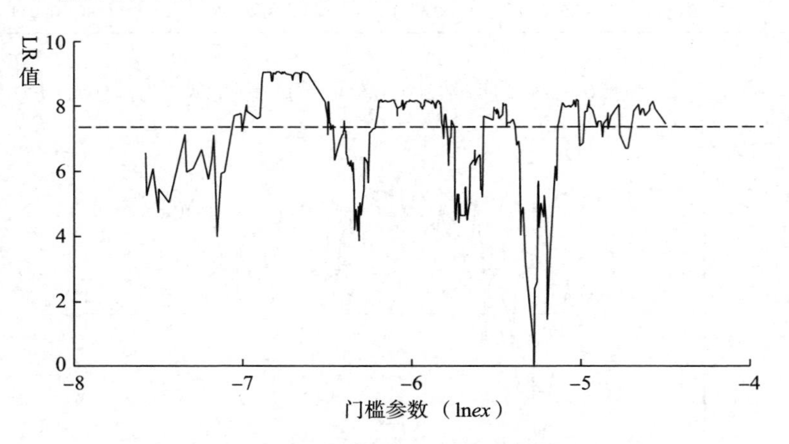

图 6-14　企业个体努力搜索的第二个门槛值

本节继续采用系统 GMM 以克服内生性问题，此外，为比较考虑内生性问题的重要性，本书进一步提供只考虑个体效应的 RE 或 FE 估计结果。①

表 6-16　分规制工具样本模型参数估计结果

变量	公众参与型规制工具		企业个体努力	
	RE	GMM	FE	GMM
ln*ti*	0.0237 (1.64)	0.1124*** (5.74)	0.0543*** (3.68)	0.1305*** (6.05)
ln*is*	0.1935*** (9.40)	0.1488*** (3.66)	0.0573 (1.33)	-0.0177 (-0.27)

① 公众参与型规制工具的 Hausman 统计量为 13.16，相应的 P 值为 0.2146；企业个体努力的 Hausman 统计量为 30.16，相应的 P 值为 0.0015。

续表

变量	公众参与型规制工具		企业个体努力	
	RE	GMM	FE	GMM
ln*fdi*	0.0369 *** (6.77)	0.0579 *** (7.59)	0.0276 *** (4.80)	0.0536 *** (6.05)
ln*ecs*	-0.0250 *** (-4.01)	-0.0127 *** (-4.97)	-0.0308 *** (-4.72)	-0.0120 *** (-3.47)
ln*md*	0.0788 *** (4.99)	0.0336 (1.42)	0.0520 *** (3.11)	0.0009 (0.03)
ln*os*	-0.0380 ** (-2.15)	0.0404 *** (2.79)	-0.0434 ** (-2.24)	0.0346 * (1.72)
ln*to*	0.0088 (0.93)	0.0482 *** (3.00)	-0.0281 ** (-2.57)	0.0213 (0.89)
ln*nr*	-0.0025 (-0.46)	0.0004 (0.17)	0.0065 (1.07)	0.0089 ** (2.31)
ln*er*_ *x*_ ln*er*1	-0.0230 *** (-3.37)	-0.0252 *** (-4.66)	-0.0037 ** (2.38)	-0.0037 *** (-4.77)
ln*er*_ *x*_ ln*er*2	0.0080 *** (3.22)	0.0051 *** (6.53)	0.0080 (0.96)	0.0094 *** (2.94)
ln*er*_ *x*_ ln*er*3			-0.0059 *** (-2.76)	-0.0047 *** (-2.68)
_ cons	-0.6496 *** (-7.22)	-0.2084 (-1.40)	-0.6693 *** (-7.39)	-0.3115 ** (-2.06)
R^2	0.6672	—	0.6218	—
AR (1)	—	-3.6882 (0.0002)	—	-3.0713 (0.0021)
AR (2)	—	-1.4510 (0.1468)	—	-0.5574 (0.5772)
Sargan 检验	—	26.1832 (0.0000)	—	23.5272 (1.0000)
N	390	390	390	390
F 值/Wald 值	718.51 (0.0000)	1339.90 (0.0000)	52.16 (0.0000)	3194.30 (0.0000)

表6-16显示，就公众参与型规制工具而言，当规制强度低于5.984（397.025）时，环境规制的系数显著为负；当规制强度大于等于

5.984（397.025）时，环境规制的系数变为正，且在1%的水平下显著，意味着公众参与型规制工具与系统耦合度之间呈“U”形关系。由于公众参与型规制工具不是强制性约束协议，企业主动提高节能减排效率的动力可能源于消费者绿色理念和环保NGO的压力，Brouhle等（2009）倾向于认为在命令控制型规制工具面临困境而建立起的公众参与型规制工具对于提高节能减排效率有优势，但自愿性协议中对企业压力的适度性同样值得关注。这也得到上述实证结果的支持，即只有越过某一特征规制强度的公众参与型规制工具才能有效提升企业技术创新的经济绩效与环境绩效。究其原因，在环境信息公开制度不完善和渠道不畅通的情况下，无法掌握污染企业的真实排污情况，大大降低环境监督的覆盖面和纵深度，从而制约规制工具作用的发挥，同时公众对于环境质量的认知存在信息不对称，可能会扭曲事实而对排污主体的产品进行抵制、借助媒体或互联网曝光的方式来影响排污企业的品牌和形象，最终影响企业经济绩效。而随着公众环保意识不断增强和环境公开制度的逐渐完善，公众对环境治理的广泛参与和环境监督覆盖面和纵深度不断拓展，改变企业投机行为为加大绿色技术和环保设备的投入实现双赢发展。

就企业个体努力而言，当规制强度低于-6.542（0.001）时，污染治理投资的系数值为-0.0037，且达到1%的显著性水平，表明污染治理投资阻碍了系统耦合度的改善；当规制强度提高到-6.542～-5.279时，污染治理投资的系数值为0.0094，且达到1%的显著性水平，在这一区间，污染治理投资对实现可持续发展的作用开始显现；当规制强度超过-5.279时，污染治理投资又产生不利于系统耦合度改善的影响。易于发现，适度的污染治理投资才能引致节能减排与经济增长的双赢。国内外对污染治理投资的经济效应形成较为一致的结论（王用红、杨文杰，2008；朱建华，2014），即环保投资对经济增长的促进效应显著。而关于污染治理投资的节能减排效应，高明和黄清煌（2015）进行了有效的尝试，得出环保投资对污染减排的效应只有在特定的治理投资结构区间内才能发挥作用。自2001年以来，环保投资占GDP的比重平均只有1.39%，当污染治理投资偏低时，意味着地方政府将有限资源投入减排效果不佳但具有经济效益的城镇环境基础设施建设中和实施建设项目“三同时”制度，从而导致节能减排效率低下。而当污染治理投资超过一定程度时，必然会挤占用于环保基础建设的支出，短期内将阻碍区域经济增长，加之政府官员的任期制度和相对绩效考核体系使得环保投资偏向经济建设性项目，污染治理投资的节能减排效果自然大打折扣。

第五节 本章小结

环境规制有利于节能减排与经济增长协调发展虽已得到第五章实证检验的支持，但并未给出环境规制实现最大化系统耦合度的最优规制强度或规制区间，而这一关键点的忽视不仅使得估计结果缺乏系统性，而且可能造成政策启示误区。本章基于第五章关于系统耦合度的决定方程，利用面板门槛模型考察环境规制与系统耦合度的非线性关系，并分析了这种门槛效应的地区异质性和阶段性特征。同时基于不同经济主体做进一步探讨，以掌握不同经济主体是否存在非线性特征，如若存在，这种非线性特征是否存在差异。实证结果表明以下方面。

（1）由部分解释变量内生设定的系统GMM估计结果显示，环境规制与系统耦合度的非线性关系是存在的，根据双重门槛（0.636和0.702）将规制强度划分为低规制、中规制和高规制三种类型。在低规制区，环境规制实现了节能减排与经济增长协调发展的职能，但并非处于最优状态。伴随规制强度进入中规制区，环境规制实现了最大化可持续发展，在有效实现节能减排的基础上，通过创新补偿效应进一步倒逼绿色技术进步、产业优化升级和经济转型升级。然而，当规制强度跨入高规制区，环境规制对系统耦合度的影响由促进转变为抑制，说明当规制强度超过企业的承受能力时，企业实施的绿色创新行为仍无法符合规制的要求，势必会导致企业创新动力不足，并最终影响企业经济绩效。

（2）分阶段来看，两个阶段内环境规制与系统耦合度的非线性关系虽均存在，但其效果截然相反。在 2001 ~ 2006 年，环境规制与系统耦合度呈现“U”形结构，当规制强度处于低规制区间时，环境规制并不利于系统耦合度的改善；只有当规制强度进入中高规制区间时，环境规制实现节能减排与经济增长双赢的作用才得以体现。而在 2007 ~ 2013 年，环境规制与系统耦合度之间符合倒“U”形关系，当规制强度处于中低规制区间时，环境规制显著促进系统耦合度的改善；而当规制强度进入高规制区间时，环境规制对系统耦合度的影响由正转为负。值得注意的是，两个阶段的最优规制强度均在中规制区间。

（3）分区域来看，东部地区存在单门槛效应，根据门槛值划分为低规制区和高规制区。无论是低规制区还是高规制区，环境规制对系统耦合度均表现出促进作用，但只在高规制区满足统计意义上的显著。中西部地区均存在双重门槛效应，且环境规制对系统耦合度的影响均呈现倒“U”形结构。然而，中部地区在中低规制区的环境规制有正向作用但并不显著，而西部地区在低规制区的环境规制有促进效果且显著。此外，中部地区在高规制区的环境规制的负向作用显著，而西部地区在中高规制区的环境规制有抑制效果但在中规制区不显著。

（4）分规制工具来看，命令控制型和市场激励型规制工具并不存在门槛效应，意味着这两类规制工具与系统耦合度的非线性关系不成立。公众参与型规制工具存在单一门槛效应，在低规制强度的环境规制阻碍了系统耦合度的改善，而在高规制强度的环境规制才能倒逼系统耦合度的提升。企业个体努力则存在双重门槛效应，当污染治理投资位于低投资强度时，污染治理投资加剧了节能减排与经济增长之间的矛盾；随着污染治理投资进入中投资强度区间，污染治理投资一改以往的不利影响，开始发挥促进节能减排与经济增长协调发展的作用；而随着污染治理投资进一步提升，污染治理投资的负向影响又开始显现。

第七章　基于经济绿色发展的提升我国环境规制质量的对策建议

第一节　我国环境规制的经济绿色发展效应特征

在前面第三、第四、第五、第六章分析的基础上，本书把我国环境规制对绿色发展的表现特征概括为以下几个方面。

第一，环境规制整体上虽有利于推动节能减排效率的提高，但存在明显的区域异质性、阶段性特征和工具差异性。环境规制对节能减排效率的弹性系数在各分位数均显著为正，这说明政府环境规制的实施能够调动企业进行技术创新的积极性，体现出规制政策的倒逼减排效应，并且这种效果在高分位数得到最大化释放。然而，这并不意味着各地区加强环境规制必然引致节能减排效率的提升，环境规制的节能减排效率存在明显的地区异质性，东部地区环境规制只有在中低分位数才能发挥其节能减排促进效应；中部地区环境规制在高分位数对节能减排表现出显著正向效应，而在低分位数的作用为负向，但在统计意义上不显著；西部地区环境规制抑制节能减排效率的提高，并在高分位数得到充分体现。伴随国家将节能减排政策作为落实科学发展观的重要战略，环境规制对节能减排的正向作用在2006年前后得到明显提高。在环境规制工具层面，命令控制型规制工具与节能减排效率之间的关系呈现倒"U"形结构，且只在低分位数显著；市场激励型、公众参与型规制工具与节能减排效率之间的关系均符合"U"形结构，且市场激励型规制工具在中高分位数显著，而公众参与型规制工具只在中分位数显著；企业个体努力并未表现出非线性关系，其作用效果在不同分位数存在明显差异，在低分位数呈现负向效应，而在高分位数呈现促进效应。

第二，环境规制对经济增长存在双重效应，且环境分权对其关系产生关键性的影响。联立方程估计结果显示，环境规制对经济增长质量的正向效应表现在规制政策作用下生产工艺改进、治污技术改进、绿色技术补贴等方面，与波特的"创新补偿假说"一致。环境规制对经济增长数量的负向效应表现在规制政策作用下挤占生产性投资、变现降低规制强度等方面，与"遵循成本假说"和"逐底竞争假说"一致。在环境分权影响环境规制效果的机制中，环境分权在提升环境规制的经济增长质量促进效应的同时，恶化了环境规制的经济增长数量的抑制效应。分地区来看，东部地区环境规制具有经济增长质量和数量的双重促进效应，环境分权加快了环境规制的经济增长质量的正向效应，但也抑制了环境规制的经济增长数量的正向效应；中部地区环境规制对经济增长的双向维度均产生负向影响，且环境分权进一步加重了其不利影响；西部地区环境规制表现出与整体样本一致的效果。对比两阶段估计结果，环境规制的经济增长质量效应在两个阶段实现由负转正，环境分权从恶化环境规制的经济增长质量抑制效应向弱化环境规制的经济增长质量促进效应转变；环境规制的经济增长数量效应在两个阶段均为负向，且环境分权使得环境规制的经济增长数量不利影响得到缓和。分规制工具来看，命令控制型和公众参与型规制工具引致经济增长质量效应和数量效应同时下滑；市场激励型规制工具存在积极的经济增长数量和质量效应；企业个体努力保持与整体样本一致的经济增长质量促进效应和经济增长数量抑制效应。进一步，环境分权加重了命令控制型规制工具的抑制效应，提升了市场激励型规制工具的促进效应，缓解了公众参与型规制工具的不利影响，恶化了企业个体努力的整体效应。

第三，中国节能减排与经济增长耦合协调程度整体上仍处于较低层级，但总体上呈现上升的趋势。通过实证分析，环境规制能够推动节能减排与经济增长之间更为协调的发展，这说明环境规制在履行节能减排职能的基础上，并未导致经济增长抑制效应超过节能减排促进效应。换句话说，环境规制虽可能在短期内约束经济增长，但并未使节能减排与经济增长失调，甚至借助“遵循补偿效应”和“倒逼减排效应”促进两者更为协调的发展，实现可持续发展的目标。然而，这一效应在不同地区和不同阶段存在明显差异。东部地区的环境规制有利于推动节能减排与经济增长的协调发展，而中西部地区的环境规制制约了节能减排与经济增长的协调发展。在时间维度上，环境规制实现由加剧节能减排与经济增长的矛盾向平衡两者之间共同发展的方向转变。在规制工具层面上，命令控制型和公众参与型规制工具使得节能减排与经济增长发展失调，而市场激励型规制工具和企业个体努力对节能减排与经济增长的系统耦合度呈现积极作用，一定程度上反映出当前市场激励型规制工具和企业个体努力对实现可持续发展的重要性。

第四，适度的环境规制有利于节能减排与经济增长的协调发展，而过度的环境规制是不利于节能减排与经济增长协调发展的。环境规制对节能减排与经济增长系统耦合度的影响存在双重门槛效应，其正向效应与“波特假说”的前提条件“适度的规制强度”相吻合，而负向效应表现在盲目提高环境规制强度将导致大量不达标企业（特别是中小型企业）的过度淘汰或丧失绿色创新的积极性，反而会损害经济的健康发展，从而使得节能减排与经济增长脱节。东部地区的环境规制存在单一门槛效应，环境规制在低规制强度区域对系统耦合度的作用有限，而在高规制强度下其正向效应开始显现；中西部地区的环境规制存在双重门槛效应，且环境规制对系统耦合度的影响呈现倒“U”形曲线。环境规制在两个时段内均存在双重门槛效应，但其规制效果正好相反，第一阶段的环境规制与系统耦合度之间呈“U”形关系，而第二阶段的环境规制对系统耦合度的影响呈现倒“U”形曲线。在不同规制工具的门槛效应检验中，命令控制型和市场激励型规制工具并不存在门槛效应，非线性关系不成立；公众参与型规制工具存在单一门槛效应，并表现出“U”形关系；企业个体努力的双重门槛效应显著，且关系类似于“N”形曲线。

第二节　我国环境规制的“四化”发展思路

随着中国步入经济发展新常态，经济发展的环境资源约束日紧，全球环境政策“革新竞争”的压力倍增，进行环境规制的创新，以适应经济发展方式转型的内在要求、满足公民对优良生态环境的向往和提高国家环境治理的竞争能力水平，已经成为环境管理的实践者和研究者的重要任务。然而，环境规制的制定与改革并非易事，一方面会受到政策资源的有限性、成本-收益分析、公众环保意识、利益集团阻力、国际环境政策趋势等众多影响因素的制约，另一方面这些环境规制的推行与实施并不一定能够保证取得预期的理想效果和被社会接纳，因而可能遭遇挫折、停滞或反复。因此，环境规制的制定既要能够针对我国复杂多变的环境生态问题，及时、准确、合理地做出性质判定、政策工具取舍、政策革新结果预判，又必须与实施手段、实施策略、依托资源、综合条件相适应。

一　我国环境规制的“双赢”化

环境经济问题是在社会经济发展的过程中形成的。有社会生产，就有人与环境之间的物质交换，就产生环境经济问题。在现代，它关联到工农业布局、城市建设、人口发展、能源结构和资源利用等多方面，与社会问题和科学技术的发展紧密联系。其实质是生态经济问题，它既受经济规律的制约，也受自然规律的制约。人类社会在与周围环境进行物质交换的过程中，维持生态平衡，就能促进生产发展，同时保护环境质量，获得经济和生态两方面的效益。反之，就得不到应有的经济效益，还会造成生态平衡的破坏，影响经济的进一步发展。因此在处理环境与经济的问题上，必须做到经济与生态之间的矛盾得到统一。实行生态与经济的“双赢”化，不是简单地从污染治理入手，而是从改变人的行为模式出发，通过改变经济和社会发展模式，达到环境与经济互利双赢、人与自然互利共生的目的。具体要求包括以下方面。①非物化（轻量化）：高效低耗和高品低密。②绿色化：无毒无害和清洁健康。③生态化：预防创新和循环双赢；实现经济与环境退化脱钩，即经济发展与物质需求、自然资源消耗、能源消耗、环境污染的增长和生态退化脱钩，达到经济发展与环境互利耦合。

哈佛大学著名战略管理学家迈克尔·波特教授所倡导的创新补偿理念，该理念认为有效的环境规制在提高企业成本的同时，可通过创新补偿与先动优势等途径为企业创造收益，部分或全部弥补企业遵循环境规制的成本，甚至会给企业带来净收益，这种“双赢”，即环境保护与经济发展之间的双赢。从机械思维的角度看，环境规制与经济发展可能存在矛盾，导致政府与企业之间的非合作博弈，企业力求规避环境规制，导致污染问题屡禁不止，而政府虽投入大量资源进行规制，却难以奏效。但是合理的环境规制可以使政府规制向减少企业成本和提高其竞争力方向转化，使企业适应环境成本内在化和企业责任向社会扩展化的时代要求，引导政府与企业建立合作博弈关系，这将会促进企业技术、消费者需求、资源配置效率等发生有利的变化，从而将“双赢”扩张到最大，将制约降低到最小，最终实现可持续发展的目标——生态、经济、社会三者平衡。双赢的路径是，在社会环保意识日益增强及有效的环境规制制度下，企业通过率先采取环境友好的措施，如改进生产过程与产品的环境性能，可以优先于其竞争者在市场中获得更多的“货币投票”，波特将其称为“先动优势”；此外，企业通过积极的环境管理有助于实现产品或工艺创新，而创新所带来的收益不仅可以弥补企业的规制遵循成本，而且可以为企业带来净收益，从而获得“创新补偿”。在环境规制约束下，企业通过“先动优势”与“创新补偿”可以赢得相对竞争优势，提高其市场竞争力。

有效的环境规制成为企业获取竞争优势的推动因素，环境保护与企业竞争力之间存在有机结合的途径：环境成为企业的一种生产要素，与资本、劳动力等要素类似，企业根据环境要素使用成本的高低来有意识地增加或减少对环境资源的使用量，环境战略成为企业出于利润最大化目标而采取的自觉行为。形成生态经济、生态社会和生态意识融合，轻量化、绿色化、生态化、经济增长与环境退化脱钩，从源头入手解决发展与环境的冲突，有利于现代化模式的生态转型，实现环境管理从“应急反应型”向“预防创新型”的战略转变。

建立基于“双赢”的环境规制，要重点加强两个方面。①建立参与约束与激励相容约束，加强对企业的激励与引导，使污染治理成为企业出于自身利益考虑而采取的自觉行为。参与约束与激励相容约束是企业理性决策的基本条件，这两项约束也是判断环境规制制度是否可行与合理的重要基准。参与约束意味着制度设计要保证企业遵守制度应比违反制度获得更高的回报，即相对于非法排污而言，企业从治理环境行为中应获得更高的收益；激励相容约束意味着在符合参与约束的条件下，制度设计要保证企业会采取制度设计者所希望的行动，即要保证企业采取更为积极的环境保护行为以获得更高的收益，从而促进企业进行更深入的污染防治。②构建政府与企业合作的现实渠道。在环境规制实施前充分听取与采纳企业的反馈意见，收集反馈信息，借此减少或避免制度实施中的摩擦与冲突，也使企业对即将出台的政策有充分的预期，将其纳入资源配置决策中，避免或减少在生产周期中调整生产可能导致的成本。在环境规制的制定与实施过程中要充分反映政府与企业双方的要求，解决信息不对称而导致的决策低效率问题，减少政企对抗关系而导致的较高的交易成本。

环境规制的“双赢”化，需要相容性的政策体系来保证，增强环境规制与产业升级、社会治理、企业转型等政策的激励相容，进行如“大气十条”、“水十条”和“土十条”等生态环境治理行动方案，推进排污许可证制度、环保机构监测监察执法垂直管理等制度试点，实施综合的环境规制政策工具箱，保证经济发展与环境保护的“双赢”。

二　我国环境规制的现代化

法制现代化是指一个国家和社会伴随着社会的转型而相应地由传统型法制向现代型法制转化的历史过程。从干预型政府向规制型政府转变，是推进国家治理现代化的必然选择。而要实现这种转变，必须界定规制的内容、主体与工具，明确政府规制的范围和方式。从干预型到规制型环境政策是一个变迁的过程，不仅会成为影响经济绩效的重要变量，也会成为环境保护的重要依托。实现环境治理现代化，既需要实现治理体系的现代化，善于进行顶层设计、更加注重建章立制，也需要实现治理能力的现代化，着力提升治理效能、更加注重制度实施。这就需要从“治理体系”和“治理能力”两个方面进行突破：一方面，要解决体制不健全、制度不规范、法规不严密等问题，加快制度创新、增加制度供给；另一方面，强化制度执行，让制度成为刚性的约束和不可触碰的高压线。既有最严格制度、最严密法治，又要最刚性执行、最扎实落地，才能真正实现环境治理现代化，确保生态经济健康的行稳致远。

推进环境规制现代化要围绕着解决环境保护与经济发展的主要矛盾，立足生态环境和谐来确定改革的目标和措施，在价值取向上要正确处理好“节能减排”与“经济增长”、“管理”和“服务”、“效率”与“公正”的相互关系。有效的环境规制涉及“谁来治理”“如何治理”“治理得怎样”三个问题，分别对应“多元参与”“治理机制”“监督考核”三大要素。环境规制的体系包括由治理主体、治理机制和监督考核三方面，是一个有机、协调和弹性的综合运行系统，其核心就是健全的制度体系，包括由治理体制、机制、技术等因素所构成的有机统一体。生态环境治理能力的核心就是生态环境政策的执行能力，不仅包括政府的主导能力，也包括企业等市场主体通过整合利用相关资源，采用合法、合理的工具和手段治理生态环境的行动力，以及社会组织和公众的参与能力。

我国环境规制的现代化是一个有机体系，包括相关生态环境治理法规、政策和标准体系，生态环境建设总体规划和专项规划，依法行政和依法监管，改进政府提供生态环境保护公共服务方式，建设效能型政府，增强政府在生态环境治理方面的公信力、执行力和服务力。

三　我国环境规制的综合化

环境规制体系与环境治理是一个系统工程。系统组织的根本指向就是统筹考虑各种因素进行综合施治，立足发展阶段，尊重发展规律，统筹全局，从生态供给形成、生态供给扩张、生态供给成熟、生态供给老化和生态供给退出全过程出发，充分考虑经济、法律、技术、行政、道德、成本。从治理体系的结构来看，既要看到横向和纵向政府部门间、企业间、社会组织和公众间关系对治理的意义，也需要从全球治理、国家治理、省域治理、县域治理等多层次认识治理对象，促使从体制、机制和技术上全面优化。

环境政策牵涉到环保部门、工业部门、技术创新组织的机构整合重组、利益功能协调、政策执行效益监管，因此环境规制设计应朝着综合化、一体化的方向，破除部门“逻辑”，把环境政策融入所有部门及相应政策领域，通过环境政策结构性转变、环境管治综合化转型，促进生态环境保护与绿色经济的整体性发展。在中国环境政策制定过程中，应以不同方式促进环境政策决策者与技术专家、企业之间的利益协商，加强政府、企业与社会公众、非政府组织的商谈与对话共识，提高环境政策的社会接纳度，减少环境政策实施的利益冲突和社会成本。

环境规制的制定要体现综合运用经济、法律等多种手段，发挥行业规划和产业政策的导向作用，规范行业准入、信贷、土地、环保环评等管理，形成政策的合力，促进经济发展方式、技术创新体系、政绩考核评价机制、大众生活消费方式的全面绿色转型，推进环境友好型、资源节约型社会建设。以综合策略，鼓励企业重视环境利益和将环境成本内在化，从末端治理转向源头预防。①形成综合的环境法律法规体系。积极推进资源环境类法律法规的制定和修订。适时完善水污染防治、环境噪声污染防治、土壤污染防治、生态保护补偿、自然保护区等相关制度。②形成综合的环境执法监督体系。完善环境执法监督机制，推进联合执法、区域执法、交叉执法，强化执法监督和责任追究。进一步明确环境执法部门的行政调查、行政处罚、行政强制等职责，有序整合不同领域、不同部门、不同层次的执法监督力量，推动环境执法力量向基层延伸。③形成综合的环境司法体系。健全行政执法和环境司法的衔接机制，完善程序衔接、案件移送、申请强制执行等方面的规定，加强环保部门与公安机关、人民检察院和人民法院的沟通协调。健全环境案件审理制度。积极配合司法机关做好相关司法解释的制定和修订工作。

四　我国环境规制的精准化

环境污染具有复杂性，牵涉到排放标准、环保监管与正常生产发展之间等诸多环节，精准制策、精准施策是环境规制设计的基本要求。环境政策是环境治理的基本手段，在“精准时代”到来之际，确保环境政策的精准性，制定和执行精准性政策，促进环境政策走向更高水准的科学性及有效性，应是推进政府精准治理的应有之义。“政策精准性”作为环境政策的应然属性，要求其达到高水平“精细且准确”的状态，进而生成与运行“精准性政策”。“政策精准性”从根本上源自其核心要素，主要取决于对政策主体的精准规定、对政策客体的精准界定、对政策目标的精准设定、对政策工具的精准选定。“精准性政策”的实现，需要在精准研策、精准制策、精准施策、精准评策等各个环节综合发力，实现整个政策系统及政策过程的全面改进。

环境规制不仅在政策总体质量和综合效果上保证科学性，而且针对一切影响其科学性的要素精准发力，最终达到更加全面、更高层次、更佳效果的科学化。环境规制要坚持目标需求、质量导向，坚持分类指导、精准施策，坚持有保有压、奖优罚劣，坚持从严从实、依法监管，对于存在污染的行业和领域，不是简单粗暴地“一刀切”，而是实施差异化管控措施和监管措施，这是对环境保护和人民群众生产、生活负责任的态度和做法。环境规制的设计要基于构成“精准性政策”得以生成与实现的周密流程，密切衔接、疏而不漏地全程保障着“政策精准性”，构成“精准性政策”过程的完整闭环。

1. 精准研策

环境政策研究是对环境问题进行分析并提出相应的解决办法或方案的活动过程，必须在进行广泛而具体的调查后制定可选择性政策发展方案和准备计划。前期的政策研究是整个政策过程的核心环节，主要包含两个层面：一是对环境政策本身进行的评估，二是研究其贯彻落实的情况。研究环境政策的可行性，使之尽可能地接近或实现制定政策的目标。前期研究是通往精准的必经途径，也是有效捷径，达到扩展分析视野的广度、增加思维挖掘的深度、提升认知因果的准度，进而实现对环境政策的精准把握。

2. 精准制策

环境政策制定的核心环节是政策质量，“政策精准性”的保证和“精准性政策”的实现从源头上取决于“精准制策”这一环节。精准制策要有效评估政策效果和发展需求，体现对环境政策的充分反应和有效回应，提高环境规制文件的精准性、可操作性是环境政策落地、落实的重要方面。环境政策要重视其社会适当性和社会接纳度，传统命令控制型路径必须与多元利益主体参与决策协商共治。

3. 精准施策

环境政策执行和实施活动是一种具体行动，更要强调对细节的关注。再精准的政策，如果被粗略地执行，效果也难以实现精准。如果说“精准制策”为“精准性政策”提供了源头保障，那么“精准施策”则是“精准性政策”能够“精准落地”的保障。

4. 精准评策

环境政策评估是检验环境规制质量、发现政策执行问题、改进政策实施效果的重要途径。通过精准评策实现精准监控、精准纠偏、精准改进、精准学习，是持续增强政策精准性、不断实现精准性政策的重要机制。政策效果的产生是动态的甚至是不稳定的，且相当一部分政策效果需经较长时间才能产生并显现，而定期评估无法及时地精准跟进政策进展，应建立并实行常态化的评估机制，实施全过程、全方位跟踪评估，避免政策评估的滞后性、片面性和表面化。

第三节　改进我国环境规制的建议

根据前文内容的分析，目前中国已经基本明确了环境保护战略的路线和政策，但是环境规制的设计在具体环节上还存在需要改进的方面，将环境规制的标准、评估、监测以及执法同现实社会经济问题联系，推进环境治理现代化。在前文分析我国环境规制的绿色效应及其存在的问题的基础上，提出改进我国环境规制的建议如下。

一　改进关于企业绿色行为的环境规制

由第三章面板分位数估计结果可以发现，现阶段环境规制能有效发挥预期的节能减排促进效应。这也意味着通过政府的外部约束力量推动企业进行生产技术优化、清洁技术进步和环保技术创新以补偿甚至高出环境规制给企业带来的生产成本负担。因此，在构建覆盖环境保护各个领域、措施有力、功能完备、门类齐全的环境政策法律法规体系的同时，稳步提高环境规制水平，更好地发挥环境规制对党的十九大做出的建设生态问题和建设美丽中国的支撑作用。然而，必须清楚地认识到，简单地加大环境规制和监管力度不必然提高节能减排效率，这也在第三章总体回归结果中找到部分证据，环境规制的节能减排倒逼效应在节能减排效率较高的省份作用更为显著，这暗含着节能减排效率的提高不仅仅因为环境规制强度的提升，与诸如制度环境也密切相关，即激发企业主动进行绿色、清洁生产行为机制的积极性等软条件。中国环境规制失效的原因是多方面的，但主要问题在于施行绿色生产的激励措施不够，使得当前推行绿色生产行为更多地表现为一种政府意愿，特别是高污染、高能耗行业在绿色生产方面明显缺乏主动性。因此，应努力积极从市场需求、信息、知识和资金等方面驱动对绿色技术创新的积极性，有效去除影响绿色技术创新的各种约束，使环境规制成为发挥约束和激励作用的有机体。

企业个体努力，一方面，可以增强企业的环保意识，驱使企业构造绿色产业链，促进环境成本内在化，从而有利于解决环境负外部性问题；另一方面，不仅会促进工业内比较优势产业的发展，而且会开拓与环保有关的新兴产业领域的产生，从而促进产业转型升级。第三章结果表明，企业个体努力在中低分位数表现出显著的节能减排抑制效应，而在高分位数，企业个体努力的节能减排促进效应开始显现；第四章研究显示，企业个体努力不利于短期经济增长数量的增加，却有助于提高长期经济增长质量；第五章和第六章进一步说明，企业个体努力虽对节能减排与经济增长的系统耦合度产生促进效果，但存在类似“N”形非线性关系，这意味着既要增加企业个体努力对实现可持续发展的机会，又要综合考虑企业的承受能力。因此，应逐渐完善环境税收政策，减小环境保护的税收优惠和补贴政策的负面影响，发挥环保支出在实现可持续发展中的平衡、引导和强制作用，加快建立完善的循环经济系统，在为排污主体创造坚实环保设施的同时，鼓励企业将环保支出视为提升竞争力的重要力量。此外，绿色技术、环境设施和环保设备的更新换代需要加大投入但具有高风险，这对企业依靠自身力量提出巨大挑战。应积极引导社会资本进入环保板块，完善开展绿色信贷技术支持体系，努力健全绿色融资的监督管理制度，可以缓解企业环保资金压力。

引导企业改变污染治理模式，由传统的末端治理（污染控制）模式转变为源头减污（也称清洁生产）模式，来代替传统的内在成本很高的污染物的达标排放和废弃物处置的规制模式，最终解决信息不对称导致的决策低效率问题，减少政企非合作而导致较高的交易成本。在符合企业理性决策的参与约束与激励相容约束两项基本约束下，设计以市场为基础的激励型环境规制，适度地调整污染密集型行业和资源密集型行业的环境规制强度以激励企业，促进企业不断推进技术创新，尤其是绿色技术创新活动，研发出新产品和新技术，在产前－产中－产出各个环节实施环境规制。

二　改进关于企业科技创新的环境规制

第四章结果表明，环境规制在短期内虽会导致经济增长数量的下滑，但长期来讲，有利于经济增长质量的提高，便于实现环境和经济的协调发展。环境规制的遵循成本效应短期内虽可能影响经济绩效，但从长期来看，环境规制会刺激企业加大绿色创新投入，并通过“创新补偿效应”和“学习效应”促进经济增长质量的提升。同时，地方政府不应过分担心环境规制对当地经济短期增长的制约，避免“逐底竞争”策略的实施，而应从长远视角选择“竞相向上”策略以驱动经济增长质量的提高。提高环境规制强度既能有效约束企业污染排放行为，也能给予企业进行绿色技术创新的压力，从而获得更快的成长机会和更优的竞争优势。第五章的全样本估计结果进一步说明了提高环境规制水平既能促进产业发展，也能提高节能减排效率，实现环境与经济的双赢。通过政府支持政策，帮助企业以绿色创新实现短期的环境收益内部化，激发企业的环保积极性和绿色创新需求。实现技术创新与效率提升的补偿以及在技术效应下环境正外部性的补偿，增强环境规制与技术政策的整合性。

三　改进关于实现“双赢”的环境规制强度

需要指出的是，环境规制总体上虽有利于促进节能减排与经济增长的双赢，即环境规制在履行节能减排职能的基础上，创新补偿效应也倒逼经济增长，但并不是规制强度越大越好，其规制强度的设定应综合考虑企业的承载能力和地区发展的现实情况，脱离实际的规制强度是不切实际的政策安排。第六章的门槛回归结果给出了一定的经验证据，环境规制对节能减排与经济增长的系统耦合度的影响不是简单的线性递增关系，而是存在倒“U”形关系，即随着规制强度的提升，环境规制起到实现节能减排与经济增长双赢的促进作用，而随着规制强度跨过顶峰，继续提高规制强度反而会使得环境规制成为阻碍节能减排与经济增长协调发展的重要因素。这意味着环境规制只有处在特定区间才能有效促进可持续发展，过高的规制强度使得企业需要大量投入用于节能减排，不仅严重挤占企业生产成本，而且沉重打击企业进行生产活动和创新行为的积极性。因此，政府制定的环境规制强度应建立在企业的承载能力范围内，综合考虑区域行业特征和生态布局，避免进入盲目提升规制强度的误区，应在考虑地区产业发展现实的基础上进行动态调整，保持环境规制的灵活性和有效性。

四　改进关于区域精准化的环境规制

由于中国区域经济发展水平、产业结构变迁和环境污染程度的现实特征存在较大差异，环境规制对实现可持续发展方面可能存在地区差异性，研究结果则进一步提供了经验事实。东部、中部的环境规制节能减排促进效应分别只发生在中低、高分位数，而西部地区则抑制节能减排效率的提高（第三章第四节）。东部地区环境规制既促进经济增长数量的增加，又提高经济增长质量；中部地区环境规制则阻碍了经济增长的数量和质量效应；西部地区环境规制虽抑制了经济增长数量的增加，但有利于经济增长质量的提高（第四章第三节）。东部地区的环境规制显著正向作用于节能减排与经济增长的系统耦合度，而中西部地区的环境规制却明显抑制了节能减排与经济增长的系统耦合度（第五章第四节）。中西部地区的环境规制对节能减排与经济增长的系统耦合度的影响呈现倒“U”形关系，而东部地区的环境规制呈现类似线性关系（第六章第三节）。因此，各地在制定和实施环境规制政策时，必须比照各地的实际情况，因地制宜，在满足国家基本环境标准的基础上，采取符合本地区的环境规制强度，这样才能达到长期稳定的约束与激励并重的目标。作为中国市场经济最活跃的经济体，东部地区的环境规制应适度超前于经济发展，鼓励技术进步，调整产业结构，优先发展绿色技术，并通过激励约束机制建立环保技术市场，从而充分发挥环境规制的可持续发展净化作用。中西部地区在承接产业转移的过程中，应注重建立产业甄别机制，避免高污染、低效率产业的过度转移。可以发现，中西部地区发展理念的转变迫在眉睫，政府应在调整引资政策以优化引资结构的同时，也应将节能减排政策纳入政府考核范畴，使环境规制成为产业结构升级的动力，淘汰落后产能，实现环境问题改善和经济发展质量优化的双赢。

根据地区差异构建科学有效的区域差异化环境监管体系。在严格执行总量控制的前提下，可根据地区差异细分各项污染物排放标准、排污收费标准等。改革现有环境监管体制，建立全国垂直统一的环境监管体系，约束地方的短期行为。

五 改进关于动态化的环境规制

伴随节能减排政策的实施、经济发展方式的转变、产业结构的调整、政府绩效考核体系的健全，环境规制实现节能减排与经济增长的双赢的效果也相应呈现动态特征。环境规制的实施是一个不断调整、优化的动态过程。环境规制对节能减排效率在两个阶段均起到推动作用，但其弹性在第二阶段明显高于第一阶段（第三章第四节），环境规制的经济增长数量抑制效应同时发生于两个阶段，但其经济增长质量效应由第一阶段的负向转为第二阶段的正向（第四章第三节），环境规制服务节能减排与经济增长协调发展的作用在经历第一阶段到第二阶段的过程中，其效果也由负转正（第五章第四节），环境规制与系统耦合度的关系在两个阶段分别呈现“U”形和倒“U”形结构（第六章第三节）。

因此，应进一步加快转变经济发展方式、加强供给侧结构性改革，创造环境规制对实现可持续发展的良好内部环境。以往政绩考核导向过分重视经济硬指标的“形式政绩”而忽视生态环境指标的“实质政绩”，应积极探索编制自然资源资产负债表和环境保护责任清单，对地方政府干部推行自然资源资产离任审计，构建完善环境污染事故责任追究制和生态环境损害责任终身追究制，避免地方政府出于对环境规制成本遵循补偿效应的担心（第四章第三节）以及为获取短期利益而采取逐底竞争策略。政府应根据环境规制的动态特征相应调整环境规制强度，防止将规制强度设定为静态情景下的固定值，相反，应在动态情景下保持环境规制的灵活性和有效性，从而充分发挥环境规制对产业结构调整和转型升级的倒逼效应。

六　改进关于综合治理的环境规制

1. 合理使用命令控制型规制工具

中国长期以来主要是采取命令控制型的规制工具，一定程度上虽能达到节能减排的目标，但也给产业带来沉重的成本负担，这也能从本书的实证中找到证据。第三章验证了命令控制型规制工具对节能减排效率的影响呈现倒“U”形结构，而第四章检验出命令控制型规制工具显著抑制经济增长数量和质量的双重效应。不难看出，适度规制强度虽有利于节能减排促进效应，但命令控制型规制工具往往要求排污者采用特定技术标准或设定相应的排污标准，本质上并未提高企业主动进行绿色技术改造的积极性，规制的创新补偿效应无法体现，而遵循成本效应又不可避免地影响企业绩效。第五章进一步检验出命令控制型规制工具在实现可持续发展方面显得力不从心，甚至起到抑制作用。命令控制型规制工具应逐步让位于市场激励型规制工具，逐渐发挥市场机制本身在环境保护和经济增长方面的协调作用，避免由于自身固有的局限、具体运用时的设计缺陷、信息不对称、政府失灵等影响政策的有效性。此外，在政策制定上，应针对不同区域、不同行业和不同污染物施行差异化的规制措施；在政策监管上，采取强制性手段对那些环境违法行为坚决予以取缔，以确保环境执法的强硬。

在环境影响评价政策方面，要对未能及时参加环评的相关部门实施制裁和处罚，对于审批未能通过的项目严格勒令停止或取缔；赋予各级地方环保部门对违法环评机构的处罚权，增加环评技术机构的法律责任；完善针对环评报告的追踪调查制度。在排污许可政策方面，要在现有污水排放许可和大气排污许可的基础上，扩大许可证的发放范围和增加种类；在现有《环境保护法》中，增加对排污许可证制度的说明和具体规定，提升其法律效力。在限期治理政策方面，要在相关法律法规中明确限期治理对象的判断标准、主要治理形式、具体程序规定以及治理期限内企业应承担的义务等，规范违规企业的治理行为。

2. *充分发挥市场激励型规制工具的作用*

第三章得出市场激励型规制工具与节能减排效率之间存在“U”形关系，第四章指出市场激励型规制工具具有长短期经济增长促进效应。可以发现，市场激励型规制工具只有在适度的规制强度才有利于提高节能减排效率，并实现节能减排与经济增长的协调发展。第五章进一步发现市场激励型规制工具对实现可持续发展的积极作用，从侧面反映出当前规制强度已越过“U”形曲线的底端，也明显指出建立健全市场机制对市场激励型规制工具有效发挥的重要作用。因此，为进一步发挥市场机制本身在能源消费和环境保护方面的决定性作用，通过开展环境财政、排污交易、环境税收、绿色资本市场和生态补偿等政策的试点工作，完善与市场经济体制相适应的环境经济政策体系，促进企业灵活进行环境技术创新以实现节能减排，同时注重健全法律保障制度，构建有利于环境技术和环保产品交易的市场制度，明确技术创新成果的产权，激发企业进行技术创新的积极性。此外，应积极发展环保中介市场，发挥市场机制在环境检测、环境影响评价和环境技术服务等方面的决定性作用，减少政府直接干预，压缩政府寻租空间。最后，加快完善碳排放权、排污权、用水权、用能权的初始分配制度，明晰产权主体，探寻构建分级运用所有权的体制，从体制机制层面厘清政府与市场以及政府与企业的关系，从而充分发挥政府的管控职能。

进一步扩大使用者付费、排污收费、资源使用税、排污权交易等市场激励型环境规制工具的筹资规模，积极探索环境基金、债务融资等其他融资手段。同时鼓励民营企业和资本进入环境保护领域，加快推进在自然资源开发与保护、清洁生产、污染源控制、污染治理等方面的市场化、专业化与产业化发展。从以下两方面入手，为基于市场激励型工具营造适宜的实施氛围。一是明晰环境资源产权制度。改变传统的“一元化”产权制度安排，使其与市场经济的运作方式相一致，鼓励多元化的所有权主体参与环境资源的产权分配中。二是减少对市场行为的行政干预。逐步完善市场准入机制、竞争机制和交易机制，最大限度地发挥市场在配置资源方面的基础性作用，营造公平的竞争环境，提高企业在环境治理上的积极性和主动性。注重各类市场激励型工具之间的协调性和配合度，使其形成一个相互补充、彼此关联的有机整体。

3. 加快拓展公众参与型规制工具

公众参与型规制工具对于提高节能减排效率的作用值得肯定，但其长短期经济增长抑制效应在第四章已得到检验，这也符合第五章得出的公众参与型规制工具显著抑制了节能减排与经济增长的系统耦合度。然而，第六章又为其提供新的思路，公众参与型规制工具与系统耦合度呈现“U”形关系，即公众参与型规制工具只有达到特定强度才能倒逼系统耦合度的提升，这为加快完善公众参与型规制工具提供经验支持。因为，政府应积极增强公众参与维护和监督环境质量的积极性，提高公众在环境保护方面的影响力。一是通过加强节能减排宣传教育增强公众和企业的节能环保意识，鼓励社会公众主动参与监督企业的污染行为，也使企业自觉遵守环境政策和法规。二是需要政府建立和拓宽环境信息的公开制度和渠道，加强环境信息公开的广度和深度。政府可以通过建立定期发布有关环境方面的监测信息和相应环境标准的信息系统，让公众实时掌握环境信息状况，确保公众能有效参与环境治理的监督和决策。

三是督促民间组织法的出台，降低非政府环保组织的准入条件，积极引导非政府环保组织参与节能环保领域的技术研发、建议征询、第三方评估、外部监督等。

设法增强公众环保意识，增强公众环保理念，完善环境保护中公众参与的法律制度，丰富公众参与形式。倡导低碳观念，普及绿色发展常识，通过网络媒体等传播媒介加大对绿色消费的宣传，通过绿色消费宣传引导公众转变消费观念，提高绿色消费能力，增加消费者对绿色创新产品的需求，从需求侧促进企业绿色创新。政府环境保护部门应根据环保部印发的《环境保护公众参与办法》并结合当地具体实际，对公众参与环境保护提供法律支持，完善公众环境参与权制度并建立环境公益诉讼制度，全方位、多角度提升公众参与环境保护的能力。鼓励和支持环保NGO 发展，并给予资金和政策支持，加大对环保 NGO 的建设及宣传力度，增加对环境污染的监督，通过法律渠道和程序切实维护公众环保权益。

七　改进关于各级政府绿色发展积极性的环境规制

伴随节能减排政策纳入政府绩效考核体制，环境规制既进一步促进节能减排效率提升（第三章第四节），又使得其经济增长质量的促进效应开始呈现（第四章第三节），甚至实现其不利于可持续发展向促进节能减排与经济增长协调发展转变（第五章第四节）。因此，地方政府应改革环保绩效体制，考核体系要坚定地从过去单纯追求经济增长数量向优化经济结构转变；考核指标要重点关注转方式、调结构、促改革、惠民生，在重视发展成果的基础上也要考虑发展代价，使考核由传统简单看重发展总量和发展速度向侧重发展方式、发展质量和发展后劲转变，从而指引地方政府基于本地战略定位、区域特色和发展重点，统筹经济与资源、环境、人口的全面发展，即从“唯 GDP”的短期考核目标向“绿色 GDP”的可持续考核目标转变；考核方法要做到政府内部考核与专家考核、定期考核与不定期考核、短期考核与长期考核和民众评议相结合。在政府考核新常态下，取消开发区域和生态脆弱区域的 GDP 考核，应将资源节约、生态平衡、环境保护与政绩考核挂钩，并贯彻执行生态环境污染终身问责制。此外，应积极引导公众参与环境问题的监督，通过健全环境信息公开制度，增强公众环保责任感，同时继续推行“阳光型”政府，给予公众更多的话语权，形成公众、企业和政府的多向反馈机制。

八 改进关于环保投资结构的环境规制

在市场经济中，环境保护资本本身是一种特殊的资源。既然是资本，它也就追逐利润，是自身不断增值的资本的稀缺性和自身增值的有效性的有机统一，使得环境保护资本在市场经济中处于一种非常特殊的地位。因此，在环境规制的设计上，注重发挥环保投资的引导功能，使社会资金和民间资金转化为环境保护资本，同时要建立起一个完善的资本生成机制，引导企业的资金转化为环境保护资本。从以下四个方面进行环境规制的改进。一是通过市场机制，逐步造就一批专业化的环境治理公司，形成市场化的运营服务。市场化运营促使投资者、经营者都自觉地运用资源价值、环境成本、经济效益核算机制，把环境保护治理效果与运营者的经济效益紧密统一起来，形成环境保护的良性循环。二是通过吸纳商业资本、社会公众和企事业单位等的社会资金，形成中央政府和各级地方政府、国有银行和股份制银行、国有企业和外资企业以及个人等多元化投资环境保护的局面。三是实施公私合作机制。近年来随着项目融资的发展，PPP（公私合伙或合营，又称公私协力）开始出现并越来越流行，是指政府与私营商签订长期协议，授权私营商代替政府建设、运营或管理公共基础设施并向公众提供公共服务。PPP 模式将带来以财政投资为主的公共服务投资格局向以社会资本为主的公共服务投资格局转变，公共物品和服务的供给渠道将进一步拓宽。PPP 模式将有利于环境保护市场进一步开放。四是拓宽环境保护融资渠道。使投资主体逐渐多元化，采取财政贴息、财政担保等形式，支持民营环保企业的发展。建立环保产业基金，充分吸引各类投资者，将社会化资本转化为环保产业资本；允许设立环保产业信用担保基金，为具有市场潜力的中小环保企业提供担保，改善中小型环保企业从银行融资的条件。

第四节　增强我国环境规制设计的科学性

一　完善环境规制的信息透明机制

构建全社会范围内的实时网络环境监控体系，健全环境信息公布制度。在环境规制实施中应该披露受规制厂商的有关信息，及时准确地向公众公布企业的污染物排放量、废弃物回收率以及 GDP 能耗等。同时建立有效的责任考核体制，促使地方政府对企业进行规范，保证中央与地方以及区域之间的环境政策的一致性，在地方政府的工作考核中不仅仅包括 GDP 等硬性指标，还应该包括人口、资源和环境保护等相关指标，并及时了解当地民众对政府进行环境保护的满意程度，做到中央与地方间环境政策和信息有效沟通、政令畅通，全面反映地方环境质量和经济发展的问题。

二　建立多元化的环境规制设计参与主体

提高人民群众的参与程度，确立人民群众参与环境听证制度等。环境规制的决策主体不仅仅包括政府及其官员，还应该包括受到严重环境污染影响的居民、自愿的环保机构、环保企业以及拥有环保专利技术的企业等。这些新的决策主体对于环境污染的体会更为深刻，对于环境保护充满更强烈的兴趣和热情，对于环境保护的技术也更为精通。所以环境规制设计中有了多元化决策主体的参与，可以使环境规制质量更高，环境保护的效力更大。目前，中国的自愿环保组织的绝对数量在以 10% 到 15% 的速度增加，但是它们参与环境保护的相关的法律规范和管理条例还不够完善，建议加以研究制定。

第五节　提高我国环境规制的执行效力

一　整合环境规制执法队伍的资源力量

目前在环境规制执行中存在的主要问题如下。一是执法职能分散。在实际工作中，发改、工信、公安、监察、财政、国土、住建、工商、海关、质监、安监、林业、海洋能源等20多个部门都具有不同程度的环境保护监督管理责任与权力，过度分散的执法格局容易产生执法漏洞，弱化执法效果。二是执法依据不统一。三是环境执法力度不一致。地方经济发展对环境执法形成倒逼，造成有些地方前端放任、后端处罚的不合理现象。解决以上问题，一是厘清各层级、各部门的环境执法边界。有序整合不同领域、不同部门、不同层级的监管力量，解决环境执法职能交叉、执法主体分散、多头执法问题，合理划分上下级间的事权和执法职能，构建环境保护综合执法体制。二是加强环境执法队伍建设，尤其是加强基层环境执法力量建设，把环境执法力量深入基层，形成无死角的执法。三是建立环境执法协调机制，形成合力。

二　建立环境规制的落实监督机制

由于“泛利性”中央政府与“私利性”地方政府的契约关系属于不完全契约，中央政府的环境规制标准在地方政府执行过程中容易存在偏差，地方政府与企业在追求自身利益最大化过程中倾向于达成隐性契约，降低了环境规制的污染减排效应实现的可能性。因此，需要引入监督机制来推动中央政府环境规制标准的有效实施，从而来实现工业污染减排目标。首先，需要建立中央政府对企业的环境规制监督机制。有针对性地对企业“无证排放”、“偷排漏排”和规制失效等行为定期、不定期检查，获取不同区域、不同行业工业污染减排的充分信息。其次，需要建立中央政府对地方政府的环境规制监督机制。地方政府作为中央政府环境规制政策执行的代理人，同时受到晋升考核标准的政治利益约束和企业创造财富的经济利益约束，出于自身利益最大化的考虑选择行为，难免会与中央政府的环境规制政策相悖，造成环境规制的执行效果与预期效果发生偏离。这就要求建立中央政府对地方政府的环境规制监督机制，要明确地方政府环境保护与治理的职责权限。最后，需要建立地方政府对企业的环境规制监督机制。可以认为，地方政府和企业是环境规制行为的主要当事方和参与者，但地方政府和企业又是利益共同体，享有地区经济社会发展的福利，在环境规制执行过程中经常出现“两难困境”。在这种情况下，推进环境执法机构的“垂直管理”，通过加强第三方环境标准的考核，推动社会力量参与监督，约束企业行为。

三　建立环境规制的执行效果评价制度

环境规制评价是利用科学评价方法对政府的环境规制行为进行衡量和判定。这一制度的建立有利于提高环境规制效率，提升环境保护能力。美国是最早建立规制影响评价制度的国家。从 20 世纪 80 年代开始，美国的环境保护局（EPA）基于成本 - 收益分析的基本思路，对相关的规制措施进行评价和预测。《中华人民共和国环境影响评价法》已于 2003 年 9 月 1 日正式实施，重点就专家和公众参与战略规划和建设项目环境影响评价的相关内容做出明确规定，但尚未涉及对于各项环境规制政策的影响评价。

在环境影响评价中强化相关单位的法律责任，对环保单位的渎职行为进行严惩，并提高环境规制评价的可操作性，明确环境规制的检查方式，查惩环境违法违规事件，提高环境规制政策的实施效率。第一，应加快环境规制影响评价的立法工作，就规制的作用范围、制定程序、实施方式以及奖惩要求予以明确规定，保障各项环境规制的规范性与合法性。第二，构建环境规制影响评价体系，提升评价指标选取、数据搜集和评价方法选择等方面的技术能力，逐步提高环境规制影响评价体系的有效性和可行性。加快建立环境规制影响评价专家遴选库和信息储备库，大力培养具有评价资质的专业人才。

四 建立环境规制的协调执行机制

构建环境规制的联合治理协调制度，成立区域和行业联合协调机构，加大区域和行业协调力度。构建环境规制的政策执行协调制度，降低地方政府在环境规制政策执行过程中的自由裁量权，提升相邻地区或者不同地区的环境规制执行效率，消除地方政府环境规制标准中“逐底竞争”和“标尺竞争”的现象。同时，通过环境税、研发补贴和排污权交易等政策的协调机制，加大区域环境规制标准的协调力度，因地制宜地制定适合当地发展情况的环境规制政策，而不是一刀切地借鉴和引用其他地区的环境规制手段。构建环境规制的污染治理合作机制，相邻地区间环境规制与污染排放存在交互作用和空间溢出，意味着仅仅依靠本地区的环境规制政策实施只能取得污染减排的短期效果。同时，邻近地区污染排放的空间扩散与“涓滴效应”，会使得本地区陷入环境规制处于“低水平”均衡，需要区域间不同工业行业、不同工业企业的通力协作，从宏观和微观等多个层面构建联合控污与治污的共同行动计划。

加强组织协调，设置跨部门、跨区域的环境管理协调机构，以协调部门间、行业间、地区间、企业与社会间的有关利益关系。采用刚性和柔性相结合的组织形式，建立协调机构保障实施，通过区域联席会议、环境论坛等形式促进了解、加强交流。在地区层面建立环境规制综合协调部门，重点面向污染密集型和资源开发型企业，并负责重大环境污染事件的处理，实现资源与环境的统一化管理，重点解决跨行政区域的环境污染问题和生态补偿问题，不断提高环境规制效率。

五 严格坚持环境规制的监督和惩处标准

1. 健全环境监督检查体系

目前，我国已建立起国家、省、市、县四级环境执法体系，环境执法能力得以不断提高，但一些地区仍然存在环境违法行为，需要在以下几方面加强。提高基层环境管理人员的业务能力和综合素质，赋予环境行政部门查封、冻结、扣押等必要的强制执行权力，严格按照法律法规进行环境检查和处理。建立健全环境警察制度，提高环境执法的权威性和严肃性。加大对排污企业的环境执法力度，实行行政问责与刑事问责的污染双向问责制度。建立第三方监管制度体系，推进环境服务的外部化和专业化，加强环境监管的及时性、科学性、全面性。

2. 加大环境违法违规行为处罚力度

明确环境规制监督职责，设置环境规制监督机构，通过法律手段保障环境执法的实施，设计严谨的监督流程，严格按照环境法律法规约束企业和政府行为，提升环保部门和监察部门对环境的监管效率，并将环境指标引入政府工作评价中，实行环境保护目标责任制。重点加大企业偷排、超排行为的处罚力度，提高经济处罚标准，使罚款额与污染治理成本、污染排放量、违规时长、额外环境损失等因素挂钩，并与相关的环评审批、上市公司环保核查和环保专项资金安排等方面相联系。强化污染责任追究和处罚，建立环境污染责任终身追究制。

第六节　本章小结

依据我国社会经济发展水平和各地区的差异性，需合理设定环境规制强度，实行综合环境规制工具。第一，环境规制强度要合理设定。由前文可知，现阶段的环境规制强度发挥预期的“倒逼减排”效应，但同时环境规制的“波特假说”效应尚不明显。因此，进一步适度加强环境规制，既有利于碳减排，又有利于环保技术的创新。但也要警惕不切实际、盲目提高环境规制强度的跟风行为，以免环境规制对碳排放的影响轨迹出现“重组”现象，即倒“N”形，再次引发绿色悖论效应。第二，行政命令 - 市场机制 - 志愿行动三种途径融合。发挥环境规制的碳减排效应还需要选择合理的环境规制工具。环境标准、排放限额等

"控制型"环境规制工具由于具有较强的强制性，对企业缺乏自愿的激励；而排污权交易、环境补贴等"激励型"环境规制工具对企业技术创新提供持续的激励，有利于提高企业治污创新能力。所以，政府应该根据地区间经济发展水平和碳排放强度的异质性，采取差异化的环境规制工具。对于东部发达省份，考虑到人们日益增长的环境质量诉求与绿色产品的需求，宜采用较高水平的环境规制强度，并以"激励型"环境规制工具为主。对于中西部欠发达省份，不能一味追求经济增长而忽略环境质量，实施"激励型"与"控制型"环境规制工具相结合，并且对于生态环境更加脆弱的省份，需以"控制型"环境规制工具为主。第三，环境规制要与时俱进。现阶段，以标准和管制为代表的命令控制型仍是最有效的环境规制工具。但随着市场化改革的不断深入、市场环境的不断优化以及环境监管能力的不断提高，可探索建立并逐步完善如环境税收、排放权交易等经济激励工具，以更多地发挥市场机制作用。而自愿或非自愿协议、网络构建、环境标识等信息传递型工具，可作为一种政策补充。逐步减少工具应用过程中的"部门利益化"障碍，实现对各类规制工具的统筹协调和统一管理。第四，采取环境规制的组合工具。任何环境规制工具都具有其优越性与局限性，推动绿色发展的某一最优规制政策并不存在。为了加强环境规制对不同企业的绿色行为激励效果，需采取组合的规制工具。采用集标准和管制政策、财政政策（政府预算拨款、税收减免与补贴、优惠贷款、政府采购等）、自愿协议（与财政政策相结合）、信息工具（能效标识、宣传教育等）、技术研发政策等于一体的政策集合。

参考文献

[1] 包群，邵敏，杨大利．环境管制抑制了污染排放吗？[J]．经济研究，2013（12）：42－54.

[2] 曹颖．环境绩效评估指标体系研究——以云南省为例 [J]．生态经济，2006（5）：330－332.

[3] 陈德敏，张瑞．环境规制对中国全要素能源效率的影响——基于省际面板数据的实证检验 [J]．经济科学，2012（4）：49－65.

[4] 陈劭锋．2000－2005 年中国的资源环境综合绩效评估研究 [J]．科学管理研究，2007，25（6）：51－53.

[5] 陈诗一．节能减排与中国工业的双赢发展：2009－2049 [J]．经济研究，2010（3）：129－143.

[6] 陈诗一．能源消耗、二氧化碳排放与中国工业的可持续发展 [J]．经济研究，2009（4）：41－55.

[7] 程钰，任建兰，陈延斌，徐成龙．中国环境规制效率空间格局动态演变及其驱动机制 [J]．地理研究，2016，35（1）：123－136.

[8] 褚敏，靳涛．为什么中国产业结构升级步履迟缓——基于地方政府行为与国有企业垄断双重影响的探究 [J]．财贸经济，2013（3）：112－122.

[9] 杜威剑，李梦洁．环境规制对企业产品创新的非线性影响 [J]．科学学研究，2016，34（3）：462－470.

[10] 傅京燕．产业特征、环境规制与大气污染排放的实证研究——以

广东省制造业为例［J］．中国人口·资源与环境，2009（2）：73－77.

［11］傅京燕，李丽莎．环境规制、要素禀赋与产业国际竞争力的实证研究——基于中国制造业的面板数据［J］．管理世界，2010(10)：87－98.

［12］高明，陈丽强．城市规模、结构与环境污染［J］．软科学，2018，32（5)：55－58.

［13］高明，陈丽强，郭施宏．轨道交通、BRT与空气质量——一个城市异质性的视角［J］．中国人口·资源与环境，2018，28（6)：73－79.

［14］高明，郭施宏，夏玲玲．大气污染府际间合作治理联盟的达成与稳定——基于演化博弈分析［J］．中国管理科学，2016，24(8)：62－70.

［15］高明，黄清煌．环保投资与工业污染减排关系的进一步检验——基于治理投资结构的门槛效应分析［J］．经济管理，2015，37(2)：167－177.

［16］高明，吴雪萍，郭施宏．城市化进程、环境规制与大气污染——基于STIRPAT模型的实证分析［J］．工业技术经济，2016，35（9)：110－117.

［17］高明，吴雪萍．基于熵权灰色关联法的北京空气质量影响因素分析［J］．生态经济，2017，33（3)：142－147.

［18］高颖，李善同．征收能源消费税对社会经济与能源环境的影响分析［J］．中国人口·资源与环境，2009（2）：30－35.

［19］郭存芝，孙康．税收优惠的节能减排效应——基于省级面板数据的实证分析［J］．资源科学，2013，35（2）：261－267.

［20］郭国峰，郑召锋．基于DEA模型的环境治理效率评价［J］．经济问题，2009（1)：48－51.

［21］韩晶，陈超凡，施发启．中国制造业环境效率、行业异质性与最

优规制强度 [J]. 统计研究, 2014, 31 (3): 61-67.

[22] 韩强, 曹洪军, 宿洁. 我国工业领域环境保护投资效率实证研究 [J]. 经济管理, 2009 (5): 154-160.

[23] 何康. 环境规制、行业异质性与中国工业全要素碳排放绩效 [J]. 中国科技论坛, 2014 (4): 62-67.

[24] 黄茂兴, 李军军. 技术选择、产业结构升级与经济增长 [J]. 经济研究, 2009 (7): 143-151.

[25] 黄平, 胡日东. 环境规制与企业技术创新相互促进的机理与实证研究 [J]. 财经理论与实践, 2010, 31 (1): 99-103.

[26] 黄清煌, 高明. 环境规制对经济绩效影响的实证检验 [J]. 统计与决策, 2018, 34 (2): 113-117.

[27] 黄清煌, 高明. 环境规制对经济增长的数量和质量效应——基于联立方程的检验 [J]. 经济学家, 2016a (4): 53-62.

[28] 黄清煌, 高明. 中国环境规制工具的节能减排效果研究 [J]. 科研管理, 2016b, 37 (6): 19-27.

[29] 江珂, 卢现祥. 环境规制与技术创新——基于中国 1997-2007 年省际面板数据分析 [J]. 科研管理, 2011, 32 (7): 60-66.

[20] 蒋伏心, 王竹君, 白俊红. 环境规制对技术创新影响的双重效应——基于江苏制造业动态面板数据的实证研究 [J]. 中国工业经济, 2013 (7): 44-55.

[31] 金碚. 资源环境管制与工业竞争力关系的理论研究 [J]. 中国工业经济, 2009 (3): 5-17.

[32] 雷明, 虞晓雯. 地方财政支出、环境规制与我国低碳经济转型 [J]. 经济科学, 2013 (5): 47-61.

[33] 李斌, 彭星. 环境规制工具的空间异质性效应研究——基于政府职能转变视角的空间计量分析 [J]. 产业经济研究, 2013 (6): 38-47.

[34] 李钢, 董敏杰, 沈可挺. 强化环境管制政策对中国经济的影响——

基于 CGE 模型的评估 [J]. 中国工业经济, 2012 (11): 5 - 17.

[35] 李钢, 李颖. 环境规制强度测度理论与实证进展 [J]. 经济管理, 2012 (12): 154 - 163.

[36] 李科. 我国省际节能减排效率及其动态特征分析 [J]. 中国软科学, 2013 (5): 144 - 157.

[37] 李玲, 陶锋. 中国制造业最优环境规制强度的选择——基于绿色全要素生产率的视角 [J]. 中国工业经济, 2012 (5): 70 - 82.

[38] 李平, 慕绣如. 波特假说的滞后性和最优环境规制强度分析——基于系统 GMM 及门槛效果的检验 [J]. 产业经济研究, 2013 (4): 21 - 29.

[39] 李强. 环境规制与区域技术创新——基于中国省际面板数据的实证分析 [J]. 中南财经政法大学学报, 2009 (4): 18 - 23.

[40] 李胜兰, 初善冰, 申晨. 地方政府竞争、环境规制与区域生态效率 [J]. 世界经济, 2014 (4): 88 - 110.

[41] 李胜兰, 申晨, 林沛娜. 环境规制与地区经济增长效应分析——基于中国省际面板数据的实证检验 [J]. 财经论丛, 2014 (6): 88 - 96.

[42] 李胜文, 李新春, 杨学儒. 中国的环境效率与环境管制——基于 1986 - 2007 年省级水平的估算 [J]. 财经研究, 2010, 36 (2): 59 - 68.

[43] 李树, 陈刚. 环境管制与生产率增长——以 APPCL2000 的修订为例 [J]. 经济研究, 2013 (1): 17 - 31.

[44] 李阳, 党兴华, 韩先锋, 宋文飞. 环境规制对技术创新长短期影响的异质性效应——基于价值链视角的两阶段分析 [J]. 科学学研究, 2014, 32 (6): 937 - 949.

[45] 李永友, 沈坤荣. 我国污染控制政策的减排效果——基于省际工业污染数据的实证分析 [J]. 管理世界, 2008 (7): 7 - 17.

[46] 连玉君, 程建. 不同成长机会下资本结构与经营绩效之关系研究

[J]. 当代经济科学, 2006, 28 (2): 97-103.

[47] 梁洁, 史安娜, 马轶群. 环境规制与中国宏观经济——基于动态随机一般均衡模型的实证分析 [J]. 南京农业大学学报, 2014 (3): 93-102.

[48] 梁俊. 环境约束下中国工业增长与节能减排双赢绩效研究——一个非径向 DEA 模型分析框架 [J]. 世界经济研究, 2014 (2): 93-102.

[49] 廖进球, 刘伟明. 波特假说、工具选择与地区技术进步 [J]. 广东财经大学学报, 2013 (10): 50-57.

[50] 刘长生, 简玉峰, 陈华. 中国不同省份自然资源禀赋差异对经济增长的影响 [J]. 资源科学, 2009, 31 (6): 1051-1060.

[51] 刘金林, 冉茂盛. 环境规制、行业异质性与区域产业集聚——基于省际动态面板数据模型的 GMM 方法 [J]. 财经论丛, 2015 (1): 16-23.

[52] 刘瑞翔, 安同良. 资源环境约束下中国经济增长绩效变化趋势与因素分析——基于一种新型生产率指数构建与分解方法的研究 [J]. 经济研究, 2012 (12): 34-47.

[53] 刘伟明, 唐东波. 环境规制、技术效率和全要素生产率增长 [J]. 世界经济研究, 2012 (5): 28-35.

[54] 刘研华, 王宏志. 中国环境规制的投入产出分析 [J]. 技术经济与管理研究, 2011 (10): 7-10.

[55] 陆静超, 姜振寰. 环境政策绩效与激励机制分析 [J]. 哈尔滨工业大学学报 (社会科学版), 2008, 10 (4): 96-103.

[56] 马富萍, 郭晓川, 茶娜. 环境规制对技术创新绩效影响的研究——基于资源型企业的实证检验 [J]. 科学学与科学技术管理, 2011, 32 (8): 87-92.

[57] 马士国. 环境规制工具的选择与实施: 一个评述 [J]. 财经论丛, 2008 (3): 76-90.

[58] 马士国. 征收硫税对中国二氧化硫排放和能源消费的影响 [J]. 中国工业经济, 2008 (2): 20-30.

[59] 马育军, 黄贤金, 肖思思, 王舒. 基于DEA模型的区域生态环境建设绩效评价——以江苏省苏州市为例 [J]. 长江流域资源与环境, 2007, 16 (6): 769-774.

[60] 孟昌, 陈玉杰. 1995-2010年间的中国区域能源效率变动研究——描述性特征与基于面板数据DEA方法的实证 [J]. 财贸经济, 2012 (6): 116-123.

[61] 聂普焱, 黄利. 环境规制对全要素能源生产率的影响是否存在产业异质性 [J]. 产业经济研究, 2013 (4): 50-58.

[62] 牛海鹏, 杜雯翠, 朱艳春. 排污费征收、技术创新与污染排放 [J]. 经济与管理评论, 2012 (4): 51-56.

[63] 彭星, 李斌. 不同类型环境规制下中国工业绿色转型问题研究 [J]. 财经研究, 2016, 42 (7): 134-144.

[64] 钱争鸣, 刘晓晨. 环境管制与绿色经济效率 [J]. 统计研究, 2015, 32 (7): 12-18.

[65] 沈满洪. 论环境经济手段 [J]. 经济研究, 1997 (10): 54-58.

[66] 沈能. 环境效率、行业异质性与最优规制强度——中国工业行业面板数据的非线性检验 [J]. 中国工业经济, 2012 (3): 56-68.

[67] 沈能, 刘凤朝. 高强度的环境规制真能促进技术创新吗？——基于"波特假说"的再检验 [J]. 中国软科学, 2012 (4): 49-59.

[68] 师博, 沈坤荣. 政府干预、经济集聚与能源效率 [J]. 管理世界, 2013 (10): 6-18.

[69] 宋锦剑. 论产业结构优化升级的测度问题 [J]. 当代经济科学, 2000, 22 (3): 92-97.

[70] 宋马林, 王舒鸿. 环境规制、技术进步与经济增长 [J]. 经济研究, 2013, (3): 122-134.

[71] 宋文飞, 李国平, 韩先锋. 价值链视角下环境规制对R&D创新效

率的异质门槛效应——基于工业 33 个行业 2004 - 2011 年的面板数据分析 [J]. 财经研究, 2014, 40 (1): 93 - 104.

[72] 万建香, 梅国平. 社会资本可否激励经济增长与环境保护的双赢 [J]. 数量经济技术经济研究, 2012 (7): 61 - 75.

[73] 万伦来, 童梦怡. 环境规制下中国能源强度的影响因素分析——基于省际面板数据的实证研究 [J]. 山西财经大学学报, 2010 (11): 6 - 7.

[74] 汪伟, 刘玉飞, 彭冬冬. 人口老龄化的产业结构升级效应研究 [J]. 中国工业经济, 2015 (11): 47 - 61.

[75] 王灿, 陈吉宁, 邹骥. 基于 CGE 模型的 CO_2 减排对中国经济的影响 [J]. 清华大学学报 (自然科学版), 2005, 12 (12): 194.

[76] 王德高, 陈思霞. 排污费政策取向: 基于相关数据的实证分析 [J]. 学习与实践, 2009 (5): 146 - 151.

[77] 王洪庆. 人力资本视角下环境规制对经济增长的门槛效应研究 [J]. 中国软科学, 2016 (6): 52 - 61.

[78] 王杰, 刘斌. 环境规制与企业全要素生产率——基于中国工业企业数据的经验分析 [J]. 中国工业经济, 2014 (3): 44 - 56.

[79] 王犁, 孙欣, 陈磊. 区域节能减排效率及其影响因素研究 [J]. 成都理工大学学报 (社会科学版), 2009 (4): 19 - 26.

[80] 王丽珂. 基于生态文明的政府环境管理绩效评价 [J]. 北京工业大学学报 (社会科学版), 2008, 8 (6): 16 - 19.

[81] 王书斌, 徐盈之. 环境规制与雾霾脱钩效应——基于企业投资偏好的视角 [J]. 中国工业经济, 2015 (4): 18 - 30.

[82] 王文普. 环境规制、空间溢出与地区产业竞争力 [J]. 中国人口·资源与环境, 2013, 23 (8): 123 - 130.

[83] 王晓宁, 毕军, 刘蓓蓓, 杨洁, 石磊. 基于绩效评估的地方环境保护机构能力分析 [J]. 经济学家, 2006, 26 (3): 380 - 384.

[84] 王燕. 环境问题的经济学分析——兼论推进环境规制改革的必要

性［J］. 商业经济，2009（12）：24－26.

［85］王用红，杨文杰. 中国环保投资与国民经济增长的互动关系［J］. 经济管理，2008，30（21）：157－162.

［86］王宇澄. 基于空间面板模型的我国地方政府环境规制竞争研究［J］. 管理评论，2015，27（8）：23－32.

［87］魏巍贤，马喜立. 能源结构调整与雾霾治理的最优政策选择［J］. 中国人口·资源与环境，2015，25（7）：6－14.

［88］吴丰华，刘瑞明. 产业升级与自主创新能力构建——基于中国省际面板数据的实证研究［J］. 中国工业经济，2013（5）：57－69.

［89］吴雪萍，高明，曾岚婷. 基于半参数空间模型的空气污染与经济增长关系再检验［J］. 统计研究，2018，35（8）：82－93.

［90］吴延瑞. 生产率对中国经济增长的贡献：新的估计［J］. 经济学（季刊），2008（3）：827－840.

［91］武恒光，刘长翠. 声誉机制对环境规制效率的影响研究——基于环境保护财政资金的绩效评价视角［J］. 审计与经济研究，2006（6）：74－78.

［92］肖挺，刘华. 产业结构调整与节能减排问题的实证研究［J］. 经济学家，2014（9）：58－68.

［93］熊艳. 基于省际数据的环境规制与经济增长关系［J］. 中国人口·资源与环境，2011，21（5）：126－131.

［94］徐成龙，任建兰，程钰. 山东省环境规制效率时空格局演变及影响因素［J］. 经济地理，2014，34（12）：35－40.

［95］徐盈之，魏莎. 中国省际节能减排效率的经济增长效应——基于门槛回归模型的研究［J］. 中国地质大学学报，2014（3）：60－69.

［96］徐圆. 源于社会压力的非正式性环境规制是否约束了中国的工业污染［J］. 财贸研究，2014（2）：7－14.

［97］许松涛，肖序. 环境规制降低了重污染行业的投资效率吗？［J］. 公共管理学报，2011（3）：102－128.

[98] 杨东宁，周长辉．企业环境绩效与经济绩效的动态关系模型［J］．中国工业经济，2004（4）：43－50.

[99] 叶祥松，彭良燕．我国环境规制的规制效率研究——基于1999－2008年我国省际面板数据［J］．经济学家，2011（6）：81－86.

[100] 尤济红，高志刚．政府环境规制对能源效率影响的实证研究——以新疆为例［J］．资源科学，2013（6）：1211－1218.

[101] 于鹏飞，李悦，高义学，郗敏，孔范龙．基于DEA模型的国内各地区节能减排效率研究［J］．中国人口·资源与环境，2010（3）：39－42.

[102] 余长林，高宏建．环境管制对中国环境污染的影响——基于隐性经济的视角［J］．中国工业经济，2015（7）：21－35.

[103] 余东华，胡亚男．环境规制趋紧阻碍中国制造业创新能力提升吗？——基于"波特假说"的再检验［J］．产业经济研究，2016（2）：11－20.

[104] 余伟，陈强，陈华．环境规制、技术创新与经营绩效——基于37个工业行业的实证分析［J］．科研管理，2017，28（2）：18－25.

[105] 余泳泽，杜晓芬．经济发展、政府激励约束与节能减排效率的门槛效应研究［J］．中国人口·资源与环境，2013，23（7）：93－99.

[106] 原毅军，刘柳．环境规制与经济增长：基于经济型规制分类的研究［J］．经济评论，2013（1）：27－33.

[107] 原毅军，谢荣辉．环境规制的产业结构调整效应研究——基于中国省际面板数据的实证检验［J］．中国工业经济，2014（8）：57－69.

[108] 臧传琴．环境规制工具的比较与选择——基于对税费规制与可交易许可证规制的分析［J］．云南社会科学，2009（6）：97－102.

[109] 臧传琴．环境规制绩效的区域差异研究［D］．济南：山东大学经济学院，2016：84－88.

[110] 占佳，李秀香．环境规制工具对技术创新的差异化影响［J］．广东财经大学学报，2015（6）：16－26.

[111] 张彩云，郭艳青．污染产业转移能够实现经济和环境双赢吗？——基于环境规制视角的研究［J］．财经研究，2015，41（10）：96－108.

[112] 张红凤，周峰，杨慧，郭庆．环境保护与经济发展双赢的规制绩效实证分析［J］．经济研究，2009（3）：14－27.

[113] 张华．环境规制提升了碳排放绩效吗？——空间溢出视角下的解答［J］．经济管理，2014，36（12）：166－175.

[114] 张华．能源波特假说效应存在吗［J］．中国人口·资源与环境，2014，24（11）：33－41.

[115] 张华，魏晓平．绿色悖论抑或倒逼减排——环境规制对碳排放影响的双重效应［J］．中国人口·资源与环境，2014，24（9）：21－29.

[116] 张平，张鹏鹏，蔡国庆．不同类型环境规制对企业技术创新影响比较研究［J］中国人口·资源与环境，2016，26（4）：8－13.

[117] 张曙霄，戴永安．异质性、财政分权与城市经济增长［J］．金融研究，2012（1）：103－115.

[118] 张卫东，汪海．我国环境政策对经济增长与环境污染关系的影响研究［J］．中国软科学，2007（12）：32－38.

[119] 张文彬，张理芃，张可云．中国环境规制强度省际竞争形态及其演变——基于两区制空间 Durbin 固定效应模型的分析［J］．管理世界，2010（12）：34－44.

[120] 张学刚，王玉婧．环境库兹涅茨曲线——内生机制抑或规制结果？［J］．财经论丛，2010（4）：7－12.

[121] 张翼，卢现祥．公众参与治理与中国二氧化碳减排行动——基于省级面板数据的经验分析［J］．中国人口科学，2011（3）：64－72.

[122] 赵成柏，毛春梅．我国地区节能减排效率的差异及影响因素研究［J］．中国科技论坛，2012（6）：102－108.

[123] 赵敏．环境规制的经济学理论根源探究［J］．经济问题探索，2013（4）：152—155.

[124] 赵霄伟. 环境规制、环境规制竞争与地区工业经济增长——基于空间 Durbin 面板模型的实证研究 [J]. 国际贸易问题, 2014 (7): 82-92.

[125] 周昌林, 魏建良. 产业结构水平测度模型与实证分析——以上海、深圳、宁波为例 [J]. 上海经济研究, 2007 (6): 15-21.

[126] 朱建华, 徐顺青, 逯元堂, 吴舜泽. 中国环保投资与经济增长实证研究——基于误差修正模型和格兰杰因果检验 [J]. 中国人口·资源与环境, 2014, 24 (11): 100-103.

[127] 邹庆, 陈迅, 吕俊娜. 我国经济增长与环境协调发展研究——基于内生增长模型和 EKC 假说的分析 [J]. 中央财经大学学报, 2014 (9): 89-97.

[128] Adam B. J., Robert N. S. Dynamic Incentives of Environmental Regulations: The Effects of Alternative Policy Instruments on Technology Diffusion [J]. Journal of Environmental Economics and Management, 1995, 29 (3): 543-563.

[129] Aghion P., Howitt P. On the Macroeconomic Effects of Major Technological Change [J]. Annals of Economic and Statistics, 1998, (49): 3-5.

[130] Ahmet. "Economic growth and its impact on environment: A panel data analysis" [J]. *Mpra Paper*, 2013, 24 (1): 324-333.

[131] Aiken D. V., Pasurka C. A. Adjusting the Measurement of US Manufacturing Productivity for Air Pollution Emissions Control [J]. Resource and Energy Economics, 2003, 25 (4): 329-351.

[132] Amartya S. Development as Freedom [M]. Oxford: Oxford University Press, 2001.

[133] Ambec S., Barla P. A Theoretical Foundation of the Porter Hypothesis [J]. Economics Letters, 2002, 75 (3): 355-360.

[134] Ambec S., Barla P. Can Environmental Regulations Be Good for

Business? An Assessment of the Porter Hypothesis [J] . Energy Studies Review, 2006, 14 (2): 42.

[135] Anthony D. Smart Growth: Why We Discuss It More Than We Do It [J] . Journal of the American Planning Association, 2005, 71 (4): 367 - 378.

[136] Antonio T. , Francesco P. , Stefano P. New Tools to Foster Corporate Socially Responsible Behavior [J] . Journal of Business Ethics, 2004, 53 (1): 173 - 190.

[137] Antweiler W. , Brian R. , Copeland B. R. , Taylor M. S. Is Free Trade Good for the Environment? [J] . The American Economic Review, 2001, 91 (4): 877 - 908.

[138] Arellano M. , Bond S. Some Tests of Specification for Panel Data: Monte-Carlo Evidence and an Application to Employment Equations [J] . Review of Economic Studies, 1991, 58 (2): 277 - 297.

[139] Badi B. H. , Panicos O. D. , Hook S. L. Financial Development and Openness: Evidence from Panel Data [J] . Journal of Development Economics, 2009, 89 (2): 285 - 296.

[140] Bai J. Estimation of a Change Point in Multiple Regression Models [J] . Review of Economics and Statistics, 1997, 79 (4): 551 - 563.

[141] Baldwin R. , Cave M. , Lodge A. M. Understanding Regulation [J]. European Financial Management, 2010, 11 (4): 439 - 451.

[142] Barbera A. J. , McConnell V. D. The Impact of Environmental Regulations on Industry Productivity: Direct and Indirect Effects [J] Journal of Environmental Economics and Management, 1990, 18 (1): 50 - 65.

[143] Barbieri N. Investigating the Impacts of Technological Position and European Environmental Regulation on Green Automotive Patent Activity [J] . Ecological Economics, 2015, 117 (9): 140 - 152.

[144] Barla P. , Perelman S. Sulphur Emissions and Productivity Growth in Industrialised Countries [J] . Annals of Public Cooperative Economics, 2005, 76 (2): 275 -300.

[145] Barnett H. J. , Morse C. Scarcity and Growth. [J] . Rff Press, 1963.

[146] Barnett S. A. , Sakellaris P. "Nonlinear response of firm investment to Q: Testing a model of convex and non - convex adjustment costs 1" [J] . *Journal of Monetary Economics*, 1998, 42 (2): 261 -288.

[147] Barro R. J. , Martin X. S. Technological Diffusion, Convergence, and Growth [J] . Journal of Economic Growth, 1997, 2 (1): 1 -26.

[148] Beaumont N. J. , Tinch R. Abatement Cost Curves: A Viable Management Tool for Enabling the Achievement of Win-Win Waste Reduction Strategies? [J] . Journal of Environmental Management, 2004, 71 (3): 207 -215.

[149] Beers C. V. , Bergh V. D. An Empirical Multi-Country Analysis of the Impact of Environmental Regulations on Foreign Trade Flows [J] . Kyklos, 1997, 50 (1): 29 -46.

[150] Berman E. , Bui L. T. Environmental Regulation and Productivity: Evidence from Oil Refineries [J] . The Review of Economics and Statistics, 2001, 83 (3): 498 -510.

[151] Blundell R. , Bond S. Initial Conditions and Moment Restrictions in Dynamic Panel Data Models [J] . Journal of Econometrics, 1998, 87 (1): 115 -143.

[152] Brännlund R. , Lundgren T. Environmental Policy Without Costs? A Review of the Porter Hypothesis [J] . International Review of Environmental and Resource Economics, 2009, 3 (2): 75 -117.

[153] Brouhle K. , Griffiths C. , Wolverton A. Evaluating the Role of EPA Policy Levers: An Examination of a Voluntary Program and Regulatory Threat in the Metal-Finishing Industry [J] . Journal Environmental

Economics and Management, 2009, 57 (2): 166 -181.

[154] Brunnermeier S. B., Cohen M. A. Determinants of Environmental Innovation in US Manufacturing Industries [J]. Journal of Environmental Economics and Management, 2003, (2): 278 -293.

[155] Caneral M., Hansen B. E. Instrumental Variable Estimation of a Threshold Model [J]. Econometric Theory, 1991, 58 (2): 277 -297.

[156] Chavez C. A., Villena M. G., Stranlund J. K. The Choice of Policy Instruments to Control Pollution under Costly Enforcement and Incomplete Information [J]. Journal of Applied Economics, 2009, 12 (2): 207 -227.

[157] Chintrakarn P. Environmental Regulation and U. S. States' Technical Inefficiency [J]. Economics Letters, 2008, 100 (3): 363 -365.

[158] Christa N. B. Cursing the Blessings? Natural Resource Abundance, Institutions, and Economic Growth [J]. World Development, 2008, 36 (3): 399 -419.

[159] Christian C., Jay S. Private Citizen Suits and Public Enforcement: Substitutes or Complements [J]. Journal of Environmental Economics and Management, 2010, 59 (3): 235 -249.

[160] Claudio R. M. Getting to Grips with Quality in the Diffusion of Regulatory Impact Assessment in Europe [J]. Public Money & Management, 2004, 24 (5): 271 -276.

[161] Clawson M. Methods of Measuring the Demand for and Value of Outdoor Recreation [J]. Resources for the Future, 1959.

[162] Clo S., Ferraris M., Florio M. Ownership and Environmental Regulation: Evidence from the European Electricity Industry [J]. Energy Economics, 2017, 61 (1): 298 -312.

[163] Coase R. H. The Problem of Social Cost [J]. The Journal of Law and Economics, 1960, 3 (1): 1 -44.

[164] Cole M. A., Elliot R. J. FDI and the Capital Intensity of "Dirty" Sectors: A Missing Piece of the Pollution Haven Puzzle [J]. Review of Development Economics, 2005, 9 (4): 530-548.

[165] Cole M. A., Elliott R. J., Okubo T. Trade, Environmental Regulations and Industrial Mobility: An Industry-Level Study of Japan [J]. Ecological Economics, 2010, 69 (10): 1995-2002.

[166] Conrad K., Wastl D. The Impact of Environmental Regulation on Productivity in German Industries [J]. Empirical Economics, 1995, 20 (4): 615-633.

[167] Copeland B. R. Tourism and Welfare-Enhancing Export Subsidies [J]. Japanese Economic Review, 2012, 63 (2): 232-243.

[168] Costantini V., Mazzanti M. On the Green and Innovative Side of Trade Competitiveness? The Impact of Environmental Policies and Innovation on EU Exports [J]. Research Policy, 2012, 41 (1): 132-153.

[169] Cropper M. L., Oates W. E. Environmental Economics: A Survey [J]. Journal of Economic Literature, 1992, 30 (2): 675-740.

[170] Dam L., Scholtens B. The Curse of the Haven: The Impact of Multinational Enterprise on Environmental Regulation [J]. Ecological Economics, 2012, 78 (2): 148-156.

[171] Dasgupta S. Environmental Regulation and Development [R]. The World Bank Working Paper, 1995.

[172] Dasgupta S., Laplante B., Wang H., Wheeler D. Confronting the Environmental Kuznets Curve [J]. Journal of Economic Perspectives, 2002, 16 (1): 147-168.

[173] Dasgupta S., Wheeler D. Citizen Complaints as Environmental Indicators: Evidence from China [R]. World Bank Working Paper, 1997, No. 1704.

[174] Dechezleprêtre A., Neumayer E., Perkins R. Environmental Regu-

lation and the Cross - border Diffusion of New Technology: Evidence from Automobile Patents [J]. Research Policy, 2015, 44 (1): 244 - 257.

[175] Dinda S. Environmental Kuznets Curve Hypothesis: A Survey [J]. Ecological Economics, 2004, 49 (4): 431 - 455.

[176] Donga Y., Ishikawaa M., Liub X., Hamoria S. The Determinants of Citizen Complaints on Environmental Pollution: An Empirical Study from China [J]. Journal of Cleaner Production, 2011, 19 (12): 1306 - 1314.

[177] Edwin W. V. D., Corrado D. M. Imperfect Environmental Policy and Polluting Emissions: The Green Paradox and Beyond [J]. International Review of Environmental and Resource Economics, 2012, 6 (2): 153 - 194.

[178] Elliott R. J. R., Shimamoto K. Are ASEAN Countries Havens for Japanese Pollution Intensive Industry? [J]. World Economy, 2008, 31 (2): 236 - 254.

[179] Fare R., Grosskopf S. Directional Distance Functions and Slacks-Based Measures of Efficiency [J]. European Journal of Operational Research, 2010, 200 (1): 320 - 322.

[180] Fredrikssonf P. G., Millimetf D. L. Strategic Interaction and the Determination of Environmental Policy across U. S. States [J]. Journal of Urban Economics, 2002, 51 (1): 101 - 122.

[181] Fukuyama H., Weber W. L. A Directional Slacks-Based Measure of Technical Inefficiency [J]. Socio-Economic Planning Sciences, 2009, 43 (4): 274 - 287.

[182] Gray W., Shadbegian B. Pollution Abatement Cost, Regulation and Plant Level Productivity [R]. NBER Working Paper, 1995.

[183] Grossman G. M., Krueger A. B. Environmental Impacts of a North

American Free Trade Agreement [J]. Social Science Electronic Publishing, 1991, 8 (2): 223 - 250.

[184] Gupta M. R., Barman T. R. Fiscal Policies, Environmental Pollution and Economic Growth [J]. Economic Modelling, 2009, (26): 1018 - 1028.

[185] Hamamoto M. Environmental Regulation and the Productivity of Japanese Manufacturing Industries [J]. Resource and Energy Economics, 2006, 4 (28): 299 - 312.

[186] Hancevic P. I. Environmental Regulation and Productivity: The Case of Electricity Generation under the CAAA - 1990 [J]. Energy Economics, 2016, 60 (11): 131 - 143.

[187] Hansen B. E. Inference When a Nuisance Parameter Is Not Identified under the Null Hypothesis [J]. Econometrics, 1996, 64 (2): 413 - 430.

[188] Hansen B. E. Threshold Autoregression in Economics [J]. Statistics and its Interface, 2011, 4 (2): 123 - 127.

[189] Hansen B. E. Threshold Effects in Non-Dynamic Panels: Estimation, Testing, and Inference [J]. Journal of Econometrics, 1999, 93 (2): 345 - 368.

[190] Harold D. Toward a Theory of Property Rights [J]. American Economic Review, 1967, 5 (2): 347 - 359.

[191] Hettige H., Lucas R., Wheeler D. The Toxic Intensity of Industrial Production Free [J]. Review of Economics and Statistics, 1992, 87 (1): 92 - 99.

[192] Holman M. A. Accounting for Slower Economic Growth: The United States in the 1970's [J]. The Annals of the American Academy of Political and Social Science, 1980, 451 (4): 208 - 209.

[193] Horbach J. Determinants of Environmental Innovation-New Evidence

from German Panel Data Sources [J]. Research Policy, 2008, 37 (1): 163-173.

[194] Hu J. L., Wang S. G. Total-factor Energy Efficiency of Regions in China [J]. Energy Policy, 2006, 34 (17): 3206-3217.

[195] Ingo W., Judith L. U. Environmental Policies in Developing Countries [J]. AMBIO, 1979, 8 (2): 102-109.

[196] Iyiguna M. Clusters of Invention, Life Cycle of Technologies and Endogenous Growth [J]. Journal of Economic Dynamics and Control, 2006, 30 (4): 687-719.

[197] Jacobs S. Regulatory Impact Assessment and the Economic Transition to Markets [J]. Public Money and Management, 2004, 24 (5): 283-290.

[198] Jaffe A. B., Palmer J. K. Environmental Regulation and Innovation: A Panel Data Study [J]. Review of Economics and Statistics, 1997, 79 (4): 610-619.

[199] Jeppesen T., List J. A., Folmer H. Environmental Regulations and New Plant Location Decisions: Evidence from a Meta-Analysis [J]. Journal of Regional Science, 2002, 42 (1): 19-49.

[200] Jorgenson D. W., Wilcoxen P. J. Environmental Regulation and United States Economic Growth [J]. The RAND Journal of Economics, 1990, 21 (2): 314-340.

[201] Joskow P., Schmalensee R. The Political Economy of Market-Based Environmental Policy: The U. S. Acid Rain Program [J]. Journal of Law and Economics, 1998, 41 (1): 37-85.

[202] Kheder S. B., Zugravu N. The Pollution Haven Hypothesis: A Geographic Economy Model in a Comparative Study [J]. Documents de Travail du Centre d'Economie de la Sorbonne, 2008, 1 (4): 1-22.

[203] Kirkpatrick C., Parker D., Zhang Y. F. Regulatory Impact Assess-

ment in Developing and Transition Economies: A Survey of Current Practice [J]. Public Money and Management, 2004, 24 (5): 291-296.

[204] Kiviet J. F. On Bias, Inconsistency, and Efficiency of Various Estimators in Dynamic Panel Data Models. [J]. Journal of Econometrics, 1995, 68 (1): 53-78.

[205] Koenker R., Bassett G. Regression Quantiles [J]. Econometrica, 1978, 46 (1): 33-50.

[206] Koenker R. Quantile Regression for Longitudinal Data [J]. Journal of Multivariate Analysis, 2004, 91 (1): 74-89.

[207] Konisky D. Regulatory Competition and Environmental Enforcement: Is There a Race to the Bottom? [J]. American Journal of Political Science, 2007, 51 (4): 853-872.

[208] Kuznets S. Economic Growth and Income Inequality [J]. American Economic Review, 1955, 45 (1).

[209] Langpap C., Shimshack J. P. Private Citizen Suits and Public Enforcement: Substitutes or Complements [J]. Environmental Economics and Management, 2010, 59 (3): 235-249.

[210] Lanjouw J. O., Mody A. Innovation and the International Diffusion of Environmentally Responsive Technology [J]. Research Policy, 1996, 25 (4): 549-571.

[211] Lanoie P., Lucchetti J. L., Johnstone N., Ambec S. Environmental Policy, Innovation and Performance: New Insights on the Porter Hypothesis [J]. Journal of Economics and Management Strategy, 2011, 20 (3): 803-842.

[212] Lanoie P., Patry M., Lajeunesse R. Environmental Regulation and Productivity: Testing the Porter Hypothesis [J]. Journal of Productivity Analysis, 2008, 30 (2): 121-128.

[213] Lee M. P. Does Ownership Form Matter for Corporate Social Responsibility? A Longitudinal Comparison of Environmental Performance between Public, Private, and Joint-venture Firms [J]. Business and Society Review, 2009, 114 (4): 435-456.

[214] Levinson A. Environmental Regulation and Manufactures' Location Choices: Evidence from the Census of Manufactures [J]. Journal of Public Economics, 1996, 62 (2): 5-29.

[215] Levinson A., Taylor M. S. Unmasking the Pollution Haven Effect [J]. International Economic Review, 2008, 49 (1): 223-254.

[216] Liguo L., Wei S. Location Choice of FDI Firms and Environmental Regulation Reforms in China [J]. Journal of Regulatory Economics, 2016, 50 (2): 207-232.

[217] Lindstad H. E., Eskeland G. S. Environmental Regulations in Shipping: Policies Leaning towards Globalization of Scrubbers Deserve Scrutiny [J]. Transportation Research Part D: Transport and Environment, 2016, 47 (8): 67-76.

[218] Liu Y. M., Guo W. J. Effects of Energy Conservation and Emission Reduction on Energy Efficiency Retrofit for Existing Residence: A Case from China [J]. Energy and Building, 2013, (61): 61-72.

[219] Marco A. Z., Gimenez J. V. Environmental Tax and Productivity in a Decentralized Context: New Findings on the Porter Hypothesis [J]. European Journal of Law and Economics, 2013, 40 (10): 313-339.

[220] Marshall A. Principles of Economics: An Introductory Volume [J]. Social Science Electronic Publishing, 1920, 67 (1742): 457.

[221] Meza D. Effluent Charges and Environmental Damage: A Clarification [J]. Oxford Economic Papers, 1985, 37 (4): 700-702.

[222] Milliman S. R., Prince R. Firm Incentives to Promote Technological Change in Pollution Control [J]. Journal of Environmental Econom-

ics and Management, 1989, 17 (3): 247 -265.

[223] Millimet D. L., Roy J. Empirical Tests of the Pollution Haven Hypothesis When Environmental Regulation Is Endogenous [J]. Journal of Applied Econometrics, 2016, 31 (4): 652 -677.

[224] Munasinghe M. Making Economic Growth More Sustainable [J]. Ecological Economics, 1995, 15 (2): 121 -124.

[225] Muthukumara M., David W. In Search of Pollution Havens? Dirty Industry in the World Economy, 1960 -1995 [J]. Journal of Environment and Development, 1998, 7 (3): 215.

[226] North P. Unsustainable Urbanism? Cities, Climate Change and Resource Depletion: A Liverpool Case Study [J]. Geography Compass, 2010, 4 (9): 1377 -1391.

[227] Olson M., Zeckhauser R. The Efficient Production of External Economies [J]. The American Economic Review, 1970, 60 (3): 512 -517.

[228] Palmer K., Oates W. E., Portnev P. R. Tightening Environmental Standards: The Benefit-Cost or the No-Cost Paradigm [J]. The Journal of Economic Perspectives, 2008, 9 (4): 119 -132.

[229] Panayotou T. Demystifying the Environmental Kuznets Curve: Turing a Black Box into a Policy Tool [J]. Environmental and Development Economics, 1997, 4 (2): 465 -484.

[230] Pankova V. Econometric Models with Panel Data [J]. Acta Oeconomica Pragensia, 2007, 27 (1): 79 -85.

[231] Paras S. Environmental Taxation and Industrial Pollution Prevention and Control: Towards a Holistic Approach [J]. European Environment, 1997, 7 (5): 162 -168.

[232] Peterson J. M. Estimating an Effluent Charge: The Reserve Mining Case [M]. Milwaukee University of Wisconsin Press, 1977.

[233] Peuckert J. What Shapes the Impact of Environmental Regulation on

Competitiveness? Evidence from Executive Opinion Surveys [J]. Environmental Innovation and Societal Transitions, 2014, 10 (5): 77 - 94.

[234] Pigou A. C. The Economics of Welfare [M]. London: Macmillan, 1920.

[235] Porter M. E. America's Green Strategy [J]. Scientific American, 1991, 264 (4): 168.

[236] Porter M. E., Van der Linde C. Toward a New Conception of the Environment-Competitiveness Relationship [J]. The Journal of Economic Perspectives, 1995, 9 (4): 97 - 118.

[237] Ramsey F. P. A Mathematical Theory of Saving [J]. Economic Journal, 1928, 3 (152): 543 - 559.

[238] Rassier D. G., Earnhart D. Effects of Environmental Regulation on Actual and Expected Profitability [J]. Ecological Economics, 2015, (112): 129 - 140.

[239] Regan B. O., Moles R. Using System Dynamics to Model the Interaction between Environmental and Economic Factors in the Mining Industry [J]. Journal of Cleaner Production, 2006, 14 (8): 689 - 707.

[240] Reshetnyak O. S. Environmental Regulation of the Chemical Pollution in Aquatic Ecosystem (Biological Aspects) [J]. Water Resources, 2016, 43 (2): 364 - 368.

[241] Rexhauser S., Rammer C. Environmental Innovations and Firm Profitability: Unmasking the Porter Hypothesis [J]. Environmental and Resource Economics, 2014, 57 (1): 145 - 167.

[242] Rezza A. A. A Meta-Analysis of FDI and Environmental Regulations [J]. Environment and Development Economics, 2015, 20 (2): 185 - 208.

[243] Rousseau S., Proost S. The Relative Efficiency of Market-Based En-

vironmental Policy Instruments with Imperfect Compliance [J] . International Tax and Public Finance, 2009, 16 (1): 25 -42.

[244] Rubashkina Y. , Galeotti M. , Verdolini E. Environmental Regulation and Competitiveness: Empirical Evidence on the Porter Hypothesis from European Manufacturing Sectors [J] . Energy Policy, 2015, 83 (3): 288 -300.

[245] Sidgwick H. The Principles of Political Economy [M] . London : Macmillan and Co . 1883 .

[246] Sinn H. Public Policies against Global Warming: A Supply Side Approach [J] . International Tax Public Finance, 2008, 15 (4): 360 - 394.

[247] Smita B. , Mark C. Determinants of Environmental Innovation in US Manufacturing Industries [J] . Journal of Environmental Economics and Management, 2003, 45 (2): 278 -293.

[248] Sohn S. Y. , Jeon J. , Han E. J. A New Cost of Ownership Model for the Acquisition of Technology Complying with Environmental Regulations [J] . Journal of Cleaner Production, 2015, 100 (1): 269 -277.

[249] Sova A. Environmental Regulation and Competitiveness: Evidence from Romania [J] . Ecological Economics, 2012, 81 (9): 130 - 139.

[250] Spulber D. F. Market Microstructure: Intermediaries and the Theory of the Firm [M] . Cambridge University Press, New York, 1999.

[251] Stadler I. M. Environmental Regulation: Choice of Instruments under Imperfect Compliance [J] . Spanish Economic Review, 2008, 10 (1): 1 -21.

[252] Stavins R. N. , Whitehead B. W. Pollution Charges for Environmental Protection: A Policy Link Between Energy and Environment [J] . Annual Review of Environment and Resources, 1992, (17): 187 -210.

[253] Susmita D. , Mainul H. , David W. , Chonghua Z. Water Pollution

Abatement by Chinese Industry: Cost Estimates and Policy Implications [J]. Applied Economics, 2001, 33 (4): 547 - 557.

[254] Swinton J. R. At What Cost Do We Reduce Pollution? Shadow Prices of SO_2 Emissions [J]. Energy Journal, 1998, 19 (4): 63 - 84.

[255] Tietenberg T. H. Economic Instruments for Environmental Regulation [J]. Oxford Review of Economic Policy, 1990, 6 (1): 17 - 33.

[256] Timo K., Niel B., Rob D. Environmental Cost-Benefit Analysis of Alternative Timing Strategies in Greenhouse Gas Abatement: A Data Environment Analysis Approach [J]. Ecological Economics, 2009, 68 (6): 1633 - 1642.

[257] Tone K. A Slacks-Based Measure of Efficiency in Data Envelopment Analysis [J]. European Journal of Operational Research, 2001, 130 (3): 498 - 509.

[258] Valente S. Sustainable Development, Renewable Resources and Technological Progress [J]. Environmental and Resource Economics, 2005, 30 (1): 115 - 125.

[259] Wagner M. On the Relationship between Environmental Management, Environmental Innovation and Patenting: Evidence from German Manufacturing Firms [J]. Research Policy, 2007, 36 (10): 1587 - 1602.

[260] Walley N., Whitehead B. It's Not Easy Been Green in Welford and Starkey [R]. The Earth scan in Business and the Environment, London, Earth Scan, 1996: 334 - 337.

[261] Walter G. B., Patten D. M. Environmental Disclosures, Regulatory Costs, and Changes in Firm Value [J]. Journal of Accounting and Economics, 1994, 18 (3): 357 - 377.

[262] Wang H. Pollution Charges, Community Pressure and Abatement Cost of Industrial Pollution in China, WPS, 2000, No. 2337.

[263] Wang H., Wheeler D. Financial Incentives and Endogenous En-

forcement in China's Pollution Levy System [J] . Journal of Environmental Economics and Management, 2005, 49 (1): 174 - 196.

[264] Wang H. , Wheeler D. Financial Incentives and Endogenous Enforcement in China's Pollution Levy System [J] . Journal of Environmental Economics and Management, 2005, 49 (1): 174 - 196.

[265] Wang Y. , Shen N. Environmental Regulation and Environmental Productivity: The Case of China [J] . Renewable and Sustainable Energy Reviews, 2016, (62): 758 - 766.

[266] Wang Y. , Shen N. Environmental Regulation and Environmental Productivity: The Case of China [J] . Renewable and Sustainable Energy Reviews, 2016, (62): 758 - 766.

[267] Wang Z. H. , Feng C. The Impact and Economic Cost of Environmental Regulation on Energy Utilization in China [J] . Applied Economics, 2014, 46 (27): 3362 - 3376.

[268] Williamson O. E. The Vertical Integration of Production: Market Failure Considerations. [J] . American Economic Review, 1971, 61 (2): 112 - 123.

[269] Wirl F. Comparing Environmental Policy Instruments Within an Incomplete Contract Framework [J] . Journal of Public Economic Theory, 2013, 15 (2): 319 - 340.

[270] Wooldridge J. M. Econometric Analysis of Cross Section and Panel Data [M] . MIT Press, 2002.

[271] Xie R. H. , Yuan Y. J. , Huang J. J. Different Types of Environmental Regulations and Heterogeneous Influence on "Green" Productivity: Evidence from China [J] . Ecological Economics, 2017, 132 (2): 104 - 122.

[272] Xu J. , Zhou M. , Li H. L. ARDL-Based Research on the Nexus among FDI, Environmental Regulation, and Energy Consumption in Shanghai

(China) [J] . Natural Hazards, 2016, 84 (1): 551 -564.

[273] Xu X. , Song L. Regional Cooperation and the Environment: Do Dirty Industries Migrate [J] . WeltwirtschafthchesArchiv, 2000, 136 (1): 137 -157.

[274] Zaim O. , Taskin F. A Kuznets Curve in Environmental Efficiency: An Application on OECD Countries [J] . Environmental and Resource Economics, 2000, 17 (1): 21 -36.

[275] Zhang C. , He W. D. , Hao R. Analysis of Environmental Regulation and Total Factor Energy Efficiency [J] . Current Science, 2016, 110 (10): 1958 -1968.

[276] Zhang H. Exploring the Impact of Environmental Regulation on Economic Growth, Energy Use, and CO_2 Emissions Nexus in China [J] . Natural Hazards, 2016, 84 (1): 213 -231.

[277] Zhao X. L. , Yin H. T. , Zhao Y. Impact of Environmental Regulations on the Efficiency and CO_2 Emissions of Power Plants in China [J] . Applied Energy, 2015, 149 (7): 238 -247.

[278] Zhao Z. Y. , Chang R. D. , Zillante Z. Challenges for China's Energy Conservation and Emission Reduction [J] . Energy Policy, 2014, 74 (6): 709 -713.

[279] Zhou Y. , Zhu S. J. , He C. F. How Do Environmental Regulations Affect Industrial Dynamics? Evidence from China's Pollution-Intensive Industries [J] . Habitat International, 2017, 60 (1): 10 -18.

后 记

经过三年多的时间，不停地进行理论分析、数据采集、推导论证、结果检验、对策设计……书稿终于完成，创造的过程是艰辛的过程、创造的过程是思辨的过程、创造的过程是学习的过程、创造的过程是锤炼的过程、创造的过程是提高的过程，从茫然到清晰、从无助到自信、从苦闷到喜悦。此时，对本书的“产生、现状和将来”的感想做个说明，以作后记。

虽然明知研究对象复杂，但我们依然选择尝试。环境规制是指以环境保护为目的而制定实施的各项政策与措施的总和，包括命令控制型、市场激励型、公众参与型等规制工具体系。政策评估是指评估主体依据一定的评价标准，对政策产出和政策影响进行检测和评价，以判断政策结果实现政策目标的程度的活动。由于政策行动与环境改变之间的因果关系不易确定，以及政策效果的多样性和影响的广泛性，因此环境政策评价是一项复杂而又有难度的工作。一项政策实施，受到设定目标、执行难度、执行意愿和执行能力的影响，即政策完成情况 = 设定目标 × 难度系数 × 意愿率 × 执行力系数。难度系数取决于环境因素与政策设定因素，不同群体的意愿率不同，政策执行者的执行能力也有差别。环境政策评价是对环境政策进行衡量、检查、判断的过程，其目的是取得环境政策实施过程中效益和效率的信息，为修改或制定新的环境政策、分配环境政策资源提供决策依据。经济绿色发展是将环境资源作为社会经济发展的内在要素，把实现经济、社会和环境的可持续发展作为绿色发展的目标，把经济活动过程和结果的“绿色化”“生态化”作为绿色发展的主要内容和途径，对绿色发展效应的评价是很复杂的。绿色发展效应受到政治、经济、社会、环境多种因素的影响，有些评价指标难以量化，存在客观统计测算和思维判断的复杂性。需要从证据的来源、分析方法工具、推导过程、政策仿真等方面，精挑细选，以求环境规制的政策分析标准一致，逻辑推理过程前后一致。

虽然明知研究工作有难度，但我们始终坚持。写本书是一件很辛苦的事情，为此付出的心血大概只有我们自己知道。屠呦呦说：“一个科研的成功不会很轻易，要做艰苦的努力，要坚持不懈、反复实践，关键是要有信心、有决心来把这个任务完成。”实践比理论更重要，行动比方法更重要。经历反复思考、请教和论证，本书首次构建环境规制与节能减排、经济增长的系统框架，考察环境规制能否实现节能减排与经济增长的双赢，为挖掘可持续发展道路提供经验证据，拓宽了环境规制的理论研究视角。将三者置于同一框架，有利于全面考察环境规制效果，而非单一方面的考量，增强理论研究成果的适用性和准确性。在环境规制与“节能减排－经济增长”系统耦合度的计量实证检验方法上，充分考虑非线性特征的存在，揭示实现节能减排与经济增长双赢的最优规制强度或规制区间，有利于更准确地反映环境规制与“节能减排－经济增长”系统耦合度的动态演进过程，以期提供的规制强度更贴切系统演化规律。常年披星戴月，早出晚归，遇困惑焦虑难眠。每当在写作中遇到数据、调研、算法等方面挫折的时候，我们能够坚持目标，全力以赴继续寻求解决实际问题之法，从未有放弃的想法。

虽然过程艰辛，但我们有所收获。努力追求写作完美的意境，无论是理论分析还是实证研究，这是我们希望本书要达到的理想状态，也是我们对本书写作的一种态度。十八届三中全会提出要“加强中国特色新型智库建设，建立健全决策咨询制度”。创新思维是智库建设的基石。中国经济进入“高质量”发展的关键转型期，环境与发展智库迎来了发展机遇，但同时也面临诸多问题。环境政策过程中要实现科学与价值的统合，一项好的环境政策除了要有一定的实施条件外，更需要有充分的科学理据做支撑。生态环境领域的改革与发展迫切需要环境政策科学理论的指导以及政策设计。本书从中国环境领域智库建设出发，研究环境政策系统及其运行效果，致力于提高环境政策制定与执行的质量，从“环境政策”与“科学”之间的关系探讨中国环境政策科学化，提出解决我国经济绿色发展的环境规制建议。我们在本书的创作中已经发表了6篇论文、撰写了4篇咨政建言报告并得到领导批示、在8次学术会议上进行交流。对如何采取地区差异化、因地制宜地实现节能减排与经济增长的双赢给予一定的现实回答，可以为进一步完善环境规制设计提供重要参考。

虽然深知未来道路漫漫，但我们不改初心。作为在高校长期从事生态环境管理研究的教学科研人员，深知科研既是“壮丽探险”，又是“长途跋涉”，最需要长时间积累，久久为功，坚韧不拔。在学术创作上或许“长期积累”也未必有“偶然得之”，但没有“长期积累”，则绝不会“偶然得之”。这也决定了科研需要杜绝虚妄、浮躁、浅薄、投机，耐得住“长途跋涉”。科研就像跑步，需要坚持和毅力，要一直保持奔跑的状态。生态环境治理是一个系统工程，要秉持科学决策的原则，既要考虑到生态环境治理的复杂性、长期性和艰巨性，又要考虑到生态环境治理效果的有效性、持久性。未来对生态环境治理研究需要勤奋和毅力，需要有科学的精神，需要严谨细致的工作态度，需要吃苦耐劳的工作作风。我们将在本书的基础上，进一步深化探讨环境规制对节能减排的挤出效应及地区差异性、环境规制对经济发展的倒逼效应及长短期效应、环境规制对节能减排与经济增长的协调度、节能减排与经济增长双赢的最优规制强度等问题。我们愿意为不断满足人民群众对美好环境的向往，在学术研究上不辍努力。

图书在版编目(CIP)数据

中国环境规制的经济绿色发展效应 / 高明，黄清煌著. -- 北京：社会科学文献出版社，2018.12
ISBN 978 - 7 - 5201 - 3884 - 0

Ⅰ. ①中… Ⅱ. ①高… ②黄… Ⅲ. ①环境规划 - 影响 - 绿色经济 - 经济发展 - 研究 - 中国 Ⅳ. ①X32 ②F124.5

中国版本图书馆 CIP 数据核字(2018)第 252562 号

中国环境规制的经济绿色发展效应

著　　者 / 高　明　黄清煌

出 版 人 / 谢寿光
项目统筹 / 陈凤玲　关少华
责任编辑 / 宋淑洁　王红平

出　　版 / 社会科学文献出版社 · 经济与管理分社（010）59367226
地址：北京市北三环中路甲 29 号院华龙大厦　邮编：100029
网址：www.ssap.com.cn
发　　行 / 市场营销中心（010）59367081　59367083
印　　装 / 三河市龙林印务有限公司

规　　格 / 开　本：787mm × 1092mm　1/16
印　张：17.75　字　数：285 千字
版　　次 / 2018 年 12 月第 1 版　2018 年 12 月第 1 次印刷
书　　号 / ISBN 978 - 7 - 5201 - 3884 - 0
定　　价 / 98.00 元